碳中和城市与绿色智慧建筑系列教材

教育部高等学校建筑类专业教学指导委员会规划推荐教材

丛书主编　王建国

绿色低碳建造

Green and Low-Carbon Construction

毛志兵　李丛笑　孙金桥　编著

中国建筑工业出版社

图书在版编目（CIP）数据

绿色低碳建造 = Green and Low-Carbon
Construction / 毛志兵，李丛笑，孙金桥编著 . -- 北京：
中国建筑工业出版社，2024. 12. --（碳中和城市与绿色
智慧建筑系列教材 / 王建国主编）（教育部高等学校建
筑类专业教学指导委员会规划推荐教材）. -- ISBN 978
-7-112-30784-5

Ⅰ . TU201.5

中国国家版本馆 CIP 数据核字第 2024XF7175 号

为了更好地支持相应课程的教学，我们向采用本书作为教材的教师提供课件，有需要者可与出版社联系。

建工书院：https://edu.cabplink.com

邮箱：jckj@cabp.com.cn　电话：（010）58337285

策　　划：陈　桦　柏铭泽

责任编辑：杨　虹　马永伟

责任校对：李美娜

碳中和城市与绿色智慧建筑系列教材
教育部高等学校建筑类专业教学指导委员会规划推荐教材
丛书主编　王建国

绿色低碳建造
Green and Low-Carbon Construction
毛志兵　李丛笑　孙金桥　编著
*
中国建筑工业出版社出版、发行（北京海淀三里河路9号）
各地新华书店、建筑书店经销
北京海视强森图文设计有限公司制版
北京中科印刷有限公司印刷
*
开本：787毫米 × 1092毫米　1/16　印张：14$\frac{1}{2}$　字数：272千字
2025 年 6 月第一版　2025 年 6 月第一次印刷
定价：59.00元（赠教师课件）
ISBN 978-7-112-30784-5
　　　（44508）

《绿色低碳建造》
编委会

主　　编：毛志兵

副 主 编：李丛笑　孙金桥

编 写 组：黄　凯　关　军　张爱民　王开强　李　珂　黄　宁

　　　　　石敬斌　王　琼　马　超　薛艳青　张常杰　果凤来

　　　　　司　琪　王茂智　崔　琦　徐　鹏　师　达　戴　吉

主编单位：中建工程产业技术研究院有限公司

参编单位：中国建筑集团有限公司双碳办公室

　　　　　中建科技集团有限公司

　　　　　中国建筑国际集团有限公司

　　　　　中建三局集团有限公司

《碳中和城市与绿色智慧建筑系列教材》

总序

  建筑是全球三大能源消费领域（工业、交通、建筑）之一。建筑从设计、建材、运输、建造到运维全生命周期过程中所涉及的"碳足迹"及其能源消耗是建筑领域碳排放的主要来源，也是城市和建筑碳达峰、碳中和的主要方面。城市和建筑"双碳"目标实现及相关研究由 2030 年的"碳达峰"和 2060 年的"碳中和"两个时间节点约束而成，由"绿色、节能、环保"和"低碳、近零碳、零碳"相互交织、动态耦合的多途径减碳递进与碳中和递归的建筑科学迭代进阶是当下主流的建筑类学科前沿科学研究领域。

  本系列教材主要聚焦建筑类学科专业在国家"双碳"目标实施行动中的前沿科技探索、知识体系进阶和教学教案变革的重大战略需求，同时满足教育部碳中和新兴领域系列教材的规划布局和"高阶性、创新性、挑战度"的编写要求。

  自第一次工业革命开始至今，人类社会正在经历一个巨量碳排放的时期，碳排放导致的全球气候变暖引发一系列自然灾害和生态失衡等环境问题。早在 20 世纪末，全球社会就意识到了碳排放引发的气候变化对人居环境所造成的巨大影响。联合国政府间气候变化专门委员会（IPCC）自 1990 年始发布五年一次的气候变化报告，相关应对气候变化的《京都议定书》（1997）和《巴黎气候协定》（2015）先后签订。《巴黎气候协定》希望 2100 年全球气温总的温升幅度控制在 1.5℃，极值不超过 2℃。但是，按照现在全球碳排放的情况，那 2100 年全球温升预期是 2.1~3.5℃，所以，必须减碳。

  2020 年 9 月 22 日，国家主席习近平在第七十五届联合国大会向国际社会郑重承诺，中国将力争在 2030 年前达到二氧化碳排放峰值，努力争取在 2060 年前实现碳中和。自此，"双碳"目标开始成为我国生态文明建设的首要抓手。党的二十大报告中提出，"积极稳妥推进碳达峰碳中和，立足我国能源资源禀赋，坚持先立后破，有计划分步骤实施碳达峰行动，深入推进能源革命……"，传递了党中央对我国碳达峰、碳中和的最新战略部署。

  国务院印发的《2030 年前碳达峰行动方案》提出，将碳达峰贯穿于经济社会发展全过程和各方面，重点实施"碳达峰十大行动"。在"双碳"目标战略时间表的控制下，建筑领域作为三大能源消费领域（工业、交通、建筑）之一，尽早实现碳中和对于"双碳"目标战略路径的整体实现具有重要意义。

  为贯彻落实国家"双碳"目标任务和要求，东南大学联合中国建筑出版传媒有限公司，于 2021 年至 2022 年承担了教育部高等教育司新兴领域教材研究与实践项目，就"碳中和城市与绿色智慧建筑"教材建设开展了研究，初步架构了该领域的知识体系，提出了教材体系建设的全新框架和编写思路等成果。2023年3月，教育部办公厅发布《关于组织开展战略性新兴领域"十四五"高等教育教材体系建设工作的通知》（以下简称《通知》），《通知》中明确提出，要充分发挥"新兴领域教材体系建设研究与实践"项目成果作用，以《战略性新兴领域规划教材体系建议目录》为基础，开展专业核心教材建设，并同步开展核心课程、重点实践项目、高水平教学团队建设工作。课题组与教材建设团队代表于2023年4月8日在东南大学召开系列教材的编写启动会议，系列教材主编、中国工程院院士、东南大学建筑学院教授王建国发表系列教材整体编写指导意见；中国工程院院士、西安建筑科技大学教授刘加平和中国工程院院士、清华大学教授庄惟敏分享分册编写成果。编写团队由3位院士领衔，8所高校和3家企业的80余位团队成员参与。

2023年4月，课题团队向教育部正式提交了战略性新兴领域"碳中和城市与绿色智慧建筑系列教材"建设方案，回应国家和社会发展实施碳达峰碳中和战略的重大需求。2023年11月，由东南大学王建国院士牵头的未来产业（碳中和）板块教材建设团队获批教育部战略性新兴领域"十四五"高等教育教材体系建设团队，建议建设系列教材16种，后考虑跨学科和知识体系完整性增加到20种。

本系列教材锚定国家"双碳"目标，面对建筑类学科绿色低碳知识体系更新、迭代、演进的全球趋势，立足前沿引领、知识重构、教研融合、探索开拓的编写定位和思路。教材内容包含了碳中和概念和技术、绿色城市设计、低碳建筑前策划后评估、绿色低碳建筑设计、绿色智慧建筑、国土空间生态资源规划、生态城区与绿色建筑、城镇建筑生态性能改造、城市建筑智慧运维、建筑碳排放计算、建筑性能智能化集成以及健康人居环境等多个专业方向。

教材编写主要立足于以下几点原则：一是根据教育部碳中和新兴领域系列教材的规划布局和"高阶性、创新性、挑战度"的编写要求，立足建筑类专业本科生高年级和研究生整体培养目标，在原有课程知识课堂教授和实验教学基础上，专门突出了碳中和新兴领域学科前沿最新内容；二是注意建筑类专业中"双碳"目标导向的知识体系建构、教授及其与已有建筑类相关课程内容的差异性和相关性；三是突出基本原理讲授，合理安排理论、方法、实验和案例分析的内容；四是强调理论联系实际，强调实践案例和翔实的示范作业介绍。总体力求高瞻远瞩、科学合理、可教可学、简明实用。

本系列教材使用场景主要为高等学校建筑类专业及相关专业的碳中和新兴学科知识传授、课程建设和教研学产融合的实践教学。适用专业主要包括建筑学、城乡规划、风景园林、土木工程、建筑材料、建筑设备，以及城市管理、城市经济、城市地理等。系列教材既可以作为教学主干课使用，也可以作为上述相关专业的教学参考书。

本教材编写工作由国内一流高校和企业的院士、专家学者和教授完成，他们在相关低碳绿色研究、教学和实践方面取得的先期领先成果，是本系列教材得以顺利编写完成的重要保证。作为新兴领域教材的补缺，本系列教材很多内容属于全球和国家双碳研究和实施行动中比较前沿且正在探索的内容，尚处于知识进阶的活跃变动期。因此，系列教材的知识结构和内容安排、知识领域覆盖、全书统稿要求等虽经编写组反复讨论确定，并且在较多学术和教学研讨会上交流，吸收同行专家意见和建议，但编写组水平毕竟有限，编写时间也比较紧，不当之处甚或错误在所难免，望读者给予意见反馈并及时指正，以使本教材有机会在重印时加以纠正。

感谢所有为本系列教材前期研究、编写工作、评议工作、教案提供、课程作业作出贡献的同志以及参考文献作者，特别感谢中国建筑出版传媒有限公司的大力支持，没有大家的共同努力，本系列教材在任务重、要求高、时间紧的情况下按期完成是不可能的。

是为序。

丛书主编、东南大学建筑学院教授、中国工程院院士

前言

　　碳达峰碳中和是一场广泛而深刻的经济社会系统性变革，标志着我国在能源结构调整、产业结构优化、创新能力提升、生活方式重塑等层面全面变革，不仅将引起生产生活方式的巨大变化，长远看还将对中国的综合竞争力、在全球产业体系的分工与地位等产生深刻影响。

　　这一趋势必定会颠覆工程建设行业的发展逻辑和建造方式。在碳达峰碳中和目标的引领下，建筑业将由传统的建造方式向绿色建造、智慧建造以及工业化建造的方式转变。在建筑全生命期的节能降碳计划中，建造过程具有举足轻重的作用，建造阶段关系着建筑隐含碳排放的效率，建造方式决定着前端的选材用材以及后端的建筑运行阶段碳排放。

　　本书立足于绿色建造的理论框架和技术体系，引入"低碳"的概念，提出绿色低碳建造的理论、实施、技术以及应用，旨在强调建造全过程的节能降碳。绿色低碳建造属于生产方式的范畴，是一个复杂的系统工程，具有全局性、系统性和革命性。绿色低碳建造是从工程策划、设计、生产、施工等阶段进行全面绿色统筹，提高资源利用水平，倡导环境保护，以"绿色化、工业化、信息化、集约化、产业化"为特征改造升级传统建造方式，切实把绿色发展理念融入生产方式的全要素、全过程和各环节，实现更高层次、更高水平的生态效益，为人民提供生态优质的建筑产品的建造活动。绿色低碳建造是以建筑业整体素质的全面提升为前提，从而迈向现代建造文明的绿色发展进程。

　　本书共分为6章。第1章完整阐释了绿色低碳建造的概念，列举了国外绿色低碳建造的技术和经验，剖析了我国绿色低碳建造的现状及趋势。第2章分析了建造全过程碳排放，通过数据对比分析我国建筑业不同阶段碳排放的特点及潜力，从设计、建造、建材、运维等不同阶段提出了宏观的减碳路径。第3章重点介绍了绿色低碳建造的实施，分别从策划、组织与管理、实施、评价等方面详细介绍了工程项目具体管理过程中的原则与方法。第4章介绍了绿色低碳建造关键技术与应用，包括环境保护关键技术与措施、节能低碳建造技术、节水与水资源利用、建筑垃圾减量及资源化利用、工业化绿色建造技术、智能建造关键技术等。第5章围绕绿色低碳建造创新技术、清洁能源、节能环保建筑材料、新型智能化装备等领域，列举了一批前瞻性、战略性和应用性技术。第6章介绍了住宅、教育、市政等不同工程项目案例，系统性地展示了不同建筑类型绿色低碳建造实施方式和技术。

本书由中建工程产业技术研究院有限公司牵头，中国建筑集团有限公司双碳办公室、中建科技集团有限公司、中国建筑国际集团有限公司、中建三局集团有限公司共同组织编写。中国建筑集团有限公司原总工程师毛志兵、中国建筑集团有限公司双碳办公室副主任李丛笑、中建工程产业技术研究院有限公司总工程师孙金桥等中建系统内 20 余位专家联合撰稿，本书由黄凯统稿校审。

　　本书配有"绿色低碳建造"课件、教学视频等数字资源，已上传至"碳中和城市与绿色智慧建筑系列教材"虚拟教研室平台。

　　本书在编写过程中参考了大量文献资料，借鉴了行业绿色节能领域不同专家的优秀经验，尤其是中建集团下属子企业在绿色节能降碳领域的实施经验，在此，向为本书出版作出贡献的各位专家学者表示衷心的感谢。同时建筑行业节能降碳技术正处于不断革新变化中，本书编写过程中难免疏漏，恳请广大读者及时反馈意见建议给我们，方便相关内容不断完善，旨在通过此书普及建筑业绿色低碳建造的技术和方法。

本书编写组

2024 年 12 月

本书知识框架图

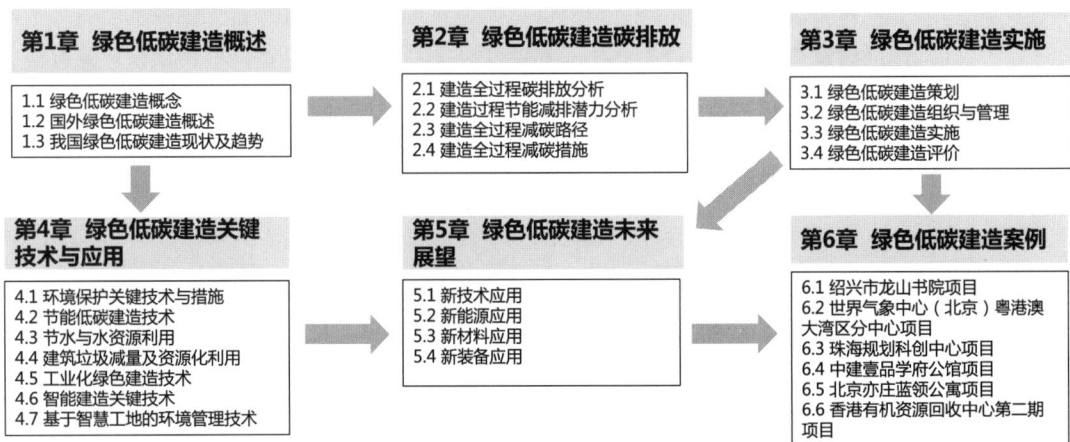

第1章 绿色低碳建造概述

1.1 绿色低碳建造概念
1.2 国外绿色低碳建造概述
1.3 我国绿色低碳建造现状及趋势

第2章 绿色低碳建造碳排放

2.1 建造全过程碳排放分析
2.2 建造过程节能减排潜力分析
2.3 建造全过程减碳路径
2.4 建造全过程减碳措施

第3章 绿色低碳建造实施

3.1 绿色低碳建造策划
3.2 绿色低碳建造组织与管理
3.3 绿色低碳建造实施
3.4 绿色低碳建造评价

第4章 绿色低碳建造关键技术与应用

4.1 环境保护关键技术与措施
4.2 节能低碳建造技术
4.3 节水与水资源利用
4.4 建筑垃圾减量及资源化利用
4.5 工业化绿色建造技术
4.6 智能建造关键技术
4.7 基于智慧工地的环境管理技术

第5章 绿色低碳建造未来展望

5.1 新技术应用
5.2 新能源应用
5.3 新材料应用
5.4 新装备应用

第6章 绿色低碳建造案例

6.1 绍兴市龙山书院项目
6.2 世界气象中心（北京）粤港澳大湾区分中心项目
6.3 珠海规划科创中心项目
6.4 中建壹品学府公馆项目
6.5 北京亦庄蓝领公寓项目
6.6 香港有机资源回收中心第二期项目

目录

第 1 章　绿色低碳建造概述

学习目标：掌握并了解绿色低碳建造的概念和内涵，了解国外绿色低碳建造的经验做法，掌握我国绿色低碳建造发展过程，并对未来的发展趋势有更全面、更深刻的认识。

碳达峰碳中和是一场广泛而深刻的经济社会系统性全面变革，从长远看，将会颠覆建筑业的发展逻辑和生产方式。于建筑业而言，碳中和的本质是人与建筑的和谐发展，不仅是建造方式的变革，从高耗能、高排放的粗放型模式向新型建造方式转型；建筑理念也在向绿色低碳转型，绿色建筑、人文建筑理念贯穿设计建造全过程。

本章探讨的是绿色低碳建造相关概念及现状，总结梳理了国外绿色低碳建造的经验和做法，呈现了不同国家的主要做法。同时，全面梳理了我国绿色低碳建造的现状，分析了未来的发展趋势。

1.1 绿色低碳建造概念

1.1.1 定义

绿色低碳建造是按照绿色发展的要求，通过科学管理和技术创新，采用有利于节约资源、保护环境、减少排放、提高效率、保障品质的建造方式，最大限度实现人与自然和谐共生的工程建造活动。

绿色低碳建造是从工程策划、设计、生产、施工等阶段进行全面绿色统筹，提高资源利用水平，倡导环境保护，以"绿色化、工业化、信息化、集约化、产业化"为特征改造升级传统建造方式，切实把绿色发展理念融入生产方式的全要素、全过程和各环节，实现更高层次、更高水平的生态效益，为人民提供生态优质的建筑产品的建造活动。目标是实现建造过程的绿色化和建筑产品的绿色化，根本目的是推进建筑业的持续健康发展，本质是新时代高质量的工程建设生产活动，是深化供给侧结构性改革，是"中国制造"在工程建设中的体现，是新时期实施绿色发展的必然要求，是传统建造活动的全过程、全要素升级。

绿色低碳建造通过工业化方式、信息化手段，解决现行建造方式中资源消耗大、环境污染严重等突出问题；通过工程总承包、全过程咨询等组织方式，杜绝现行建造方式中粗放式管理、碎片化管理等现象；通过推动技术创新、标准提升，积极引导和推动各种新材料、新技术、新工艺向建筑产品和服务的供给端集聚，为人民提供更为优质的产品和服务；通过绿色低碳建造，在传统建造活动满足质量合格和安全保证等基本要求的基础上，实现更高层次、更高水平的质量和安全；通过绿色低碳建造，资源的利用效率将提高，环境污染将得到更有效控制，作业强度也会大大降低，总体建造效率得到更大提升（图1-1）。

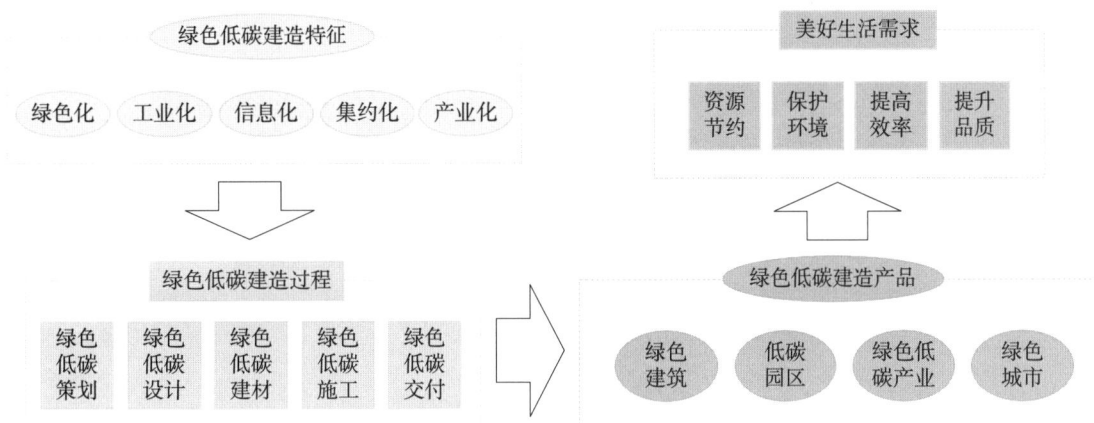

图1-1　绿色低碳建造概念逻辑图

1.1.2　内涵

绿色低碳建造是城乡建设生态文明体系中生产方式的重要组成部分，城乡建设构建生态文明体系、实现绿色发展离不开绿色低碳建造。绿色低碳建造是城乡建设实现绿色发展的重要基础，是支撑国民经济增长、城乡建设和民生改善的支柱产业，也是建筑业走向现代建造文明的可持续发展之路。

绿色低碳建造属于生产方式的范畴，是一个复杂的系统工程，具有全局性、系统性和革命性。发展绿色低碳建造必须从发展理念、组织结构、技术创新、体制机制和企业核心能力等方面进行统筹协调、制定措施、系统推进。绿色低碳建造的各项生产活动，必须以最大限度降低污染、减少排放、提升品质、提高效率，提供优质生态的建筑产品，满足人民日益增长的优美生态环境需要为出发点和落脚点。绿色低碳建造的核心是工程建造的设计、生产、采购、施工、运营的整个生产过程的绿色化。因此，推动绿色低碳建造必须从生产方式入手，构建生态文明体系，培育和推广与绿色发展相适应的新型建造方式，并将其打造成为城乡建设致力于绿色发展的系统工程。

绿色低碳建造是建筑业整体素质的全面提升，是实现生产系统与生活系统循环连接的工程建造活动，是建筑业走向现代建造文明的主要标志。在工程建造活动中，通过工业化建造方式与信息化建造手段融合，摒弃依赖工人手工作业为主的粗放生产方式，实现从粗放建造向绿色集约建造转换；通过集约化管理的组织方式，解决碎片化管理带来的低成本要素投入、高生态环境代价的突出问题；通过完善建造过程的产业链，解决人与自然和谐共生的问题，引导建筑业从粗放式向精益化迈进。总之，绿色低碳建造是以建筑业整体素质的全面提升为前提，从而迈向现代建造文明的绿色发展进程。

欧美国家非常注重建造过程的绿色环保，政府发挥了重要的作用，形成了健全的绿色低碳建造法律法规体系，为绿色低碳建造的发展提供实施依据。21世纪以来，在前期探索和实践的基础上，欧美国家在技术体系、产业链聚合、专业人才队伍培养上实现了全面发展，绿色低碳建造已成为建造领域的主导发展方向。

欧美国家碳达峰进程起步较早，建筑业通过设定减碳目标推动建筑节能与低碳建造的发展。英国、德国、法国于1991年末前实现碳达峰，美国和日本分别于2007年和2013年实现碳达峰，新加坡承诺于2030年实现碳达峰。在碳中和承诺方面，英国、法国、美国、日本均承诺在2050年实现碳中和，德国计划在2045年实现碳中和，比原计划（2050年实现碳中和）提前五年，新加坡则承诺将在21世纪下半叶尽快实现净零排放。

在此背景下，各国建筑业碳达峰碳中和进程各不相同（表1-1）。

各国建筑业碳达峰碳中和进程 表1-1

国家	碳达峰情况	"双碳"目标	建筑业措施
美国	2007年碳达峰	2021年美国重新加入《巴黎协定》，并承诺2050年实现碳中和	通过制定并实施电器和设备能效标准标识、实施建筑节能规范、推进联邦政府建筑节能及制定相关税收优惠政策四项措施实现建筑部门碳减排
英国	1991年碳达峰	承诺计划在2050年实现温室气体"净零排放"	通过每五年制定一个碳预算来管理全国的碳减排目标。建筑部门主要集中在新型建材、新型建筑能耗标准及建筑供热体系改革等方面
法国	1990年碳达峰	设定2050年实现碳中和的目标	2020年颁布法令通过"国家低碳战略"。建筑业则重点通过实施法规，基于生命周期分析考虑对环境的影响，在2050年将全部的建筑改造成高效率的标准，以及加快能源消耗管理等方式展开
德国	1990年碳达峰	2021年德国总理默克尔表示，德国计划在2045年实现碳中和，比原计划提前五年	2019年通过了"2030年气候保护一揽子计划"。在建筑业减碳方面采取了包括出台能源证书、设立市场激励计划、制定节能条例以及提供便捷线上一线下建筑升级咨询服务等方式促进全行业降低碳排放
日本	2013年碳达峰	承诺到2050年实现碳中和	2020年发布《2050年碳中和绿色增长战略》，针对建筑业设计了绿色增长战略技术路线图
新加坡	未达峰	力争到2050年碳排放量从峰值减少一半	推出绿色建筑标志认证作为所有新建建筑以及部分既有建筑的强制认证。通过推出绿色建筑总蓝图为发展绿色建筑奠定基础

注：表中数据截至2024年底。

1.2.1 相关政策法规体系健全

美国、英国、日本等国家对绿色低碳建造的要求非常严格，在绿色低碳建造相关政策、法律法规等方面形成了健全的体系和良好的运转机制。

美国 2017 年发布了《美国基础设施重建战略规划》，明确建筑产品和基础设施要实现安全（韧性）、绿色和耐久，并关注建造过程的经济效益和可持续发展。规划提出到 2025 年，其建筑产品全生命周期的成本要比现在降低 50%；到 2030 年，其工程建设 100% 要实现碳中和设计。美国主要通过以下措施实现建筑部门碳减排：一是制定并实施电器和设备能效标准标识，在全国范围内实施具有法律效力的强制性标准。能效标准标识已覆盖 25 类消费者产品、26 类商用和工业设备、15 类照明产品和 5 类用水器具，直接影响 90% 以上居民建筑能耗和 60% 以上商业建筑能耗。二是实施建筑节能规范，美国联邦层面提供每三年更新一次的自愿性模板型建筑节能规范供各州参考采用，主要包括 ASHRAE 90.1 标准和 IECC 标准；美国能源部负责评估这些规范的采用情况；除此之外，美国还推行自愿性认证项目，包括 ASHRAE 189.1、LEED 认证、美国能源部的零能耗房屋认证等。三是推进联邦政府建筑节能，美国能源部下设联邦能源管理项目办公室负责该工作，通过发布立法和行政指南、促进技术整合、协调资金、提供技术协助、跟踪联邦机构审计、开发认证培训项目等方式推动联邦机构达到节能目标。

英国政府主要通过颁布法案（Act）和法规（Regulations），以及制定更为具体的规范（Code）和白皮书（White Paper）等来促进其国内绿色低碳建造的发展。2013 年推出了《英国建造 2025》，在其制定的远景目标、共同目标中都强调了绿色、可持续发展的内容，提出了实施数字设计、智慧建造、低碳和可持续建筑的战略措施，并将其上升到国家战略。

日本制定了"i-Construction（建设土地生产力革命）"战略。为应对资源不足的严重问题，日本政府重点颁布实施了一系列和建筑材料等可再生材料循环化使用有关的政策标准，如 1977 年的《再生骨料和再生混凝土使用规范》、2000 年的《建设工程材料资源化再利用法》和《建筑材料循环法》、2001 年的《建筑废弃物处理法》、2002 年的《建筑废弃物再利用法》等。日本某建设集团公布 2015—2017 年的环境责任数据：企业基本实现了在低碳排放、资源环境、自然和谐三个领域的全面环境管理目标，并开展了 2018—2020 年的三年规划：涵盖 CO_2 减排、减少施工污染、保护自然环境、有害物质预防等方面指标。明确其实施路径，进行年度评价。设定 Zero2050 目标：展望 2030 年，该企业总温室气体排放量将是 2013 年的 70%；大力推广近零 / 零能耗建筑；在 2050 年，实现公司温室气体实现零排放；建筑垃圾最终排放量为 0，包括钢材、水泥、混凝土、碎石、沥青在内的主要建材再生利用率达到 60% 以上。

新加坡于 2009 年开始推进其"绿色与优雅施工计划"，通过几年的研究和尝试，最终在 2014 年颁布实施了《绿色与优雅施工指南》。该指南主要对施工建造现场的"公司管理策略要求""场地布置和空气质量""场地便捷性和无障碍""公众安全""噪声与振动""沟通机制""人力资源管理"7个方面作出绿色低碳建造的要求。新加坡还对建造过程中的化学用品应用提出了严格的控制要求，所有的油漆、涂料不能进入自然环境中，所使用的杀虫剂、清洁剂等消耗品必须为环境友好型产品。

综上，欧美等国家在绿色低碳建造相关政策制定上也是一个循序渐进的过程，不同时期针对不同重点问题，早期主要集中于节能方面，后期逐步加入可再生能源、资源的再生利用、拆除和场地的管理等领域的一些政策，使绿色低碳建造全过程都有对应的法规指导。而且，通过上述政策的实施，在这些国家建立起了相应的组织管理模式、技术体系、标准指南，进而形成了为绿色低碳建造提供服务的产业链。

1.2.2　绿色低碳建造技术得到重视和普及

欧美国家普遍重视绿色低碳建造技术的集成和创新。重点是成熟、实用的技术与产品的集成，同时重视绿色低碳建造技术创新，更注重使用后的绿色效果，实现真正意义上的绿色低碳建造。关于如何在施工过程中减少对环境的影响，提高施工效率以及减少资源浪费的讨论，在国际上越来越受到重视，欧美国家一直处于工程绿色施工的研究前沿，在建筑材料的选择、节能降耗技术的应用、施工工艺的优化等方面进行了深入的研究。美国建筑研究理事会对建筑施工的碳排放进行了测算和分析，提出了一系列减少碳排放的建议和措施，为工程绿色施工的实践提供了科学依据。德国在建筑材料的可持续利用和再生利用方面具有较强的优势，其在建筑废弃物的处理和资源回收方面有着丰富的经验。法国在绿色建筑技术的推广和应用方面也做出了很多有意义的尝试，通过绿色建筑认证体系的建立和改进，推动了绿色施工的发展。日本在建筑节能技术的研发和应用方面处于领先地位，其在建筑外保温、太阳能利用、节能设备等方面取得了许多突破性的成果。日本还注重施工工艺的优化和资源的可持续利用，通过科学的施工管理和技术改进，实现了工程绿色施工的目标。

绿色低碳建造技术创新从对建筑技术本身的研究发展到运筹学、社会学、地理学、信息系统论等学科的融合；从关注单体建筑发展到关注区域布局优化和绿色设计技术创新；从主要考虑建筑产品的功能、质量、成本到更多地关注建筑与环境、社会和经济的平衡协调，以及提高建筑使用者的满意度。从施工技术工艺创新改进、设备更新向前期整体策划与一体化实施发展等，均实现了绿色低碳建造的良好突破，实施效果颇为明显。

1.2.3 形成了成熟的集约化组织模式

工程总承包模式是集约化组织模式的典型代表方式，是实现绿色低碳建造非常有效的组织方式之一，发展到20世纪70—80年代，已经逐步形成较为成熟的模式。

美国设计建造协会（DBIA）、美国土木工程师学会（ASCE）、美国建筑师学会（AIA）、美国总承包商协会（AGC）都编写了自己的DB模式合同范本，通过合同条文对绿色低碳建造部分做出规定。美国最大的承包商柏克德公司制定的《SHE手册》，美国绿色建筑先驱企业特纳公司制定的《绿色建筑总承包商指南》，都对行业绿色低碳建造活动进行规范和引导。日本鹿岛建设、熊谷组、大林组等都明确了企业自己的绿色发展战略，建立了完整的绿色管理体系来开展绿色低碳建造活动，每年定期发布社会责任报告和可持续发展报告，明确目标、计划和实际执行效果统计，并详细报告公司年度资源投入与能耗、碳排放、绿色采购的具体情况。

国外普遍重视实施规划、设计、施工一体化的绿色低碳建造，除采用工程总承包模式外，还有一个重要因素就是采用多参与方一体化协同的实施模式，协同模式非常有利于绿色低碳建造的推进，不但广泛应用于单体建筑，甚至在城区的建设中也进行了应用。例如，著名生态城市——哈马碧滨水新城项目（图1-2），采用工作营的形式，把相关方整合在一起工作，形成了独特的绿色工作链，被称为"哈马碧模式"，其核心环境和基础设施规划由斯德哥尔摩市负责，规划、道路、房地产、污水处理、废弃物处理和能源等相关部门代表组成团队进行管理，实现污水、固体废弃物和能源生态循环，最终建设成为尊重自然，节约资源，低环境影响，注重环境、生活方式、社会文化多样性的世界著名可持续生态城区。

图1-2 哈马碧滨水新城项目

1.2.4 依托产业链协作实施绿色建造

欧美国家以市场化、社会化发展为主，政府主管部门与行业协会等紧密合作，完善技术体系和标准体系，形成了大集团企业引领行业技术发展，带动专业型公司发展，大小企业共同发展的产业链体系；形成了研发—设计—生产—施工—运营维护等各环节相互协作、密切配合相对完善的产业链。

如德国形成了完善的建筑产业链：设计公司、构件公司、设备公司、模具公司、配件公司、埋件公司、软件公司、运输公司、咨询公司、总承包公司等专业分工明细、产业一体化协同发展，产业链成熟完善；混凝土设备制造厂就是一个装配组装车间，将混凝土设备分解成更小的设备，委托给其他公司生产加工，设备企业就是一个组装、设计、采购、装配的生产线；混凝土构件工厂用的各种拉结件、预埋管、预埋盒、垫筋架、门窗框全部由专业公司生产配套，经济、质量好；模具厂是一个组装车间，自行设计、委托加工各种零配件以及模具板材切割下料，各种板材下料后到自己的车间组装。

同时，欧美国家在绿色施工过程中注重可再生能源的利用和能源的高效利用。例如，许多建筑采用太阳能板、风力发电设备等，将清洁和可再生能源融入建筑中，从而减少了对传统能源的依赖。此外，绿色建筑在节能方面作出了巨大努力，通过采用节能灯具、隔热材料、智能控制系统等，降低能源的消耗，减少碳排放。

1.2.5 广泛推行建筑垃圾资源再利用

以美国、日本等为代表的国家在建筑垃圾的处理上均进行了回收资源的立法工作。在处理和实施上，世界上一些国家对于建筑垃圾都实行了"源头减量"的措施，然后再结合实际情况，对建筑垃圾进行强制或鼓励分类和处理，以促进建筑垃圾的进一步资源化利用（表1-2）。

各国建筑垃圾法律法规   表1-2

国家	法律法规	内容
中国	《中华人民共和国固体废物污染环境防治法》《城市建筑垃圾管理规定》《住房和城乡建设部关于推进建筑垃圾减量化的指导意见》等	明确了建筑垃圾的分类、收集、运输和处置要求，包括建筑垃圾的减量化、资源化利用和无害化处理等方面的总体要求、主要目标和具体措施
日本	《废弃物处理法》《资源重新利用促进法》《建筑再利用法》等	在建筑材料分类拆除和再资源化方面明确了各个责任主体的责任；规定混凝土、砂石、金属类等再生资源的利用和处置方法
德国	《废物处理法》《垃圾法》等	垃圾的产生者或拥有者有义务回收利用；重新利用要作为处理垃圾的首选；垃圾要进行分类保存和处理
美国	《固体弃物处理法》《垃圾法》等	关于固体废物循环利用各环节作了规定；工业弃物的生产企业必须在源头上减少垃圾的产生
新加坡	《绿色宏图2012废物减量行动计划》等	纳入验收指标体系，不达标不予发放建筑使用许可证；将建筑垃圾循环利用纳入绿色建筑标志认证；确定合理和科学的拆除项目的顺序

欧盟、美国、日本等，已经把城市建筑垃圾的处理和利用作为环境保护和社会发展的重要目标。建筑垃圾资源化利用已经成为建筑垃圾处理的主要方式，建筑垃圾作为重要的再生资源，回收后大部分经过有效处理后重复利用。

美国通过立法实现建筑垃圾循环利用。美国 1980 年制定的《超级基金法案》，从源头上限制了建筑垃圾的产生量，促使各企业自觉寻求建筑垃圾资源化利用途径。每年有 1 亿 t 废弃混凝土被加工成骨料，占美国建筑骨料使用总量的 5%，其中 68% 的再生骨料被用于道路基础建设。近些年，美国住宅营造商协会开始推广一种"资源保护屋"，其墙壁就是用回收的轮胎和铝合金废料建成的，屋架所用的大部分钢料是从建筑工地上回收来的，所用的板材是锯末和碎木料加上 20% 的聚乙烯制成的，屋面的主要原料是旧的报纸和纸板箱。这种住宅不仅积极利用了废弃的金属、木料、纸板等可回收材料，而且比较好地解决了住房紧张和环境保护之间的矛盾。

日本将建筑垃圾视为"建筑副产品"。日本受国土面积所限，遂将建筑垃圾视为"建筑副产品"，作为可再生资源重新开发利用。日本对于建筑垃圾的主导方针为：尽可能不从施工现场排出建筑垃圾；建筑垃圾要尽可能重新利用；对于重新利用有困难的则应适当予以处理。1977 年开始，相继在各地建立了以处理混凝土废弃物为主的再生加工厂生产再生水泥和再生骨料。1991 年，日本政府制定了《资源重新利用促进法》，规定建筑施工过程中产生的渣土、混凝土块、沥青混凝土块、木材、金属等建筑垃圾，必须送往再资源化设施进行处理。日本 2000 年制定《建筑再利用法》，对建设过程中减少垃圾产生以及生产和采用再生建材做了规定。目前日本建筑垃圾的再资源化率达 96%，其中混凝土再资源化率高达 99.3%。以东京赤坂王子大饭店拆除过程为例，为减少噪声和粉尘污染，采用日本大成建设开发的"TECOREP 系统"，即从上而下逐层分解的绿色拆除施工方法，取代了以往露天定向爆破拆除的粗暴方式。据统计，这种方法产生的噪声比传统方法低 20dB，粉尘减少 90%，并且精细作业有利于建筑垃圾回收。

德国最早开展循环经济立法。德国在 1978 年推出了"蓝色天使"计划后制定了《废物处理法》等法规，1994 年制定的《循环经济和废物清除法》（1998 年修订）在世界上有广泛影响。德国约有 200 家建筑垃圾处理企业，年营业额达 20 亿欧元。汉堡市易北河畔的"垃圾山"（Georgswerder Energy Hill）是一个垃圾回收的经典范例。数十年前，这里是"二战"轰炸后的建筑瓦砾堆场，此后又被用于堆积工业废料和城市垃圾。从 20 世纪 80 年代起，政府用塑料防水膜覆盖垃圾山，铺上厚度约 3m 的土层，种上植被。垃圾产生的沼气被收集起来转化为附近一家炼铜厂的部分用电来源。2011 年，垃圾山上安装了 8000m^2 的光伏发电系统，功率更高的风力发电机取代了老电机。两者产生的电力可满足 4000 户家庭的全年需求。垃圾产生的废液携带的热量也被收集起来，为办公室供暖。此外，山顶建成了一条长 1000m 的长廊，成为人们观赏汉堡全景的最新去处。垃圾山成为汉堡的能源之丘，市民的景观公园。

法国将建筑垃圾整体管理。法国 CSTB 公司是欧洲首屈一指的废物及建筑业集团，专门统筹在欧洲的废物及建筑业业务。公司提出的废物管理整体方案有两大目标：一是通过对新设计建筑产品的环保特性进行研究，从源头控制工地废物的产量；二是在施工、改善及清拆工程中，对工地废物的生产及收集做出预测评估，以确定相关回收应用程序，从而提升废物管理层次。

总体来讲，上述国家大多实行的是"建筑垃圾源头削减策略"，即在建筑垃圾产生之前，就通过科学管理和有效的控制措施将其减量；对于产生的建筑垃圾则采用科学手段，使其具有再生资源的功能；对于已经过预处理期的建筑垃圾，则运往"再资源化处理中心"集中进行处理。

1.2.6　普遍重视建筑产品的节能减排

从世界范围看，美国、日本、韩国等国家和欧盟国家为应对气候变化和极端天气、实现可持续发展战略，都积极制定了建筑迈向更低能耗的中长期（2030 年、2050 年）政策和发展目标，并建立了适合本国特点的技术标准及技术体系，推动建筑迈向更低能耗正在成为全球建筑节能的发展趋势。在全球齐力推动建筑节能工作迈向下一阶段中，很多国家提出了相似但不同的定义，主要有超低能耗建筑、近零能耗建筑、（净）零能耗建筑，也相应地出现了一些具有专属技术品牌的技术体系，如德国被动房（Passive House）、瑞士 Minergie 近零能耗建筑等技术体系。

德国被动房已经成为具有完备技术体系的自愿性超低能耗建筑标准，已经有 60000 多栋的房屋按照被动房标准建造，其中有约 30000 栋建筑获得了被动房的认证，以住宅为主，被动房通过采用高性能的围护结构将建筑热需求降低，仅需充分利用太阳能和室内的得热即可解决冬季供暖问题。丹麦通过提出严格的建筑节能要求，加强对既有建筑改造、税收政策调控等政策措施，建筑能耗大幅下降。近年来丹麦政府通过不断提高建筑节能标准要求，推进超低能耗建筑的普及，开展建筑节能工作。由丹麦企业主导的主动房（Active House）自愿性超低能耗建筑技术标准在欧洲同样拥有重要的影响力。瑞士政府通过支持研究机构推广超低能耗建筑，Minergie 是由瑞士政府支持的一系列超低能耗建筑技术标准，Minergie-P 相比于德国被动房标准，对不同类型建筑的供暖能量需求分别作了详细规定。并对增量成本及热舒适作了规定。韩国发布《应对气候变化的零能耗建筑行动计划》，提出零能耗建筑发展目标和具体实施方案，明晰了零能耗建筑财税政策及技术补贴，同时建立国家级科研团队进行零能耗建筑技术的研发，完成示范工程，建立零能耗建筑认证标准。其他国家推广被动式超低能耗建筑的方式可以分为三类：第一类为直接应用德国被动房标准，如挪威、新西兰、英国、加拿大等；第二类为根据本国的气候条件和国情在德国被动房的基础上进行调整，如奥地利、芬兰、意大利等；第三类仅接受被动式理念，针对本国情况重新开发，如美国、瑞士等。

1.2.7 健全的人才培训体系

美国、日本、澳大利亚等国家建筑技术实践经验、理论基础、人才培养模式都较为成熟。对于建筑人才培养以实践为主，侧重于建筑人才管理能力培养、建筑人才专业素养提升、建筑人才体系结构的优化。例如美国装配式建筑人才培养模式针对具体情况和专业开展培训，装配式建筑人才在建筑的设计阶段需要解决建筑的相关问题，针对不同地域和不同环境采取不同的建筑技术进行实践，培养建筑设计与专业技能，在很多学校大量培养安装太阳能光伏设备及检测的人才，有助于培养专业人才的同时推广绿色技术；澳大利亚在建筑人才培训体系上较为健全，分为在职培训、职前培训和研究生层次的培训，针对不同层次的建筑人才进行相应的培训，强化专业技能与职业素养，优化人才体系结构。

1.3 我国绿色低碳建造现状及趋势

我国绿色低碳建造起步较晚，目前出台了相应的法律、法规，颁布了一系列绿色建筑、绿色施工相关政策、标准，为全面推进绿色低碳建造打下了良好基础。政府把绿色生态工作作为重点任务来抓，绝大多数把绿色生态相应纳入城市的发展规划中，呈现出良好的态势。但目前我国绿色低碳建造的政策标准的完善性、技术体系的先进性等方面还有很大的提升空间。

1.3.1 绿色低碳建造现状

1. 绿色低碳建造相关政策逐步出台

我国绿色低碳建造相关政策的出台是一个循序渐进的过程。自 2016 年起出台了若干绿色低碳建造的相关指导意见。2019 年，国务院办公厅转发住房和城乡建设部《关于完善质量保障体系提升建筑工程品质指导意见的通知》（国办函〔2019〕92 号），从强化各方责任、完善管理体制、健全支撑体系、加强监督管理 4 个方面出发。提出了改革工程建设组织模式，推行工程总承包、全过程工程咨询和建筑师负责制；推行绿色建造方式，大力发展装配式建筑。

住房和城乡建设部发布的《关于推进建筑垃圾减量化的指导意见》（建质〔2020〕46号）指出，技术和管理是建筑垃圾减量化工作的有力支撑，要激发企业创新活力，引导和推动技术管理创新，并及时转化创新成果，实现精细化设计和施工，为建筑垃圾减量化工作提供保障。住房和城乡建设部等部门发布的《关于推动智能建造与建筑工业化协同发展的指导意见》（建市〔2020〕60号）指出，以大力发展建筑工业化为载体，以数字化、智能化升级为动力，创新突破相关核心技术，加大智能建造在工程建设各环节应用，形成涵盖科研、设计、生产加工、施工装配、运营等全产业链融为一体的智能建造产业体系。

2020年12月31日，住房和城乡建设部为推进绿色低碳建造工作，决定在湖南省、广东省深圳市、江苏省常州市开展绿色建造试点工作，并发布《绿色建造试点工作方案》要求。

2021年3月16日，住房和城乡建设部办公厅发布《绿色建造技术导则（试行）》（建办质〔2021〕9号）。为人民提供更为优质的产品和服务，将绿色发展理念融入工程策划、设计、施工、交付的建造全过程，构建一体化的绿色低碳建造体系，通过工业化生产、信息化管理、技术进步解决现行建造方式中资源消耗大、环境污染严重等突出问题；通过工程总承包、全过程咨询等组织方式，杜绝现行建造方式中粗放式管理、碎片化管理等现象；鼓励绿色建材生产和使用，提高资源再利用率，控制环境污染，降低作业强度，保证工程质量和作业安全，让建造活动向绿色化、工业化、信息化、集约化、产业化更高的建筑产业现代化发展。

上述政策都以不同形式得到了一定的实施，各级政府制定切实可行的工作方案或配套政策。随着城市建设步伐加快，绿色建造对传统建筑碳排放的研究还不深入，尤其是建造阶段碳排放的理念还不深入。2021年9月，中共中央、国务院印发《关于完整准确全面贯彻新发展理念做好碳达峰碳中和工作的意见》（中发〔2021〕36号），要求将实施工程建设全过程绿色建造，作为推进城乡建设和管理模式低碳转型的重要方面。2021年10月，中共中央办公厅、国务院办公厅印发《关于推动城乡建设绿色发展的意见》对推动城乡建设绿色发展作出了系统部署，将"实现工程建设全过程绿色建造"作为城乡建设绿色发展的重要方面。因此在"碳达峰、碳中和"的大背景下，绿色低碳建造将会成为建筑业的新目标，未来政府将进一步完善绿色低碳建造要求。

2. 绿色建筑技术得到规模化应用

我国绿色建筑在"十二五""十三五"期间得到了快速发展，实现了从无到有、由少到多、从部分城市到全国的全面发展。部分城市或者区域已经由政府主导强制执行绿色建筑标准。目前，全国多数地区已经把绿色建筑设计内容纳入施工图审查范围，2022 年城镇新开工绿色建筑面积 19 亿 m^2，占城镇新建民用建筑比例达 86.2%，绿色建筑面积从 2012 年的 400 万 m^2 增长到 2022 年的 16.8 亿 m^2，获得绿色建筑标识的项目累计达到了 2.5 万个。绿色建筑能够全面集成绿色技术，涉及从上游的建材和设备的研发、绿色设计到中游的绿色施工，再到下游的绿色低碳建造产品的营销、运营与报废回收等，拉动了节能环保建材、新能源应用等相关产业发展；极大带动了建筑技术革新，直接推动了建筑生产方式的变革。但绿色建筑总体发展不平衡，项目主要集中在广东、江苏、上海、北京等发达地区，此外大部分项目集中在设计标识阶段，只有不到 5% 的项目取得了运营标识。如何实现绿色建筑从设计到施工、运营的一体化贯通，是绿色建筑发展急需解决的问题，也是绿色低碳建造发展的契机。例如丝绸之路（敦煌）国际文化博览会场馆项目（图 1-3），通过采用 EPC 工程总承包模式实现项目整体统筹，一体化运作。项目成功运用多项绿色低碳建造技术，装配式钢结构建造，总装配化率达到 81.9%；全面采用 BIM 技术，实现设计、采购、施工在同一信息平台展示，总工期由 3 年压缩至 8 个月，节省工期约 3/4。建造全过程严格绿色化，减少建筑垃圾 80% 以上，实现材料损耗比定额降低 40%，节约用水 42 万 m^3，节约能源 150 万 $kW \cdot h$，将原有绿化面积 23.3hm^2 提升至 74.3hm^2，绿化面积占比由 29.2% 优化扩充至 93%。该项目在引领建筑产业发展方向方面作用巨大，取得了良好的社会效益。

图 1-3　丝绸之路（敦煌）国际文化博览会场馆项目

3. 绿色施工技术得到广泛推广

绿色施工作为绿色低碳建造过程中的重要阶段，在过去十多年得到了广泛的推广。以 2008 年北京奥运会场馆建设为起始标志，经历了深化研究和逐步推进（2007—2012 年）及快速发展（2013 年后）的阶段，已取得了一定的成绩。

绿色施工相关标准已初步建立。2010 年，我国颁布了《建筑工程绿色施工评价标准》GB/T 50640—2010；2014 年《建筑工程绿色施工规范》GB/T 50905—2014 发布实施，为绿色施工推进和考核提供了标准化依据，有效推动了我国绿色施工的实施。

绿色施工的基本理念已在行业内得到了广泛接受，尽管业界对绿色施工的理解还不尽一致，但业内工作人员已经意识到绿色施工的重要性，施工过程中关注"四节一环保"的基本理念已确立。

但是目前绿色施工仅限于落实一些技术措施的层面，缺乏绿色施工的系统组织和管理，传统施工组织模式没有根本转变。国内许多企业也开展了大量绿色施工研究和实践，促使绿色施工理论研究得到创新发展。住房和城乡建设部紧密围绕住房城乡建设行业需求，设置了创新性强，技术水平高，具有较强的推广和应用价值，对促进产业结构调整和优化升级有积极作用的科技项目，在加强管理的基础上，突出施工过程中的技术创新，通过绿色施工技术的创新和应用，实现安全、节能、节地、节水、节材和保护环境的目标。

4. 集约化的工程组织方式得到推广

随着国内、国际建筑市场的进一步接轨，我国的工程建设市场正在发生深刻变化，工程总承包模式正在被大规模推广应用。过去设计院负责设计，建设单位负责采购，施工单位负责施工的传统模式正在被改变。

在工程总承包模式下，投资建设方只需集中精力完成项目的方案设计、功能策划和交楼标准，扩初设计、施工图设计和节点图设计等全部交由工程总承包方完成。这种管理模式，从设计阶段，总承包单位就开始介入，有利于实现在总承包方统筹管理下的设计方和其他相关方的高度融合，有效打通"建筑、结构、机电、装修一体化"，实现工程建设的高度组织化，有效保障工程项目的高效精益建造。

工程总承包模式极大提升了工程建造精细化管理水平，工程总承包模式摒弃了传统模式的碎片化管理，工程总承包方必须对工程质量安全负总责，在管理机制上保障了质量安全管理体系的全覆盖和严落实。借助于 BIM 技术的全过程信息共享优势，工程总承包方统筹安排设计、采购、加工、装配的一体化建造，能有效避免工程建设过程中的"错漏碰缺"问题，有利于减少返工浪费，全面提升工程质量、确保安全生产。此外，工程总承包模式在"节能、节地、节水、节材和环境保护"方面具有明显优势。工程总承包模式打通了项目规划、设计、采购、生产、装配和运输全产业链条，有利于在每个分项、每个阶段、每个流程上统筹考虑项目的绿色建造要求，更好地提升在节能环保上的贡献率。

目前，施工总承包模式包括以下几种：一是融投资 + 总承包管理模式，施工承包商站在项目投资商的高度，使融资运作贯穿项目建造的全过程，提升项目总承包与业主监督的层次。通过项目投资与建造有机集成，规范、提炼和升华项目建造的各种管理活动。二是采购 + 施工的总承包管理模式，在这种模式下，有关设备选型、采购、工程施工均由总承包单位负责。三是设计 + 施工的总承包管理模式，工程项目的设计和施工打包给具备设计施工总承包资质的企业或单位，由承包的企业或单位按照合同约定负责工程项目的设计与施工，并全面负责该工程全过程中的成本、造价、工期、进度、安全与质量等。四是设计＋采购＋施工的总承包管理模式，指工程总承包企业按照合同约定，承担工程项目的设计、采购、施工服务等工作，并对承包工程的质量、安全、工期、造价全面负责，是我国目前推行总承包模式最主要的一种。

5. 建筑垃圾资源化处理模式正兴起

我国固体废弃物处理技术目前还落后于欧美国家，固体废弃物资源化率也低于欧美国家平均资源化率的 95%。经过国家"十一五""十二五"计划项目研究，我国在某些单项建筑垃圾资源化利用技术上得到较大发展，目前建筑垃圾资源化利用的主要途径包括：废钢配件等金属经分拣、集中、重新回炉后，可以再加工制造成各种规格的金属建材；废竹木材可以用于制造人造木材；砖、石、混凝土等废料经破碎形成的建筑垃圾再生骨料可以用于砌筑砂浆、抹灰砂浆、打混凝土垫层等，还可以用于制作砌块、铺道砖、花格砖等建材制品。从 2018 年开始住房和城乡建设部进行了 35 个城市的建筑垃圾治理试点，大约有建筑垃圾资源化处理项目近 600 个，资源化处理能力达到了每年 5.5 亿 t，但目前每年实际处理的建筑垃圾只有 3.5 亿 t。特别是混凝土再生利用技术，已在部分工程项目中得到示范应用。但整体来讲，我国建筑固体废弃物处置依然存在管理意识不强、资源化水平不高、产业化发展缓慢等问题，需要在施工现场固体废弃物量化计量、源头减量化控制、资源化利用成套技术与标准、综合处理设备以及工程示范上下功夫研究。

2020 年，住房和城乡建设部发布的《关于推进建筑垃圾减量化的指导意见》明确提出：按照"谁产生、谁负责"的原则，落实建设单位建筑垃圾减量化的首要责任。建设单位应将建筑垃圾减量化目标和措施纳入招标文件和合同文本，将建筑垃圾减量化措施费纳入工程概算，并监督设计、施工、监理单位具体落实。明确建筑垃圾减量化目标和职责分工，提出源头减量、分类管理、就地处置、排放控制的具体措施。对建筑垃圾要实行分类收集、分类存放、分类处置，严禁将危险废物和生活垃圾混入建筑垃圾。引导施工现场建筑垃圾再利用，在满足质量要求的前提下，实行循环利用。施工现场不具备就地利用条件的，应按规定及时转运到建筑垃圾处置场所进行资源化处置和再利用。要求施工单位实时统计并监控建筑垃圾产生量，减少施工现场建筑垃圾排放。

6. 绿色低碳建造产业发展迎来机遇

2013 年，国务院办公厅转发国家发展和改革委员会、住房和城乡建设部《绿色建筑行动方案》（国办发〔2013〕1 号），提出大力发展绿色建材，研究建立绿色建材认证制度及编制绿色建材产品目录的要求。国家高度重视发展绿色建材，住房和城乡建设部、工业和信息化部先后印发了《绿色建材评价标识管理办法》《促进绿色建材生产和应用行动方案》《绿色建材评价标识管理办法实施细则》和《绿色建材评价技术导则（试行）》，并针对导则涉及的预拌混凝土、预拌砂浆、砌体材料、保温材料、陶瓷砖、卫生陶瓷、建筑节能玻璃七类产品开展了试评价工作。

2015年8月，工业和信息化部、住房和城乡建设部联合印发《促进绿色建材生产和应用行动方案》，要求推动绿色建材产业发展，构建产业链，更好地服务于新型城镇化和绿色建筑发展。2016年国务院办公厅印发的《关于建立统一的绿色产品标准、认证、标识体系的意见》（国办发〔2016〕86号）提出了"绿色产品"的概念。2016年3月，"全国绿色建材评价标识管理信息平台"正式上线运行，绿色建材标识评价工作正式启动。全国各省市也陆续按照两部委的统一部署开展绿色建材评价工作。例如北京城市副中心、雄安新区建设中要求全部使用绿色建材，各省市也根据地方特点不同程度地响应了国家的绿色建材政策。2017年9月5日，中共中央、国务院发布《关于开展质量提升行动的指导意见》（中发〔2017〕24号），再次提到了绿色建材的标准、生产和应用。《建筑业发展"十三五"规划》提出，到2020年绿色建材应用比例达到40%。

随着装配式建筑进入快速发展期，绿色建材也将借力装配式建筑发展赢得更多市场，绿色建材产业发展迎来了历史性机遇。在发展装配式建筑的同时推动建材革命，是推动供给侧结构性改革、行业专业发展的有效手段。可以说，装配式建筑不仅为绿色建材发展提供了广阔的市场机遇，也为绿色建材产业指明了方向。

装配式建筑行业产业链可以分为上中下游三部分。上游是供应生产构件用的原材料以及构件生产和组装设备，中游是在工厂中生产混凝土预制构件、钢预制构件等的生产商以及在现场组装构件的承包商和提供软硬件的信息化企业等，下游是建筑项目的开发商（表1-3）。

装配式建筑产业链构成   表1-3

	上游	中游	下游
行业	原材料及设备供应商	装配式设计 构件生产 工程承包	地产开发
业务	供应混凝土、钢材、木材等原材料，提供构件生产设备、生产线及运输和建造装备	设计、生产各类预制构件和组装构件进行建造	开发不同种类的建筑项目，包括住宅、工业建筑、商业建筑等
参与者	原材料生产商或贸易商，设备生产商或贸易商	各类预制构件生产商，装配式建筑设计商和承包商	物业开发商 工厂所有者 政府

7. 产业工人数量不断增加

伴随着建筑业从业人员大幅度增加的同时,建筑师、高级管理人才、工程技术人才等建筑人才大批涌现,建筑业从业人员素质也在不断提升。近年来各省市的建筑业人才队伍建设也在不断发展。

2017年2月,国务院办公厅印发了《关于促进建筑业持续健康发展的意见》(国办发〔2017〕19号),文件指出应加快培养高素质建筑工人,改革建筑用工制度。2020年,住房和城乡建设部等部门印发《关于加快培育新时代建筑产业工人队伍的指导意见》(建市〔2020〕105号)提出,到2025年,符合建筑行业特点的用工方式基本建立,建筑工人实现公司化、专业化管理,建筑工人权益保障机制基本完善;建筑工人终身职业技能培训、考核评价体系基本健全,中级工以上建筑工人达1000万人以上。

1.3.2 绿色低碳建造趋势

在建筑业节能降碳政策的推动下,伴随着建筑业的技术进步与转型升级,现代建筑产业的专业化程度会越来越高,专业化分工也会越来越细,产业集中度与集约化程度将会发生根本性变革,如建筑信息化、BIM技术、装配式建筑、绿色建材、建筑节能技术、建筑能源管理、智慧建筑技术等领域将逐渐在设计、施工、运维板块中成为重要的细分板块,为建筑领域节能降碳发挥重要作用。另外,"双碳"目标将促使建筑业将节能降碳目标分解至各细分领域,建立各细分领域绿色发展规划,形成全行业绿色发展规划体系,顺应政策导向与市场需求,协力推进全行业各细分领域企业落实"双碳"行动。

1. 建造全过程一体化管理

在企业管理层面,探索国际化的管理模式,打造新型产业生态,优化产业供应链的发展环境,加强国际产业合作。在项目管理层面,探索研究"互联网+"环境下建筑师负责制、全过程咨询和工程总承包协同工作机制,项目组织架构增加设计、低碳、信息化等相关岗位。

以工程总承包为例,以往设计、施工未能一体化的模式不仅影响建造阶段碳排放责任主体的划分,也影响建造碳减排量的控制效果。因此,通过整合资源、延伸链条的方式,发展咨询设计、制造采购、施工安装、系统集成、原位管理等一揽子服务,进而提供整体的建筑工程解决方案将成为建筑业未来的重要趋势。推行EPC总承包模式对建造的过程管理显得尤为重要,大力推广"设计+采购+施工"一体化模式,实现集约化管理,可保障工程质量,最大限度减少建造过程中的碳排放。

2. 建造过程管理与控制要求更高

"双碳"目标将促进建造企业建立低碳建材和设备供应商数据库，加强供应商评估，严格供应商筛选程序，并对供应商提供可持续发展培训。研发碳足迹计算模型，对供应商的原材料进行溯源管理，并做好碳排放数据的实时监控、对比分析、纠偏处理，开展全生命周期环境影响评估。"双碳"目标下建筑企业将加强碳排放的目标管理，拟定碳排放计划，制定碳排放预算，建立量化实施机制，推广建筑减量化措施，分阶段制定减量化目标和能效提升目标。打造绿色低碳建造技术体系，围绕清洁能源、节能环保、绿色施工等领域，尝试电力、氢气、沼气等可再生能源作为机械设备的动力来源，突破前瞻性、战略性和应用性的技术。

3. 建筑工业化水平提升

"双碳"目标将促进大力发展装配式建筑，推动装配式建筑和智能建造协同发展。根据住房和城乡建设部相关要求，2022年新建建筑中装配式建筑面积占比达到25%以上，2025年装配式建筑占新建建筑比例达到30%以上，这将刺激装配式部品、部件的生产市场，提高低碳生产技术水平，加强装配式相关技术的研发，促进绿色低碳新型装配式结构体系、工业化智能加工生产技术、设计—深化一体化施工技术、装配式高效智能绿色施工技术、装配式智能化检测技术等在低碳方面做出努力。促进开拓建造机器人的应用场景，配合装配式建筑，实现生产、施工工业化，使建造过程更加高效。

4. 建造管理信息化水平要求更高

全产业链信息化协同。"双碳"目标下，建造行业将结合新基建的历史机遇，创造建造产业互联网新业态，改变建造行业的商业模式，打造开创性的、万物互联时代的中国数字建造产业。以EPC总承包管理体系为出发点，利用数字化技术，打通供应链上下游企业，实现信息协同和产业效率的升级，让管理效能得到提高、安全得到保障。

全过程碳排放数字化平台。为实现"双碳"目标，建造企业将充分利用"三算"（算据、算例、算法）和"三化"（数字化、网络化和智能化）通用技术，打造建筑全生命周期碳排放监测平台，助力建材低碳生产、设计低碳分析、建造绿色管理、建筑低碳运营，借助大数据研判，更精准地对各生产要素的碳排放情况分析和配置进行决策，减少生产资源的浪费、提高建筑产品的品质及寿命。

5. 建筑业从业人员素质要求更高

节能降碳对建筑业从业人员素质提出了更高的要求，设计源头需提升建筑师综合业务水平，探索和实践中国特色的绿色低碳"建筑师负责制"全过程咨询服务模式，通过设计主导，设计、采购、施工一体化工程模式，把专业化的技术能力转化为复合型的管理能力，培养全过程高端复合型人才。建造环节也应加大对人力资本的投入，加快产业工人培育，重点培育掌握信息系统、数字化和智能化设备及专业技术的产业技术工人和基层技术人员。建筑业全生命周期都要加强低碳意识，培养碳排放规划师、碳排放工程师等，企业将设立碳排放管理岗位，从企业到项目层面，对碳排放进行精确计算，对碳排放进行严格控制。

6. 建筑用能结构发生重大变革

伴随技术进步、科技创新与产业发展，可再生能源发电成本已与煤电成本相近，近十年，太阳能光伏平准化度电成本下降了81%，陆上风电成本下降了46%。预计到2050年，光伏发电成本将比现在再降低60%，只有煤电的1/4，根据相关预测，2021—2025年，我国绝大多数地方实现光伏发电、陆上风电平价上网。由此可见，太阳能光伏、风电等技术前景优势可期，给降低建筑碳排放带来重大契机。

因此，"双碳"政策将促进建造活动中可再生能源的大规模应用，如热泵、生物质能、地热能、太阳能等清洁低碳能源技术的发展与应用。另外，"双碳"目标将极大地促进建造用能电气化技术的发展，促进施工机械、工程车辆、炊事等电力转型，实现低碳增效。

本章思考题

1. 绿色低碳建造概念及内涵包括什么？
2. 国外绿色低碳建造带给我们哪些启示和思考？
3. 绿色低碳建造在推动建筑业转型方面的意义有哪些？
4. 建筑工业化是如何推动建筑业节能减排的？

第 2 章

绿色低碳建造碳排放

学习目标：熟悉并掌握建造全过程碳排放总量及不同阶段碳排放特点，全面认识建造全过程碳减排路径策略，并通过数据分析，掌握建造过程不同阶段碳减排潜力，理解并运用建造过程碳减排措施。

绿色低碳建造是建筑链条中非常重要的环节，是建筑物从无到有的关键实施部分。绿色低碳建造要基于建筑全过程减碳来实施，要通过减碳量化的措施考核衡量建造水平，但建造全过程碳排放是非常复杂的，涉及直接碳排放和隐含碳排放，以及设计端、建材端、运营端相互交叉，需要从全局的角度来认识建造过程碳排放。

2.1 建造全过程碳排放分析

2.1.1 我国建筑业碳排放总量

广义碳排放是关于温室气体排放的总称或简称。温室气体指任何会吸收和释放红外线辐射并存在于大气中的气体。《京都议定书》中规定控制的温室气体有 6 种，分别为：二氧化碳、甲烷、氧化亚氮、氢氟碳化合物、全氟碳化合物、六氟化硫。其中，二氧化碳是人类活动中排放量最大的温室气体。

中国碳排放核算数据库资料显示，我国碳排放变化趋势大致分三个阶段，第一阶段：从新中国成立到改革开放，我国二氧化碳排放量从 7858 万 t 增到 14.6 亿 t，整体增长较为缓慢；第二阶段：2000 年以后，我国碳排放量快速增长，到 2019 年已达 101.7 亿 t；第三阶段：尽管受 2020 年疫情影响严重，但我国经济快速恢复，碳排放量仍增长 0.8%，达到 102.5 亿 t。我国碳排放量占全球比重约 30%，近年来有上升趋势（图 2-1）。

从建筑业来看，近年来建筑全过程能耗占比呈上升趋势，碳排放占比呈下降趋势（图 2-2）。

针对建筑全生命周期的碳排放，国内外许多专业机构、科研院所开展了大量研究，住房和城乡建设部科技与产业发展促进中心、中国建筑节能协会、清华大学建筑节能研究中心和国际能源署（IEA）四大机构对建筑业

图 2-1 我国 2010—2020 年碳排放量及其占全球碳排放量比重

| | 72% | 75% | 76% | 69% | 63% | 59% | 66% | 75% | 73% | 67% | 57% | 55% | 55% | 54% |
| | 36% | 35% | 35% | 35% | 35% | 34% | 40% | 47% | 46% | 45% | 43% | 45% | 46% | 46% |

2005 2006 2007 2008 2009 2010 2011 2012 2013 2014 2015 2016 2017 2018（年）

——●—— 建筑全过程能耗比重　　——●—— 建筑全过程碳排放比重

图 2-2　建筑全过程能耗及碳排放占全国总量的比重变化趋势

碳排放的统计各不相同，但都表明建筑领域碳排放主要集中在建材生产和建筑运营两个阶段（表 2-1）。

四大机构建筑领域碳排放统计　　　　　　　　　　　　　表 2-1

机构	碳排放总量	统计边界	说明
住房和城乡建设部科技与产业发展促进中心	2018 年建筑领域排放总量为 21.26 亿 tCO_2	建筑运行碳排放	未统计建材阶段、建造与拆除阶段碳排放
中国建筑节能协会	2019 年全国建筑全过程碳排放总量为 49.97 亿 t，占全国碳排放的比重为 50.6%	建筑全过程碳排放：建材生产及运输；建筑施工；建筑运行；建筑拆除	建材碳排放测算边界为当年建筑业消耗的建材生产消耗与碳排放，与工业部门存在重复计算的可能
清华大学建筑节能研究中心	2019 年建筑运行相关碳排放总量 22 亿 t，占全国总碳排放比例 22%	建筑运行相关碳排放，建筑总量 644 亿 m^2	未统计建材阶段、建造与拆除阶段碳排放
国际能源署（IEA）	2020 年，建筑部门在中国排放总量中比重为 20%，约 26 亿 t	与能源相关的碳排放	未统计建材阶段、建造与拆除阶段碳排放

基于温室气体核算体系（GHG Protocol）设定的分类，建筑领域碳排放可以划分为：

1）范围一：由建造施工直接产生的碳排放；

2）范围二：因能源使用而间接产生的碳排放；

3）范围三：材料与构件生产、规划与设计、建造与运输、运行与维护等全产业链环节的碳排放。

结合《中国建筑能耗研究报告（2020）》及《建筑碳排放计算标准》GB/T 51366—2019 相关内容，建筑领域碳排放计算边界是指与建筑物建材生产及运输、建造及拆除、运行等活动相关的温室气体排放的计算范围（图 2-3）。

2.1.2　建材生产及运输阶段碳排放

1. 建材生产阶段碳排放估算

相比于钢材、木材、玻璃等材料，我国建筑材料中水泥消耗量最高。根据《中国建筑业统计年鉴》中建筑业企业建材生产和消耗情况统计，2008—

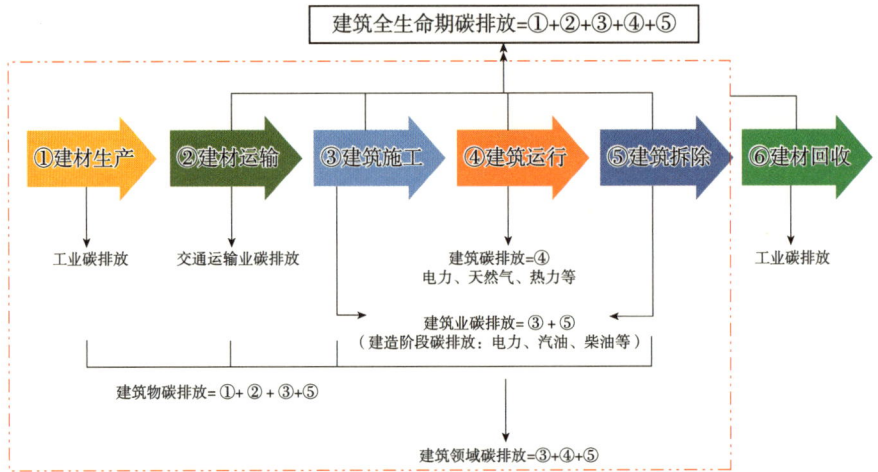

图 2-3　建筑领域碳排放计算边界

2012 年我国各类建材消耗均逐年增长，2012 年之后虽然房屋施工面积仍缓慢增长，但建材消耗量呈现先下降、后波动趋势（图 2-4）。

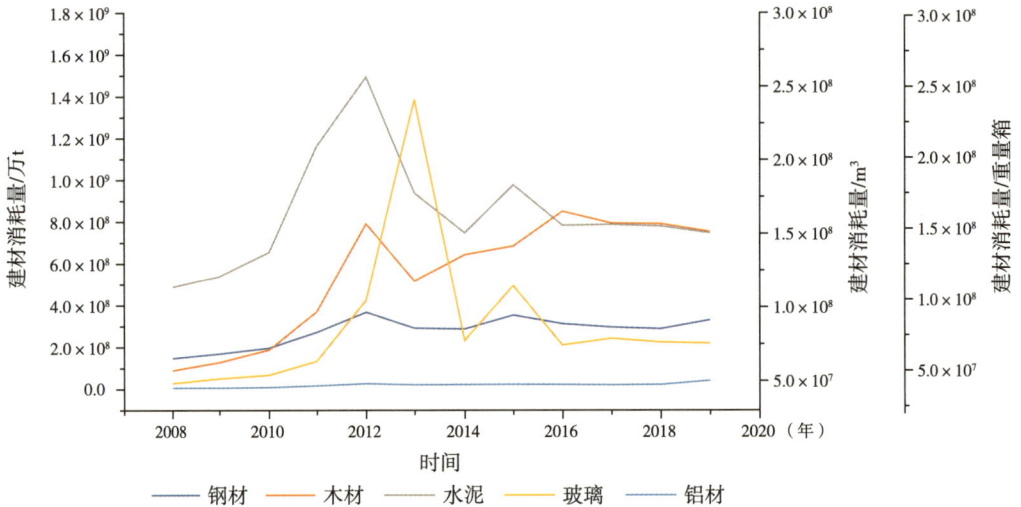

图 2-4　我国主要建材消耗量

根据《建筑碳排放计算标准》GB/T 51366—2019，建材生产阶段碳排放计算见式（2-1）。

$$C_{sc}=\sum_{i=1}^{n}M_iF_i \qquad (2-1)$$

式中：C_{sc}——建材生产阶段碳排放（kg CO$_2$e）；

M_i——第 i 种主要建材的消耗量（t）；

F_i——第 i 种主要建材的碳排放因子（kg CO$_2$e/ 单位建材数量）。

钢材、木材、水泥、玻璃和铝材的碳排放因子分别为 2.05t CO_2e/t、0.17t CO_2e/t、0.735t CO_2e/t、1.13t CO_2e/t 和 20.3t CO_2e/t。计算分析得到 2008—2019 年建材生产阶段碳排放结果（图 2-5），2012 年和 2019 年建材生产阶段碳排放比例（图 2-6）。

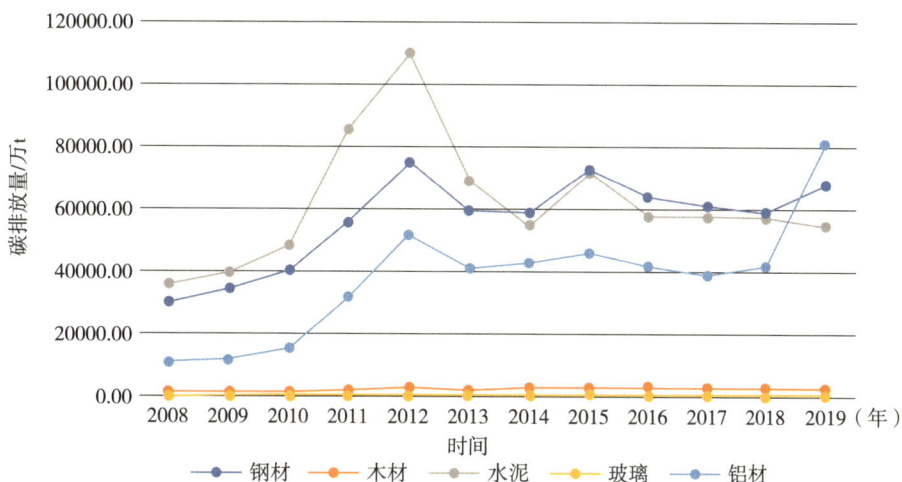

图 2-5　建材生产阶段碳排放

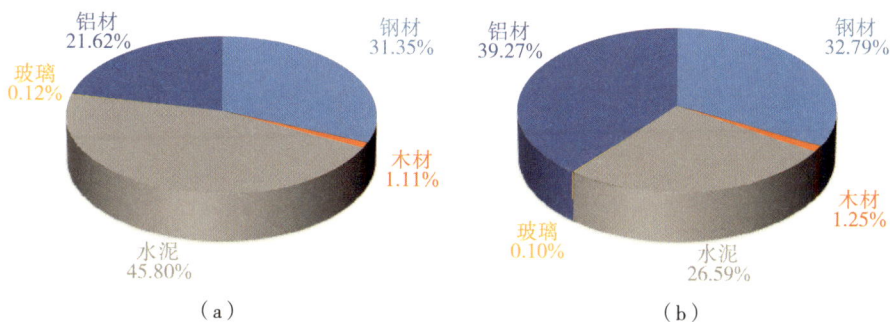

图 2-6　2012 年和 2019 年建材生产阶段碳排放比例
（a）2012 年建材生产阶段碳排放比例；（b）2019 年建材生产阶段碳排放比例

2. 建材运输阶段碳排放估算

根据《建筑碳排放计算标准》GB/T 51366—2019，建材运输阶段碳排放计算见式（2-2）。

$$C_{ys}=\sum_{i=1}^{n}M_iD_iT_i \qquad （2-2）$$

式中：C_{ys}——建材运输过程碳排放（kg CO_2e）；

　　　　M_i——第 i 种主要建材的消耗量（t）；

D_i——第 i 种建材平均运输距离（km）；

T_i——第 i 种建材的运输方式下，单位重量运输距离的碳排放因子 [kg CO_2e/（t·km）]。

根据《建筑碳排放计算标准》GB/T 51366—2019，结合国内相关学者对内地的建材运输阶段能耗和 CO_2 排放清单研究，本书研究采用主要建材的平均运输距离（表2-2）。

主要建材平均运输距离 表2-2

序号	建材	平均运输距离（km）
1	钢材	61.17
2	木材	34.03
3	水泥	52.72
4	玻璃	74.08
5	铝材	71.32

结合我国主要建材消耗量，得到2008—2019年我国建材运输过程碳排放数据（图2-7）。

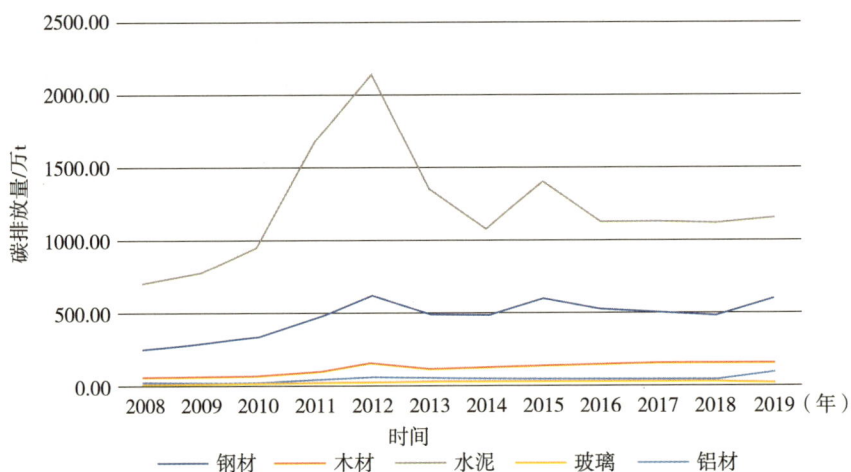

图2-7 建材运输过程碳排放

由图2-7可知，同建材生产阶段碳排放量结果基本一致，相比于钢材、木材、玻璃等建筑材料，建材运输阶段中水泥运输过程碳排放仍为最大。另外，2008—2019年我国各类建材运输过程碳排放同样呈现2012年之前逐年增长、2012年之后先下降后波动的趋势。

2.1.3　建筑建造阶段碳排放

1.建筑施工阶段碳排放估算

根据《中国能源统计年鉴》可得 2008—2019 年我国建筑建造阶段能源消耗量，建筑建造阶段能源消耗主要包含建筑施工阶段能源消耗和拆除阶段能源消耗两部分。建筑施工阶段能源消耗占建筑建造阶段能源消耗的 90%，因此，可估算出建筑施工阶段能源消耗量（图 2-8）。2008—2018 年我国建筑在施工阶段的能源消耗逐年上升，"十三五"期间变化趋于稳定。其中，建筑施工中化石能源的消耗较为稳定（以煤炭及柴油燃烧为主），而电力能耗需求增速较快，从 2008 年的 548.89 亿 kW·h 增长到 2014 年的 807.92 亿 kW·h，平均年增长速率约为 10%。

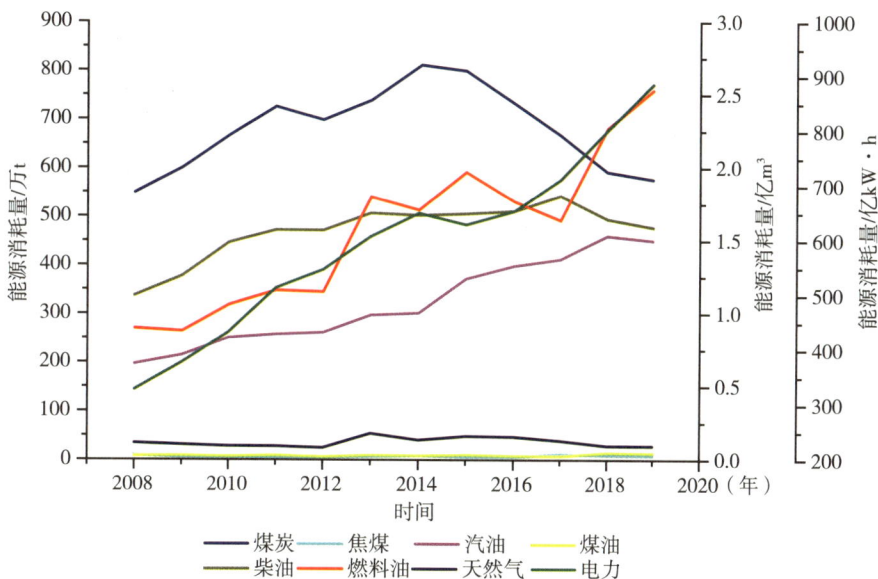

图 2-8　建筑施工阶段能源消耗量

根据《建筑碳排放计算标准》GB/T 51366—2019 主要能源碳排放因子，并参考各省级指南、《公共机构能源资源消费统计调查制度》、《IPCC2006 年国家温室气体清单指南》（2019 年修订版）中对于燃料燃烧碳排放系数的数据，可测算出 2008—2019 年我国建筑施工阶段碳排放（图 2-9）。

可见，我国建筑在施工阶段的碳排放总量呈上升趋势。其中，2010—2014 年平均增速超过 10%，2014 年施工阶段碳排放总量达到 9510 万 t CO_2。建筑施工阶段碳排放来源主要以电力消耗、柴油燃烧及煤炭燃烧三项为主。从 2011 年开始，施工阶段中电力消耗的碳排放超过总量的 51%，到 2019 年电力消耗碳排放超过 6000 万 t CO_2，占施工阶段碳排放总量的比例已超过 60%（图 2-10）。

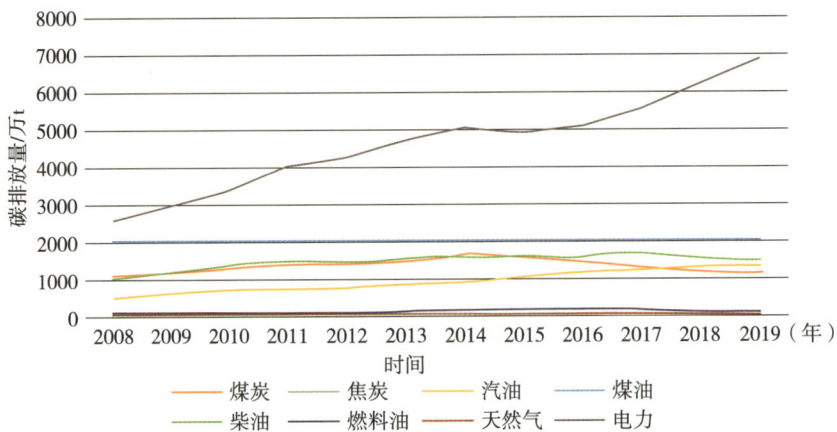

图 2-9　建筑施工阶段碳排放

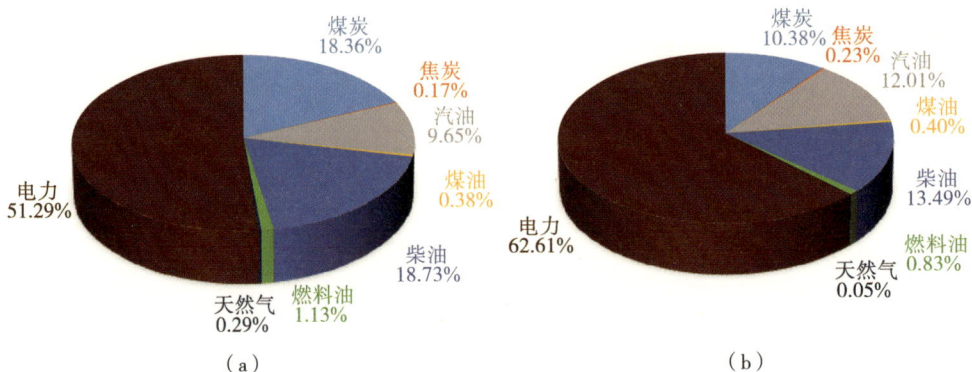

（a）

（b）

图 2-10　2011 年和 2019 年建筑施工阶段碳排放比例
（a）2011 年建筑施工阶段碳排放比例；（b）2019 年建筑施工阶段碳排放比例

2. 建筑拆除阶段碳排放估算

根据相关文献，建筑拆除阶段能耗占建筑建造过程能耗的比例约为 9%，可估算出 2008—2019 年我国建筑拆除阶段碳排放（图 2-11）。

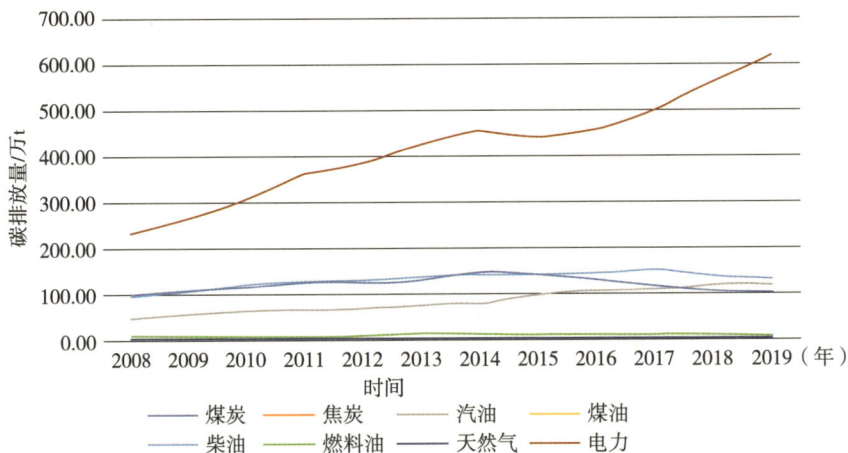

图 2-11　建筑拆除阶段碳排放

2.1.4 建筑运行阶段碳排放

建筑运行阶段碳排放主要由两部分组成：一是直接碳排放，包括建筑运行阶段直接消耗的化石能源带来的碳排放，主要用于炊事、热水和分散供暖等活动；二是间接碳排放，包括建筑运行阶段消耗的电力和热力两大二次能源带来的碳排放。

基于能源平衡表拆分方法，参考生态环境部发布的《省级二氧化碳排放达峰行动方案编制指南》，建筑运行碳排放包括：

1）"交通运输物流仓储业"中交通枢纽建筑的运行碳排放；

2）"批发零售住宿餐饮业"和"其他"中汽油 2% 的碳排放与其他有能源消费的碳排放；

3）居民生活"能源消耗"中汽油 1% 的碳排放、柴油 5% 的碳排放以及其他所有能源消费的碳排放。根据《中国能源统计年鉴》得出 2008—2019 年我国建筑业运行阶段能源消耗量（图 2-12）。

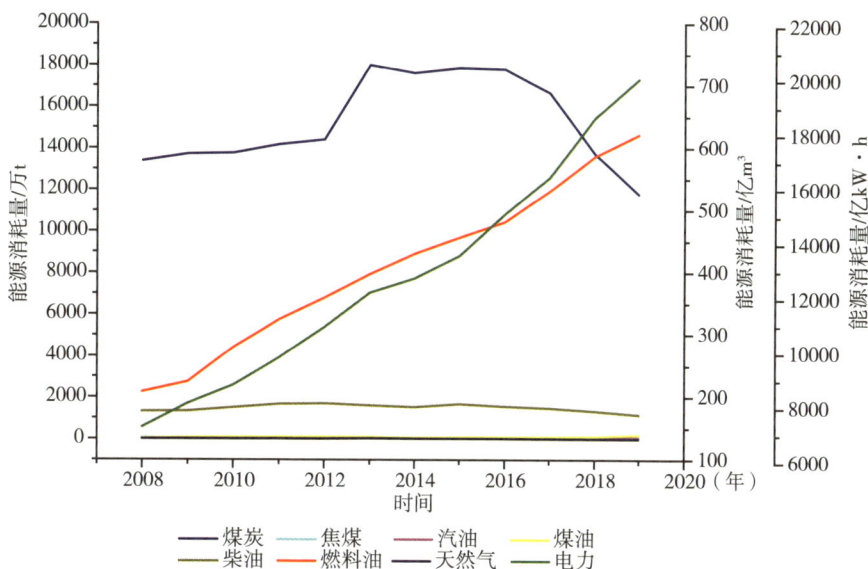

图 2-12　建筑运行阶段能源消耗量

根据《建筑碳排放计算标准》GB/T 51366—2019 建筑运行阶段碳排放计算方法，可以测算出 2008—2019 年我国建筑运行阶段碳排放数据（图 2-13）。

2.1.5 建筑全生命周期碳排放总量

根据上述计算内容，得到我国建筑全生命周期碳排放总量（图 2-14）。2008—2012 年我国建筑全生命周期碳排放年平均增速为 29.5%，2013—2019 年

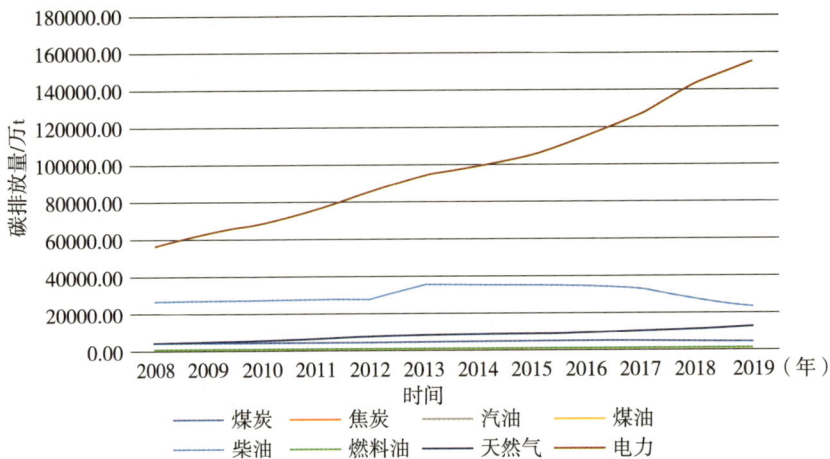

图 2-13　建筑运行阶段碳排放

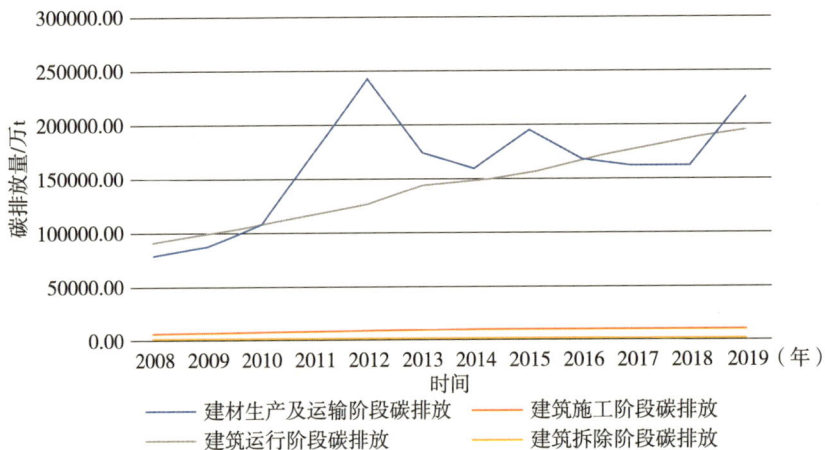

图 2-14　建筑全生命周期碳排放总量

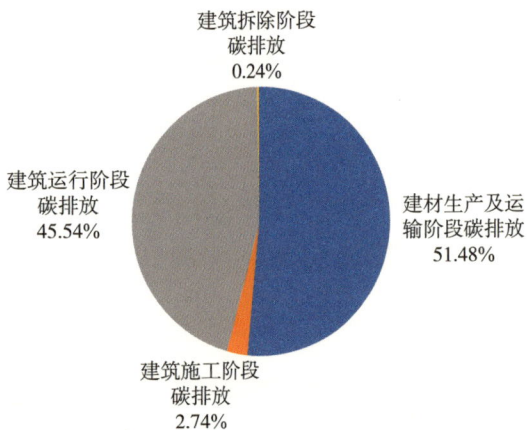

图 2-15　建筑全生命周期各阶段碳排放平均占比
（2008—2019 年）

碳排放年平均增速为 1.9%。其中，2008—2013
年建筑运行阶段碳排放年平均增速为 9.1%，
2014—2019 年建筑运行阶段碳排放年平均增速
为 4.7%。

根据计算 2008—2019 年我国建筑在建材生
产及运输阶段、建筑施工阶段、建筑拆除阶段、
建筑运行阶段的平均碳排放占比分别为 51.48%、
2.74%、0.24%、45.54%（图 2-15）。由此可见
建筑领域碳排放则呈现以下几个主要特征。

1）建材生产运输与建筑运行阶段碳排放占
比高。建材生产运输与建筑运行阶段碳排放占

建筑全生命周期碳排放的 90% 以上，主要来源于建材生产、建筑运行阶段的供热、制冷和电力消耗等间接碳排放，受上游产业链影响较大。虽然建筑施工阶段碳排放量占比较小，但是建造方式对建筑物运行碳排放影响较大。

2）建筑碳管理需要跨部门协同。我国建筑能耗未被作为一类能源消费进行单独统计，建筑全生命周期各阶段能源消费由不同的部门分管，如果部门间缺乏协调，将会导致碳排放重复计算。除此之外，建筑碳排放总量和减碳责任不明确，导致出台建筑碳排放交易制度和监管考核标准比较困难。

3）建筑碳排放责任主体分散。不同功能的建筑，运营主体不同，用能方式不同，实现碳减排的路径也不同。其中，住宅建筑运营的主体是个人，需要通过城市与社区层面的管理推动碳减排行动；公共建筑、商业建筑运营主体是企业或事业单位，需要通过节能减排改造、碳抵消等方式，推动碳中和。

4）建筑碳排放与生产生活方式密切相关。建筑运行能耗主要满足居住使用者供暖、通风、空调、照明、炊事、热水，以及其他为了实现建筑的服务功能所消耗的能源，尽管对能源服务的需求不断提高，随着建筑用能终端效率不断提高，能源的用量也在不断减少，碳排放也将随之减少。

2.2 建造过程节能减排潜力分析

现阶段，我国建筑业仍是国民经济和社会发展的支柱产业，2022 年，建筑业总产值达到 31.2 万亿元，增加值占 GDP 的 6.89%，吸纳就业超过 5000 万人。但同时建筑领域也是我国碳排放的"大户"，2022 年全国建筑全过程碳排放总量为 51.3 亿 t CO_2，占全国碳排放的比重为 48.3%。

从建筑产品的全生命期看，建筑碳排放可划分为建材生产及运输、建筑施工、建筑运行及维护、建筑拆除 4 个阶段，建筑领域需从建筑全产业链来统筹减碳（图 2-16）。

从建筑企业边界来看，又可分为企业对产业链的减碳贡献（主要对应 IPCC 范围三的碳排放），以及企业自身的减碳贡献（主要对应 IPCC 范围一和范围二的碳排放）。前者如设计企业通过绿色设计、施工企业通过精益施工实现运营减碳，以及设计企业通过绿色选材、施工企业通过绿色采购实现建材隐含碳的减少；后者如施工企业通过绿色建造实现自身减碳。

中国建筑节能协会发布的《中国城乡建设领域碳排放研究报告（2024 年版）》指出，建筑全过程能耗或碳排放等于建材生产、建筑施工和建筑运行三个阶段的能耗或碳排放之和。建材生产和建筑运营阶段为建筑业主要"碳源"。2022 年，全国建筑全过程能耗总量为 24.2 亿 t ce，占全国能源消费的 44.7%，碳排放总量 51.3 亿 t CO_2，占全国能源相关碳排放的 48.3%。其中，

建筑全过程碳排放=①+②+③+④

①建筑材料生产、运输 → ②建筑施工 → ③建筑运行、维护 → ④建筑拆除

建材生产阶段碳排放

建筑运行阶段碳排放

建筑施工阶段碳排放

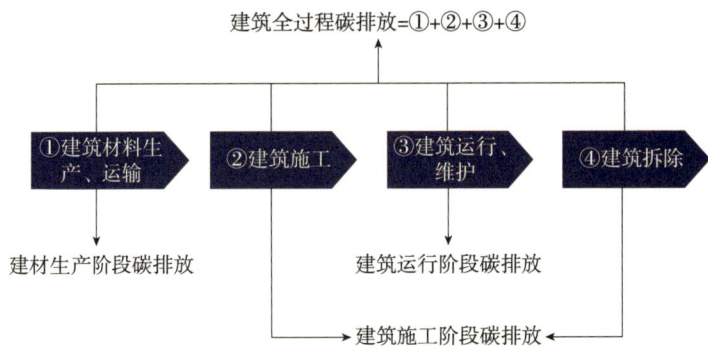

图 2-16　建筑全过程碳排放环节

建材生产阶段碳排放 27.2 亿 t CO_2，建筑施工阶段碳排放 1 亿 t CO_2，建筑运行阶段碳排放 23.1 亿 t CO_2（图 2-17）。

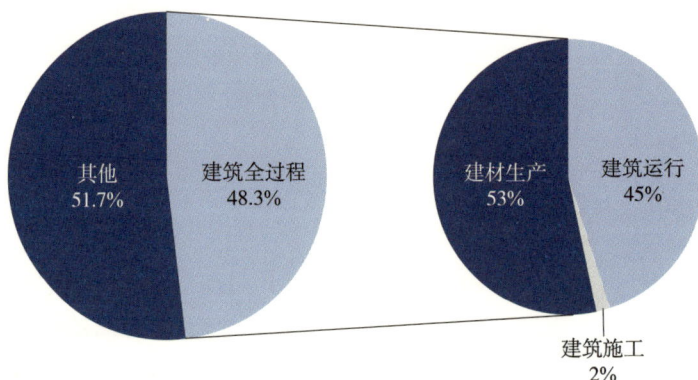

其他
51.7%

建筑全过程
48.3%

建材生产
53%

建筑运行
45%

建筑施工
2%

图 2-17　2022 年全国碳排放结构

2.2.1　建材端减碳潜力分析

我国目前的新建建筑多为钢筋混凝土结构，其中钢材、水泥的生产过程需要消耗大量的能源，并导致大量碳排放。从建材生产环节来看，碳中和激活建材生产低碳改造进程。水泥、钢材、铝材是建材碳排放的主要部分，从主要建材碳排放结构上来看，钢材生产阶段产生碳排放 13.1 亿 t CO_2，占比 48.2%；水泥生产阶段产生碳排放 11.1 亿 t CO_2，占比 40.8%，铝材生产阶段产生碳排放占比 10%（图 2-18）。因此，在"双碳"背景下，钢材、水泥和铝材是建筑材料环节减碳的重点（注：上述建材端的碳排放仅包括图 2-18 中建材生产的碳排放，不包括建材运输的碳排放）。

钢材方面。建筑常用钢材有钢筋、型钢、钢板、钢条、钢带等，覆盖门类广，在钢材生产及运输环节每年排放大量 CO_2。钢材减碳路径主要有资源

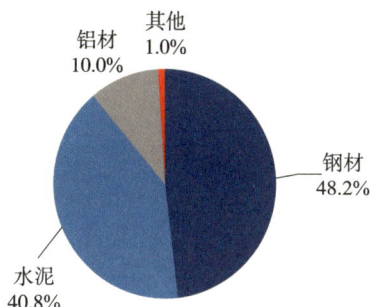

图 2-18　主要建材碳排放占比

脱碳化，须注重提高钢材利用效率，降低钢材消耗，合理使用废钢；能源脱碳化，少用或不用化石能源，充分利用电网弃电和绿电来生产钢；生产制造流程脱碳化，围绕成熟减碳技术、工艺、装备制定标准，加强钢铁行业碳捕集利用与封存、氢冶金、全氧高炉、钢化联产、新能源利用等相关技术装备的应用。

水泥方面。水泥是建材工业中的碳排放大户，是资源依赖性产品，生产过程中 50%~65% 的二氧化碳排放来源于石灰石分解，30% 以上来源于燃煤。水泥工业减碳主要路径有原料减碳，减少石灰石用量，低碳胶凝材料替代；用清洁燃料替代煤，从燃料端减碳；工艺装备技术提升，优化生产工艺，使用碳捕集技术，生产负碳、固碳水泥；高效利用水泥，延长水泥使用寿命。

国内建材生产企业主要归类于工业和信息化部负责的生产制造业，不属于传统意义上的建筑企业，但建材生产过程减碳与建筑企业紧密相关，建筑企业的主要作为表现在：①建筑设计和施工企业可以通过优化设计和选材倒逼建材生产企业主动优化工艺、增加可再生材料配比等方式降低建材隐含碳排放；②一些大型建筑企业长期持有或继续投资建材生产企业，可发挥权益优势加快建材生产企业的"双碳"目标的实施；③随着国家对装配式建筑和建筑工业化的进一步推进，更多的建筑构件、部件部品将在工厂完成，传统的建筑施工工作的一部分转移至生产制造业，建筑企业对于这部分生产减碳将发挥很大作用。

另外，建筑企业还可通过要求物流部门采用大运量运输模式如铁路运输、水上运输等代替公路运输，以及采用公路运输工具电气化等手段减少建材运输的碳排放。

对于建筑施工企业，按照 IPCC 温室气体统计方法和范围，建材生产和运输碳排放可计入建筑企业范围三上游的隐含碳排放。国外的一些大型建筑集团在其年报中已经将碳披露数据从范围一和范围二延伸至范围三的上游部分，如相关产业链前端的碳排放等。

2.2.2　建造端减碳潜力分析

建筑施工阶段碳排放占建筑全过程的 1% 左右，碳排放来源主要以电力消耗、柴油燃烧及煤炭燃烧三项为主。可分为直接碳排放和间接碳排放，直接碳排放来源于项目机械燃料使用、办公场所及交通工具燃料使用；间接碳排放来源于施工机械设备用电、生活及办公场所用电等；其他间接碳排放例如分包分供商作业施工的碳排放。

施工建造阶段减碳主要路径有：精益化施工方式，通过科学管理的生产方式，推动建造过程中的资源组织科学化管理，减少工程机械种类和数量，消除工序衔接的停闲时间，实现立体交叉作业，减少施工人员，提高工效，降低物料消耗，减少环境污染。大力推广新型建筑工业化，推广装配式建筑，通过建筑部品标准化、工艺标准化，实现构配件生产工厂化、建筑垃圾减量化。智能化建造方式，提升研发设计、生产施工、开发运营等产业链各环节数字化水平，利用物联网、区块链、人工智能、机器人等新技术实现建筑全过程数据采集、学习、分析决策能力，为建造全过程赋能。

2.2.3 运营端减碳潜力分析

建筑运行阶段，碳排放主要来源于用电消耗和供热系统中的煤炭燃烧。我国建筑运行中的供暖、热水、炊事等环节消耗化石能源相关的直接排放占比达总量的一半，间接排放中电力和热力相关的碳排放分别占 42% 和 8%。一般而言，建筑运行相关碳排放分为直接碳排放和间接碳排放，其中直接碳排放指建筑在运行过程中直接燃烧化石能源所产生的碳排放，主要包括通过消耗天然气或燃煤满足供暖、炊事、热水需求产生的碳排放；间接碳排放主要包括建筑用电间接提高发电需求产生的碳排放。

建筑运行减碳是大规模的长期系统性工程，低碳转型主要路径有：建筑全面电气化，通过革新节能技术和使用节能电器，在热水、供暖、炊事等方面全面实行电力替代，推广空气能热泵、构建新型低碳供热体系。发展超低能耗建筑，通过优化建筑整体布局、采用高性能外窗和墙体以及提升建筑的整体气密性等性能化设计帮助建筑降低运行能耗。推动建筑智能化转型，通过建筑楼宇智能化，打造自动化节能系统达到降碳效果。推动建筑能源利用多元化，设计打造 BAPV 和 BIPV 两种建筑光伏模式，在建筑的表面（通常是屋顶）加装太阳能光伏板，作为建筑用能的补充，实现用能的低碳化。

对于建筑企业，建筑运行碳排放发生于未来，但运行中的碳排放强度的大小，往往由前端的设计和施工决定。低碳设计，可助力实现"源头减碳"；严格按图施工，确保运营中各项性能指标满足设计要求，可助力实现"过程控碳"。通过建筑企业前端发力，才能最终实现后端运营的低碳或零碳目标。

对于建筑施工企业，按照 IPCC 温室气体统计方法和范围，建筑运营碳排放可计入建筑企业范围三下游的碳排放。

2.2.4　建筑拆除潜力分析

建筑全生命周期的末端，需要对建筑废弃物进行资源化处理，力争资源节约和环境保护的双赢。建筑拆除在建筑全过程碳排放中占比较小，不到1%。

主要减碳路径有：建筑垃圾循环利用，做好建筑垃圾分类、回收处理、再生处理等步骤，将混凝土、砖和石等按照不同配比尺寸等做成再生骨料，然后可制成再生砖、无机料等进行二次利用。通过碳捕集利用与封存（Carbon Capture Utilization and Storage，CCUS）技术和生态固碳等方式形成碳汇，如利用二氧化碳矿化养护混凝土，缩短混凝土初凝时间、提高抗压强度以及减少水泥用量；同时，增加绿化面积，增加建筑群绿化碳汇，达到改善空气质量、美化环境的效果。

建筑拆除的碳排放在建筑全过程占比虽然很小，但减碳意义较大，对于拆除过程，过去我国建筑业普遍重视不够，造成大量浪费和环境污染，现阶段拆除碳强度较大，因而减碳潜力巨大。

按照IPCC温室气体统计方法和范围，建筑拆除碳排放可计入建筑企业温室气体排放的范围一和范围二部分。

2.3 建造全过程减碳路径

如果从建筑全产业链考虑，建筑企业的减碳路径主要包括：设计引领作用，通过设计和选材从前端打造节能建筑和低碳建筑；推行绿色建造，通过绿色施工、装配化施工、智能化施工、绿色采购等推进绿色低碳建造；发挥建筑运营能力，投资新能源设施、工业化部品和绿色建材生产等。

2.3.1　设计引领源头减碳

设计位于建筑业产业链自身的前端，设计阶段属于建设过程的决策和准备期，其对建筑全生命周期的碳排放控制与降低影响较大。利用前期绿色设计引导减少建筑全生命周期的碳排放，具体包括以下路径：

1）探索建筑师负责制模式和协同设计管控模式，从源头引领全过程减碳。住房和城乡建设部要求在民用建筑领域探索结合工程总承包模式来推行建筑师负责制。通过设计（Design）、采购（Procurement）和施工（Construction）一体化的工程总承包模式，对项目实行全过程的管理，并对工程的质量、安全、节约、环保、工期和造价等全面负责。通过BIM标准化设计、装配式工业化选型、一体化装修设计等前期设计方法实现建筑全过程的源头减碳。

2）通过节能设计和可再生能源的利用，减少建筑运营碳排放。建筑的低碳或零碳运营，关键在于设计阶段的节能设计与可再生能源的利用设计。例如通过提高围护结构隔热与气密性等被动式设计手法减少建筑对机械供热和制冷等的需求，通过高效能设备选择等主动式优化策略减少对能源的需求，最后再结合建筑能源一体化设计手段，最终实现建筑的低碳或零碳运营。

3）通过低碳选材，减少建筑全生命周期的碳排放。按照规范要求，我国建筑普遍按照 50 年的生命周期设计。因为考虑 50 年周期的安全性、耐久性、适用性、维护和升级等，在设计阶段对于结构和构造形式、建材的选择和用量等参数，一般是根据这一年限要求精心设计、配比（考虑了一定的安全系数）。随着国家"百年建筑"的再次提出，建筑企业要多从建筑造型、结构构造等方面重视建筑未来使用中在 50~100 年内可能出现的问题。

建筑企业对结构与构造的优化设计，可以实现建造过程的节材，以及建筑拆除时的构件与材料回收，从而实现建筑全生命周期的隐含碳的减少。例如对装配式建筑的优化，钢结构在住宅工程上的应用设计，竹和木结构在多层建筑的应用（含竹、木 + 钢结构在高层建筑的应用）等。建筑材料的选择和运输距离，主要是由设计企业决定的（施工阶段的具体采购也很重要），例如设计企业可多选择当地材料、全生命周期隐含碳低的建材、易于再利用和再生利用的材料等。

目前，我们对于低碳选材的研究较为缺乏。设计院针对设计阶段的源头减碳思路，主要集中于通过被动式设计和主动式优化减少运营阶段的能耗依赖，以及新能源在建筑中的更好应用。但是，对于建筑设计中通过结构形式优化和选用低碳类型的建材从而减少建筑全生命周期的碳排放的重视不足。即使大型的设计院，基本上也没有建立自己的低碳选材库，如何减少建材隐含碳排放的研究工作鲜有开展，与产业链上游的互动不够。

"十四五"期间，住房和城乡建设部在《"十四五"建筑业发展规划》（建市〔2022〕11 号）中要求开始推行工程总承包模式和建筑师负责制。在民用建筑工程项目中逐步实行建筑师负责制，在统筹协调设计阶段各专业和环节基础上，推行建筑师负责工程建设全过程管理和服务。这些举措的目的是要强化设计引领作用，更好地发挥建筑师对建筑品质的源头管控作用。同时，加快完善工程总承包相关的招标投标、工程计价、合同管理等制度规定，落实工程总承包单位工程设计、施工主体责任。在工程总承包项目中推进全过程 BIM 技术应用，促进技术与管理、设计与施工深度融合。

4）发展低碳节能建筑。低碳节能建筑是实现建筑运行期碳减排的重要载体，通过建筑企业如勘察设计单位的低碳设计和总承包企业的精益施工，以及探索建筑工程总承包模式，可以确保进一步提高新建建筑节能水平。鼓励有条件的地区全面实施更高水平的绿色建筑标准，倒逼建筑企业提高自身低碳业务水准。同时，加强监督检查，确保强制性节能标准得到严格执行，加大对新建建筑节能标准执行的专项检查力度，坚持要把节能效果作为建筑验收最重要的指标之一。建立建筑节能材料、建筑节能技术国家标准，加强对建筑节能材料和技术相关标准的研究，对主流技术和重点技术制定统一的能效标准，支持集成设备和技术的研发、应用和推广。大力发展超低能耗建筑，以大幅度降低建筑能耗为目标，是实现建筑领域碳达峰、碳中和的重要措施。

2.3.2　推进绿色低碳建造方式

绿色低碳建造方式，是以建造过程降低碳排放为目标，以绿色建造贯穿全过程，融合智能建造和建筑工业化手段的新型建造方式。

1. 建造过程的绿色低碳

在建造过程中，坚持策划、设计、施工、交付全过程一体化协同，推广系统化集成设计、精益化生产施工、一体化装修的方式，加强新技术推广应用，整体提升建造方式工业化水平。有效采用 BIM、物联网、大数据、云计算、移动通信、区块链、人工智能、机器人等相关技术，整体提升建造手段信息化水平。充分考虑施工临时设施与永久性设施的结合利用，实现"永临"结合，减少重复建设。采用适用的安装工艺，制定合理的安装工序，推广材料工厂化加工，实现精准下料、精细管理，降低建筑材料损耗率，加强施工设备的进场、安装、使用、维护保养、拆除及退场管理，减少过程中资源消耗。选择大型运输工具、减少运输中转次数、要求物流运输工具电气化等减少建材运输碳排放。建筑企业可从以下减碳路径考虑实施。

精益化施工，通过严格的施工策划和组织、快速施工安排，全过程咨询管理，减少材料浪费，提高施工效率，从而实现减碳；节约化施工，现场"永临"结合、选用高效装备和电气化装备、加强雨水收集和水重复利用，通过节材、节能、节水实现低碳施工；循环化施工，借助循环经济理念，在工地通过管理与工艺，建材余料、模架余料循环利用，实现建筑垃圾源头减量与资源化利用。通过以上途径，大大减少施工过程的碳排放。

2. 智能建造与建筑工业化协同

我国建筑企业为顺应转型要求，"十三五"期间已经逐步开展了智能建造的工程实践，"十四五"以来，随着现代信息技术、数字技术和智能技术在建筑企业的广泛应用，越来越多的施工企业在建造过程中通过 BIM 平台实现精准放线，控制进度，并发挥"BIM+"的功能，有效确保工期、安全、质量、人员、资金等各项指标的顺利进行。同时，还结合 5G、互联网、云计算、AI、XR、建筑机器人等技术，自主开发应用智慧建造监控和管理平台，极大地提高了现场管理水平。

鼓励集约化、工业化的建造方式，从建筑材料生产、施工建造、运营维护全生命周期推动建筑业全产业链绿色低碳发展，大力发展装配式建筑。装配式建筑具有构件模块化、生产工厂化和装配标准化等优势，可以大幅降低建筑能源损耗、节约施工工序、提高组件回收利用率，助力实现建筑业绿色低碳发展和碳达峰、碳中和目标。

鼓励绿色化、智能化的施工技术，从工程建设的前期策划到设计、材料生产、施工建造、交付维护等环节，加入"碳减排""净零碳"的考量，加大绿色建材和数字技术应用，运用智能化手段模拟建筑各个环节的能源损耗和适配方案，用系统和能源的匹配达到最优方式，适配最佳的施工技术和最短的施工时间，从而减少施工过程中的碳排放。

通过精细化、专业化的管理手段，达成新技术研发应用与建造方式工业化水平的"双向促进"，智能化数字技术与建造手段信息化水平"双向提升"，设计、生产、施工深度协同与建造管理集约化水平"双向优化"，构建绿色建造产业链与整体提升建造过程产业化水平"双向发展"，保障"双碳"目标与"高质量"共同发展。

3. 建筑垃圾减量化排放和资源化利用

建筑垃圾的减量化排放，属于绿色建造的一部分，我国传统建筑企业对建筑垃圾的减量化排放和资源化利用认识不足，建筑施工中单位竣工面积的垃圾排放强度较发达国家有一定差距，减排空间较大。建造和拆除过程中，对于建筑垃圾的减量排放和资源化利用，同样可减少建筑全生命周期的碳排放。一方面，因为现场建筑垃圾排放减少，其场地内收集外运造成的建造阶段碳排放也随之减少；另一方面，建筑垃圾尽量做到场地内和场地外的再利用和再生利用，通过节约建材而减少碳排放。

"十三五"以来，国家开始重视对建筑垃圾的减排和再利用。通过科学技术部开展了国家重点研发计划"施工现场固废减排、回收与循环利用技术研究与示范"课题，形成固废分类与量化技术研究、固废源头减量化技术研究、固废收集技术研究与设备研发、固废资源化技术研究与设备研发四个方面的科研，并在多个示范工程中得到验证，目前已经实现了建筑垃圾固废减排率 70% 的目标。

通过支持绿色建材产品推广应用和建筑垃圾减量化等举措，降低建筑业资源消耗、实现新旧动能转换。选择低碳材料与设备，如高密度木材、软木地板和羊毛隔热材料可以用来代替钢、混凝土和泡沫隔热材料；鼓励开发低碳建材，使得该材料能够发挥降低建筑运行阶段的能耗作用，促进建材生产工艺改善，降低建材生产过程能耗；选择当地来源的高回收成分的饰面可以进一步减少建筑的碳足迹。

2.3.3　碳排放全过程管控

建材生产及运输是建筑全过程碳排放的重要来源，未来需要将产业链上游来自建材生产运输的隐含碳纳入其核算体系，现阶段研发生产低碳型建材，会带来一定的成本增加，企业动力不足，通过其下游采购商即建筑企业可以倒逼其主动减少建材碳足迹以迎合市场，立足生存之本。

1. 全过程碳足迹管理

建材生产碳足迹，要包含建材生产过程中从原材料开采、生产、运输，建材生产加工一直到回收处理全生命周期的碳排放。当前，国际通用的碳足迹标签评价标准主要有《商品和服务在生命周期内的温室气体排放评价规范》PAS 2050：2008 和《温室气体 产品碳足迹 量化要求和指南》GB/T 24067—2024（ISO 14067：2018）。我国现阶段建材领域的碳足迹披露主要是通过各种建材的 EPD（环境影响声明）报告的碳数据进行，EPD 中对于建材碳排放的计算方法和 PAS 2050、ISO 14067 基本一致，都是采用了 ISO 14040 标准中规定的 LCA（基于全生命周期）分析方法学。国内的一些大型钢铁、有色金属、玻璃制品等企业会定期发布其主要产品的 EPD 报告。建筑企业可建立自身的低碳建材产品入库标准，设立低碳采购体系，将 EPD 报告中碳排放强度低的建材优先纳入采购范围。例如法国万喜不仅建立了企业建材碳排放数据库，还开发了建材 LCA 全生命周期环境影响评估工具 CO2NCERNED，并通过集团大会层面，研究制定了降低施工所用建材隐含碳的行动方案。

2. 降低建材运输碳排放

建材运输过程产生的碳排放虽然在国民经济统计的边界归于交通运输部门，但按照 LCA 方法学，其可作为范围三中的上游排放而记为建筑的隐含碳。根据《中国建筑业统计年鉴 2020》的数据分析，2019 年，全国建材运输碳排放已达到 0.2 亿 t CO_2，而同年施工碳排放合计 1.1 亿 t CO_2，也就是说当年运输建材的碳排放量是全国所有在施工地产生碳排放的近 20%。

近二十年，随着我国高速公路建设的飞速发展和汽运物流体系的健全，建筑材料的运输多从铁路货运转为公路汽运，增加了不少碳排放。

3. 自主研发低碳建筑材料

我国建材行业碳排放强度一直处于高位，例如我国钢铁行业生产 1t 钢材排放的 CO_2 在 2t 以上，国际钢协统计的全球平均水平为 1.89t，而部分发达国家采用的电炉工艺仅排放 0.4~0.8t CO_2/t 钢材。再如水泥制品，我国生产 1t 水泥、水泥熟料的 CO_2 排放量分别约为 616.6kg、865.8kg，而欧洲水泥企业在 1990 年生产 1t 水泥熟料的 CO_2 排放已为 782kg，预计 2030 年降低到 472kg。近期，前瞻碳中和战略研究院在其《碳中和背景下低碳科技关键技术发展与机遇》研究报告中，将钢铁生产低碳技术（如再生钢材加工技术、无化石钢铁技术等）和低碳水泥生产技术（如无碳/低碳添加剂技术、低碳混凝土技术等）列为未来经济社会发展中的重点低碳科技关键技术。

2.3.4 建筑全面电气化

建筑节能领域主要应用被动式设计，利用建筑周边环境以及建筑本体布局和构造等，减少场地热岛效应，提高建筑的隔热保温性和气密性，充分利用自然手段满足使用者对室内湿热环境、光环境、通风和空气品质的需求。此外，通过主动式技术优化减少运行期的能耗，通过选型、优化组合、智能控制等手段提高建筑设备的节能效率，减少运行期的碳排放。

通过立项策划和前期设计，最大限度地综合利用分布式能源供给手段。掌握多能互补技术，发挥"能源互联网+"理念，从建筑运营角度出发，通过天然气热电冷三联供、分布式可再生能源和能源智能微网等方式，实现多能协同供应和能源综合梯级利用。因地制宜利用可再生能源，提高建筑电气化率和用能设备能效，推广 BIPV 和"光储直柔"等新型技术，通过创新性设计，降低建筑全生命周期的碳排放。支持光伏建筑发展，通过 BIPV 和"光储直柔"等系统，在建筑物的屋顶、墙面安装光伏组件，实现建筑外围护与光伏的一体化，结合太阳能发电的储能、直流用电和柔性用电综合系统，最大限度利用分布式太阳能。结合建筑和场地，对风能和生物质能进行开发利用，建筑及其场地内利用风能和生物质能进行发电。在施工过程中，可采用太阳能、空气能等技术用于生活热水、照明、供暖等，积极探索将太阳能光伏、太阳能光热、空气源热泵、地源热泵等可再生能源应用到建设项目中，以减少由于传统能源消耗产生的大量碳排放。

建筑用能全面电气化是降低建筑直接碳排放的关键，重点是处理好建筑供暖、炊事、热水和特殊建筑蒸汽用能的全面电气化问题。而随着电气化率的提升以及用电量的自然增长，建筑总体用电量将显著增加。

未来，建筑将是集发电、用电、储电于一体的新型能源综合体，不仅要满足绿色低碳的用能需求，还要满足电力系统灵活电力平衡的需求。大型建筑从上至下的使用面积，从屋顶、外立面甚至地下空间都将成为宝贵的资源，通过更科学和系统的设计开发，不断提高利用效率和扩展应用场景，提供新的价值体验和服务。

构建消费端的建筑多能互补清洁能源体系，一是在既有建筑中，大力推动可再生资源替代一次能源供热技术研究，推动绿色技术替代一次能源供热的技术路线、实施路径与具体落地举措，以及开展在替代一次能源供热方面的绿色低碳前沿技术和新产业布局、差异化发展的产业政策措施，如热泵供热、百兆瓦级跨季节储能、大型光热供能、城市热源厂零碳供热等。二是在新建建筑中大力推动供暖电力化和低碳化，建筑用能全面电气化，综合通过多种热泵、太阳能、工业余热方式供热，如集中的中水水源、中深层地源、浅层地源、分散的空气源、热联产余热、垃圾焚烧余热、工业余热等新型热泵技术，利用热源温差实现节能目标。大力发展综合能源在园区中的应用，建议在未来存量项目提质改造和增量项目用能优化工作中，要更大力度推动太阳能、生物质能、地热能等清洁能源开发利用，要加快制定节能改造及用能优化技术标准及评价体系。考虑到大面积推广使用清洁能源将受到区域人口、工业规模限制，大量清洁能源需要进行储能、调峰及调配，建议以大型园区、社区为载体，鼓励代建代管代营一体化的承接模式，探索完善区域分布式清洁能源投建管相关立法和管理模式。

2.3.5　既有建筑拆除及改造

面向城市大规模建设转为存量提质改造和增量结构调整并重发展的新阶段，减少大拆大建、延长建筑寿命就是最好的减碳方式。转变建筑行业大拆大建发展模式，合理控制城乡建设的总量规模，提高建筑质量，延长建筑寿命，推动既有建筑能效提升，对建筑的外门窗、外保温以及暖通机电系统进行全方位更高能效的改造提升。通过高标准要求控制设计和施工细节，规避常见的质量通病，采用高质量的部品部件，减少建设项目维修返工的频率，继而延长建筑物的使用寿命，避免频繁地拆除，做到最有效的节能。

2.4 建造全过程减碳措施

建造全过程减碳要着眼于不同环节碳排放重点领域，聚焦减碳潜力，综合运用技术创新、信息化、施工协同等多种手段推动建造全过程减碳。

2.4.1　推行新型建造方式

通过采用以绿色化、工业化、信息化、集约化、产业化为主要特征的新型建造方式，推动绿色建造、智慧建造以及建筑工业化建造"三造融合"实现建造过程节能减排。通过对绿色新技术、新材料、新工艺以及碳减排技术和创新体系的运用实现绿色建造；通过对BIM、物联网、人工智能、云计算等技术的应用实现智慧建造；通过装配式技术、建筑集成技术、装配式装修等方式实现建筑工业化建造。各项新型建造技术的整合应用，能够显著提高建造过程资源利用效率，减少对生态环境的影响，实现节能降碳、绿色环保，是施工企业实现可持续发展的必然选择。以节能降碳为目标，加强绿色低碳技术创新和集成，针对不同阶段分别采取减排措施，科学管理，提高综合建造能力，匹配低碳建筑新需求，降低建造过程中的碳排放强度，创建绿色建造示范工程，有效降低建造过程中各类资源消耗。通过新型建造方式应用全面提升施工过程的绿色管控意识，加强绿色施工技术，如：进行项目绿色施工管理评价，提高施工现场信息化管理水平；科学合理地管控建筑垃圾的产生、分类、排放、就地处理等流程；大力推广施工现场新能源供电系统、新能源设备、新型绿色建材的使用；加强施工现场材料、能源损耗的监控，减少施工过程中碳排放。低碳建造技术在节能提效、能源替代、回收利用等方面发挥重要作用（图 2-19）。

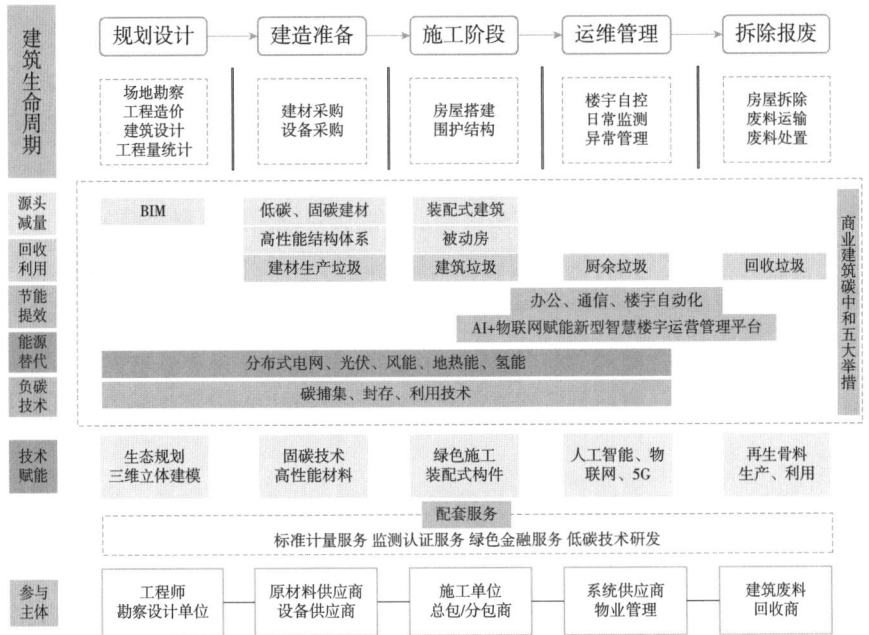

图 2-19　低碳建造技术赋能建筑碳中和

2.4.2　创新施工组织管理模式

推进工程总承包管理模式，实现设计和施工的有机融合，通过变革传统施工主导模式来解决体制上存在的问题，探索和推进工程总承包管理模式。探索和实践以低碳为导向的"建筑师负责制全过程工程咨询服务模式"，坚持一体化思维，深化各环节之间的融合。通过工程总承包和全过程工程咨询组织模式，有效打通工程建设活动的各个环节，避免"碎片化"分工管理造成的建设资源浪费与主体责任划分不清。在相关产业链资源的有效整合下，两种业务模式的应用能够合理缩短建设工期、减少资源消耗、有效控制碳排放，有利于促进企业全面统筹项目建设，实现快速节能减碳。

以节能降碳为目标，以 EPC、PMC、SPV 等项目管理模式为基础，不断探索碳目标约束下的创新型项目组织管理模式。加强装配式建筑、超低能耗建筑等建筑低碳技术的研发和规模化应用，实现装配式技术与其他新型建造技术的融合使用。如通过装配式 +BIM，实现装配式建筑建造得又好、又快、又省，降低单位产值的碳排放强度；通过装配式 +EPC，实现对装配式建筑设计、生产、装配全过程的采购、成本、进度、合同、物料、质量和安全的信息化管理，最终实现项目资源全过程的有效配置；通过装配式 + 超低能耗，实现被动优先的减碳效果。

加强施工过程的信息化管理，借助信息化协同管理平台，促使传统相对独立的策划阶段、设计阶段、实施阶段和运行阶段融合，在一个集成化的管理工作模式下开展工作。在管理工作理念、工作组织以及工作方法上进行全面的集成，并且促使行业形成标准化的管理模式，来实现建筑工程项目的统一化全生命周期管理。以 EPC、PMC、SPV 等项目管理模式为基础，不断探索创新适应"双碳"要求的新型项目管理组织模式，满足不同项目类型的管理需求，实现各部门迅速反应、各司其职。发挥创新型项目管理模式优势，提升组织作战能力，各尽其能，物尽其用。

为了有效开展建筑工程项目的全生命周期管理模式，需要充分保证多方联合的参与管理模式，新型业务项目建设需要适应新组织管理模式的变化，项目设计人员、项目经理、总工程师等核心管理人员要具有跨界能力，大型项目部核心构成根据需要增加项目设计总监、低碳总监、信息化总监、总调度等人员配置，各专业多方协同工作，科学统筹，共同构建低碳建造新模式。

2.4.3　加速绿色建材应用

加速绿色低碳新型建材研发和利用，加强低碳技术研发，推进建筑材料行业低碳技术的推广应用。探索建筑材料行业低碳排放的新途径，优化工艺技术，研发新型胶凝材料技术、低碳混凝土技术、吸碳技术以及低碳水泥等低碳建材新产品。发挥建筑材料行业消纳废弃物的优势，进一步提升工业副产品在建筑材料领域的循环利用率和废物利用技术水平，替代和节约资源，降低温室气体过程排放。着力推广窑炉协同处置生活垃圾、污泥、危险废物等技术，大幅度提高燃料替代率。鼓励加强产业共性基础技术研究，着力开展绿色低碳新技术、新材料、新装备攻关。围绕新型胶凝材料技术、低碳混凝土技术、低碳水泥、碳纤维、装饰保温结构一体化围护结构等新型材料与技术体系进行研发应用。碳捕集利用与封存等碳汇技术方面，围绕高性能碳汇水泥、负碳混凝土、固碳建筑构件等，探索碳汇技术及产品开发应用，增加生物碳汇，实现围护结构减碳技术的突破。同时大力推进 BIPV 相关技术的研发，逐一突破技术问题，包括防火耐火性能、垂直于表面的发电性能、耐久性能等。推进"光储直柔"技术的研发，形成直流电供配电系统及相关产品、直流柔性光伏充电桩成套设备相关产品以及建筑"光储直柔"改造专项解决方案相关产品。

2.4.4 推动新能源的使用

能源是"双碳"行动的焦点，绿色能源将成为建筑业新的市场创新竞争力，可推进高效率太阳能电池、可再生能源制氢、可控核聚变、零碳工业流程再造等低碳前沿技术攻关，在先进适用技术研发和推广方面尽快取得突破。提前布局"双碳"重大关键技术研发，围绕清洁能源开发、低碳零碳负碳建筑材料、二氧化碳捕集利用与封存等具有前瞻性、战略性重大前沿技术开展科研攻关，深入开展"光储直柔"、建筑电气化、智能物联网等关键技术攻关、示范和产业化应用。

提高新型清洁能源使用率，使用光电、风电等清洁能源替代项目现场化石能源消耗，如在 BIPV 技术体系下将出现光伏方阵与建筑的结合或集成应用，并不断地进行相应的建造技术研究与能力提升。提升传统能源的利用效率，研究和引入改善建筑工地燃料使用的措施，例如生物柴油燃料和燃料添加剂等，多措并举改善工地燃料使用。

加大可再生能源发电技术的应用规模，加快智慧供热成套技术研发应用。推动新一代信息技术、人工智能技术与先进的供热技术深度融合，研发成套的智慧供热关键技术，建立供热管控一体化智慧服务平台，推动贯穿于供热设备制造、供热系统规划设计、供热系统建造、人才培养、供热运行维护、供热服务全生命周期的各个环节及相应系统的优化集成，实现分时、分温、分区供热与合理用热。

2.4.5 推进全产业链绿色协同降碳

建筑领域节能降碳是一项系统工程，应从项目建设全产业链、全过程出发，主动出击，联动设计补强短板，从项目策划设计到拆除的全生命周期视角，采取碳减排策略，构建设计、建造等建设过程一体化、网络化的协同

规划 → 设计 → 建造 → 运行 → 拆除 → 回收利用

土地挂牌 | 项目立项 | 方案审查 | 能评审查 | 施工图审查 | 竣工验收 | 能耗定额 | 拆除审批 | 建筑垃圾管理

| 出让和挂牌条件包括生命周期碳减排指标 | 立项审查要点包括生命周期碳减排 | 方案审查包括生命周期碳减排分析及减碳率 | 能评审查包括生命周期碳减排分析及减碳率 | 施工图审查包括生命周期碳减排措施 | 能效测评、复核竣工资料是否落实生命周期碳减排措施 | 核算建筑实际运行能耗是否满足能耗定额 | 拆除审批包括绿色拆除措施 | 审核建筑物废弃物综合利用方案 |

自然资源和规划局　发展和改革委员会　自然资源和规划局　　　　住房和城乡建设局

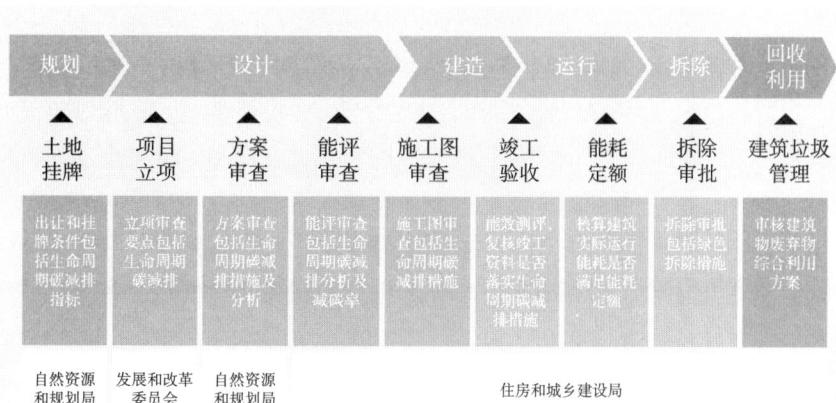

图 2-20　工程项目全流程

管理机制，带动建筑设计、生产加工、材料选用、施工建造、运营维护各阶段，全面落实碳排放控制指标要求，实现项目建设全产业链、全过程、各参与方之间的交互协同，促使节约减碳综合效益达到最优（图 2-20）。

加强项目建设各专业、各环节之间的协同。优化设计，注重施工现场道路、消防系统、给水排水系统等"永临"结合技术的使用，充分考虑各系统的耐久性以及交付后的运营效果等，实现全过程一体化绿色低碳设计建造，形成具有碳竞争力的集约式工程建造能力。建立涵盖建筑全生产要素碳排放足迹，通过设计手段让建筑材料、部品构件、装备设施、装饰材料等碳排放清晰可见，通过建筑选材，约束上游建材企业，建立建材碳排放标签。施工阶段，由施工总承包企业监测建造全过程的碳排放足迹，在产品交付的终端实现碳排放的全流程管控。

联动数字化管理，通过平台建设实现信息共享、系统管理。构建基于BIM的工程建造全过程碳排放协同管理平台，一方面，促进项目建设碳排放信息在规划、设计、建造和运行全过程充分共享、高效传递，促使项目全生命周期信息得到有效的管理；另一方面，项目建设的所有参与方通过管理平台协同工作，更有效地实现碳排放精细化管理，促进碳排放在项目建设全生命周期内全方位的可预测、可控制。

2.4.6　提升建造方式信息化水平

大力发展建筑企业管理数字化、运营智能化，研发高性能智慧化设备产品，推动建筑业迈向体系重构、动力变革、范式迁移的新阶段。以数字化、网络化、智能化技术为核心要素，以开放平台为基础支撑，以数据驱动为发展范式的建筑产业互联网。

生产过程数字化涵盖投资开发、规划设计、工厂生产、施工、运维等环节的数字化；项目管理数字化涵盖工程建设项目的投标管理、合同管理、人材机管理、资金管理、成本管理、进度管理、技术质量安全管理、财务管理数字化。

研发应用高性能智慧化设备产品。研发高效建筑设备，推广 LED 智慧照明控制系统、复合能源供能系统与柔性用电技术，降低新型空调机组成本，提升设备系统智能水平，建筑制冷总体能效水平提高 25%，发展末端设备调控装置，推动基于人行为的运行控制技术和产品的研发，发展基于 BIM、物联网、大数据等技术的智慧运维控制系统，推广运行调试技术。促进 5G、Wi-Fi 定位、图像识别等技术与建筑调控系统的融合，研发新型供需匹配系统，推动供需智能调节系统投入使用，推广低成本、低能耗建筑设备，提升建筑自控系统调控能力。持续推进家居智慧化控制，强化低碳导向市场活力并进一步普及绿色生活方式，以充分利用社会、经济和技术发展成果。

2.4.7　完善碳排放数据统计与监测

碳排放数据是衡量减碳成效的重要基础，建造过程中由于参与方较多，包括总承包、设计、专业分包等多家企业，其碳监测和核算体系高度复杂，目前仍无法实现精确监测和计算。

要对标国际通用的温室气体核查与报告控制标准，加快民用建筑碳排放的规范体系建立，逐步编制建筑碳排放的核算标准、碳排放强度控制标准、减碳技术引导标准和监测审核标准等，实现对建筑企业碳排放的实时状况追踪。探索放开碳排放的第三方核查机构的市场管理机制，让有资质和技术实力的企业，特别是具备全过程、全产业链服务能力的企业发挥市场化优势，提供"减碳和低碳"发展规划与技术咨询服务。通过减排量的设计与咨询、核查与核证、经核实的减排额度签发，履行企业的社会责任。政府管理部门也可给予相关企业认证并健全相关的激励措施。

工程项目可积极运用物联网技术进行碳排放量数据采集、获取和监测，提高数据覆盖度，增强模型分析能力，提高碳排放分析处理结果的准确性和可信度。建立覆盖各业务的碳排放数字化监管平台（图 2-21），实现碳排放数据的完全透明化，有效识别节能环节，减少节能降碳成本，同时，与国内外同行比较碳排放情况，为评估未来的排放状况设定基线，规划降低碳排放的目标。

2.4.8　筑牢供应链保障和人才支撑

打造资源配置能力、协同能力及服务支撑能力，加快低碳产业供应链整合能力，加快培育低碳产业要素市场，打通从前端投资、设计、建设到最后

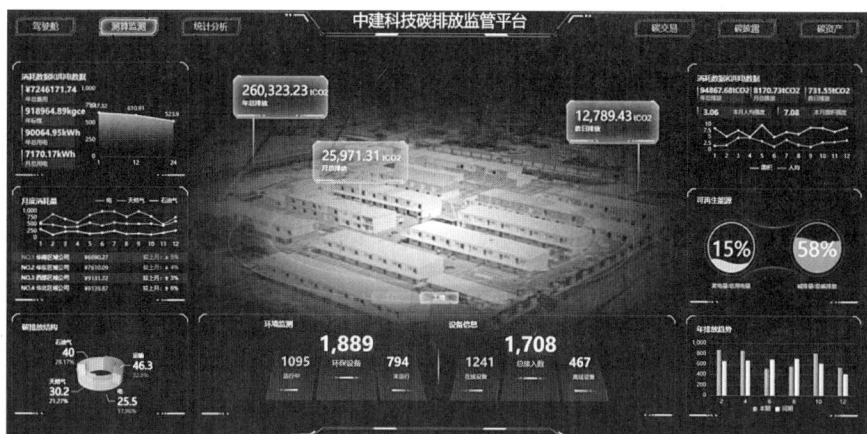

图 2-21　中建科技工地碳排放监管平台

运营的各个环节，实现供需匹配，推进供给侧结构性改革；推动产业组织创新、协调技术创新和管理模式的创新，形成产业供应链互联网体系，拓宽产业边界，促进产业融合，推动创造新价值，整合各类资源，提高协同效率和全要素生产率。

　　绿色低碳建造需要专业人才，例如：智慧建造人才，利用智慧工地平台等手段监测和减少工地施工碳排放；建筑工业化人才，形成装配式建筑轻量化设计团队和现场装配化施工产业工人队伍；低碳建材研发人才，开发应用可再生建材、可循环利用建材；碳排放核算人才，为企业建立准确的碳排放台账，根据施工进度检查排放情况，制定施工阶段减碳实施方案等。

本章思考题

　　1. 我国建筑领域碳排放总量是多少，由哪些部分构成？

　　2. 建材生产及运输阶段碳排放占比是如何计算出来的？

　　3. 建造全过程碳减排潜力有哪些？

　　4. 建造全过程减碳路径有哪些？

　　5. 从产业链协同角度出发，减碳措施有哪些？

第3章 绿色低碳建造实施

学习目标：了解绿色低碳建造策划的原则和流程，熟悉绿色低碳建造策划的主要工作内容；认知绿色低碳建造常见组织架构和管理方式，通过分析和案例学习掌握绿色策划、绿色设计、绿色施工、绿色交付四个不同阶段的主要组织管理路径；熟悉目前主要的绿色低碳建造评价标准和评价工作的实施。

绿色低碳建造实施是一个综合性的过程，它强调在建筑设计、材料选择、施工过程及运营维护中融入环保和节能理念。通过采用节能材料、优化建筑设计、利用可再生能源以及确保材料来源的可持续性，绿色低碳建造旨在减少建筑全生命周期内的能源消耗和碳排放，同时提高建筑的舒适性和耐久性，实现经济、社会和环境的和谐共生。

　　绿色低碳建造，涵盖了建筑物化阶段的全过程，主要包括策划、设计、施工和交付四个阶段，选材又是策划、设计和施工的一项重要内容。绿色低碳建造不同于传统的绿色施工，它是建筑正式投入运行前的所有工作的整合，它将绿色施工向前延伸到策划和设计，向后强调了交付阶段的综合调适和数字化成果的转移。

　　绿色低碳建造各阶段之间的逻辑性和具体实施中最需要把握的要点是什么呢？

　　一是要强调策划和设计的引领作用。策划是建造的开始，但是对于后续工作会起到决定性的作用，因为建筑的规模、功能、投资、技术路径等一般会在策划阶段确定，策划阶段的可行性研究报告或项目建议书是指导设计任务书编制以及下一步具体设计的最主要文件。策划阶段工作做得越细致认真，特别是在绿色低碳方面考虑得更全面可行，项目的设计越能有效控制成本和较好地应用适宜技术，项目施工阶段的质量和工期会得到更有效的控制，建筑的运行也变得更加绿色低碳。

　　二是要突出绿色施工的执行力。施工是把策划方案和设计图纸落地，最终促成建筑绿色低碳运行的重要环节。再好的方案和图纸，如果在施工这一具体实施环节没有做好按图施工、质量把控等工作，运行数据很可能无法实现策划和设计的要求，这在建筑领域常会发生。因此，施工阶段的执行力一定要充分落实，确保建筑工程质量，实现建筑性能和设计的一致性。

　　三是要加强各阶段工作的协同性。协同效应是现代工作模式的重要体现，绿色低碳建造过程的协同主要指两个方面：建造过程中策划、设计、施工、交付各阶段的协同，以及过程中各专业工种间的协同。前者将确保建造的主要信息在纵向实施过程中的准确、有效传递；后者可提高每个阶段工作的效率，减少不必要的差错和重复工作。我国传统的工程建造模式一般是策划由建设单位主导，设计由设计单位主导，施工由施工单位主导，各自为政的情况不利于建造过程的整体协同。但国家最近大力推行的工程总承包＋全过程工程咨询建造模式将有效促进各阶段工作的协同性，能够有效确保绿色低碳建造的实施。

　　四是要积极推广建筑工业化和智能建造等新型建造模式。工业化和智能化的应用已经在制造业取得了突破性成果，很大程度上提高了产品的生产率和质量。近年来，以装配式建筑和建筑数字化为代表的工业化建造、智能建造手段同样在建筑业得到了广泛应用，取得了一定实践经验。建筑工业化和智能建造不仅能助力建造各阶段的协同工作，可有效地减少建造阶段的碳排放，还为绿色交付中要求的数字化成果交付提供了保障。

3.1.1　绿色低碳建造策划的概念及作用

绿色低碳建造策划是指开展绿色建造的顶层设计，为绿色建造指明总体目标方向。从项目伊始阶段，以可持续发展指导理念，以建筑全生命周期为着眼点，以资源节约、环境保护、品质提升为出发点，因地制宜地对建造全过程、全要素进行设计与统筹，科学确定绿色建造目标、实施路径和技术路线，采用系统化集成设计、精益化生产施工、一体化装修的方式，加强新技术推广应用，体现绿色化、工业化、信息化、集约化和产业化特征，形成绿色建造执行纲领。

2021 年 3 月，住房和城乡建设部办公厅发布的《绿色建造技术导则（试行）》，在绿色建造三个阶段的基础上增加了"绿色交付"阶段，并将绿色策划的内容规定为绿色设计策划、绿色施工策划、绿色交付策划，导则明确了绿色建造总体目标和资源节约、环境保护、减少碳排放、品质提升、职业健康安全等分项目标；对建造全过程、全要素进行统筹，明确绿色建造实施路径。

绿色低碳建造策划（简称绿色策划）在建筑全生命周期占有主导地位，对绿色建造实施起着指导作用。在绿色策划的指导下，有助于提供更高性能的建筑，更好地满足人类需求、适应时代发展的需要。

1. 绿色策划解决被动控制问题

建设工程项目具有一次性建造的属性，建造过程是不可逆的，项目一旦建造完成，如无特别重大的安全隐患，一般情况下不会推倒重建。建造过程遇到的种种困难和问题，也只能作为项目管理的经验教训进行总结。这种一次性的特点，使前期策划显得尤为重要。绿色建造更要从预防为主的角度，主动分析建造过程中可能遇到的种种问题，决不能过度依赖被动的过程控制手段。

2. 绿色策划解决多方协作的壁垒问题

项目参建单位众多，其经营理念、发展阶段和技术水平等各异，各企业均有自身的利益取向，为了实现企业利益的最大化，项目各方利益博弈，考虑和决策的标准存在一定的差距，这就会为绿色建造带来一系列问题，影响绿色建造的实施效果。绿色策划站在整体的角度考虑，服务于所有参与方，拓宽设计、生产、施工、运营全产业链上下游企业间的沟通合作渠道，各阶段、各环节的协同工作，有利于形成对项目建造全过程的全面认识，做出整体更优的决策。

3. 绿色策划解决多目标实现问题

建设工程是否成功很难用一句话或单一标准来衡量。工程项目的建设目标不仅要考虑建造进度问题，还要考虑建造成本和质量问题；不仅要考虑建造阶段目标的实现，还要考虑方便使用和运营维护的问题；不仅要考虑工程项目管理目标的实现，还要考虑对能源的负担和环境的影响问题。因此，评价一个项目管理水平的高低，必须从多目标角度进行系统分析和论证，提高管理效率和水平，这就体现出了先策划后实施的重要性。

4. 绿色策划有助于实现源头减碳

通过绿色策划，建筑全生命周期的碳排放将得到估算，依据一定的碳排放基线要求对建筑进行优化设计，实现绿色低碳建筑的最终目标。主要包括：通过结构优化设计和选材实现建材生产、建材运输的低碳化，绿色施工策划减少现场施工的碳排放，以上两部分构成了建筑的"隐含碳"。建筑全生命周期的碳排放另一个重要部分为建筑交付后使用期间的"运行碳"，一是通过被动式设计优化建筑本体节能效果，二是通过主动式设计提高建筑设备能效，三是充分利用可再生能源，这三个方面在绿色策划中应得到足够重视。

3.1.2 策划的原则

绿色策划过程中要秉承人、建筑与自然和谐共生的可持续发展理念，通过广泛调查研究，本着在建筑全生命周期内最大限度节约资源（节能、节地、节水、节材），保护环境和减少污染的理念，科学确定项目定位、增量成本、技术策略等，实现经济效益、环境效益和社会效益有机统一的目标。

1. 绿色策划应遵循协同工作的原则

绿色低碳建造是一项系统性工程。管理和运作模式贯穿于策划、设计、施工的全生命周期中，如果各阶段各自为政，仅从自身的角度考虑绿色低碳建造实施，无异于以偏概全，且不利于绿色低碳建造在项目上的顺利实施。因此，必须进行建造全过程一体策划，对策划、设计、生产、施工和运维等环节进行统一筹划与协调；对工程的生态、节约、性能、品质、效率、质量、安全、进度、成本、人文等全要素进行一体化统筹与平衡。同时，在统筹过程中进行融合与集成创新，实现工业化建造与信息化手段融合、建筑业与制造业的理念和装备融合、建筑工地与工厂融合发展，提高工程建设的生产力和效率，实现更高水平的资源节约与环境保护。

2. 绿色策划应遵循以人为本的原则

建造活动的本质是满足人们美好生活的需要，从人的安全、健康、需求和感受出发提升建筑品质，营造健康的人居环境。特别注重设计细节，特别注重人的感受，既包括了使用者（人）的感知性能，如热湿环境的冷热舒适度、风环境舒适度、光环境舒适度、声环境舒适度、健康新风量、阳光日照舒适度、室内污染物浓度控制、空间尺度的舒适度、环境美感等；也包括了建筑使用性能，如建筑防水性能、围护结构内表面温度、无障碍性能、功能便捷性能、排水性能等。只有这些有关空间利用、审美文化、舒适感知和使用性能等多方面不断满足使用者（人）不断提升的需求，才能使绿色建筑"看得见，摸得着"，易于为使用者所感知。

3. 绿色策划应遵循人、建筑与自然和谐共生的原则

绿色策划要将打造高品质的人与自然和谐共生的建筑、与城市和文化融合的人类生存空间，作为核心追求，体现以人为本、人与自然和谐共生的基本理念，努力实现生产发展、人民满意、生态良好的文明发展目标。减少对自然资源的消耗及对环境的负面影响，减少环境污染，制定合理的碳减排方案，建立碳排放管理体系，并应明确建筑垃圾减量化等目标，整体提升建造活动绿色化低碳化水平，实现人民对优美生态环境需要，体现人对自然的尊重和环境生态的协调。

4. 绿色策划应遵循因地制宜的原则

绿色策划必须注重地域性，尊重民族习俗，依据当地自然资源条件、经济状况、气候特点等，因地制宜地创造出具有时代特点和地域特征的绿色建筑。世界上没有两片一样的树叶，建筑也是如此。不同的地理位置、自然环境、使用功能、人文环境条件下，不可能存在完全相同的建筑系统。绿色策划必须对建筑所处的背景条件进行具体的分析、策划，综合考虑技术水平、成本投入与效益产出等因素，确定应用目标和实施路径，因地制宜区别对待。不能将建筑照搬，直接套用其他地区所谓的"成功经验"。

5. 绿色策划应遵循创新驱动的原则

绿色策划要强化创新引领作用，通过一系列的创新驱动打造出建设领域的"新质生产力"，包括新材料、新装备、新技术的科技创新和集约化的管

理创新以及标准提升创新，建立系统完整的生态文明体系，不断完善与绿色发展相适应的新型建造方式。在绿色发展理念指导下，结合建筑业供给侧结构性改革，不断深化体制机制改革和科技创新，将发展绿色低碳建造与建筑业转型升级、创新发展有机结合，为绿色发展注入强大动力。计算机对绿色策划可以起到很好支撑作用。绿色策划可以利用计算机辅助推动全过程数字化、信息化、智能化技术应用。

由于建筑本身是一个复杂的动态综合体，其内外环境、资源消耗等数据可以同时受到多重因素的影响，因此如果在绿色策划中不经综合量化分析推敲，很可能通过众多昂贵新技术堆砌起来的绿色建筑会在运营阶段反而比同等级的建筑浪费更多的宝贵资源，没有起到提升自身环境品质的目的。使用数字化模拟分析技术模拟复杂动态环境下各类技术在建造中的作用效果，确定绿色建筑策略，保证绿色策划的可行性，做出科学决策。

结合实际需求，有效采用 BIM、物联网、大数据、云计算、移动通信、区块链、人工智能、机器人等相关技术进行科学策划可以提升策划质量，实现协同工作、提高工作效率、减少资源浪费、加强环境监控、合理规划土地等多方面目标。利用基于统一数据及接口标准的信息管理平台，支撑各参与方、各阶段的信息共享与传递。整体提升建造手段信息化水平。

6. 绿色策划应遵循经济合理的原则

绿色策划，应注重经济性，从建筑的全生命周期综合核算效益和成本，引导市场发展需求，适应地方经济状况，提倡朴实简约，反对浮华铺张。绿色建筑技术应用的目的在于提高建筑对于资源的利用率，大量的技术叠加未必能达到资源利用和配置效率的最佳，往往增加成本的同时反而降低了综合效益。一味地在绿色建筑中应用多项技术去追求最佳的生态效率，而不顾及投资和开发以及使用上的经济效率，会背离建设绿色建筑的最初目的。

3.1.3 策划的内容

绿色策划工作内容包括：前期调研及分析、制定绿色策划目标、编制绿色策划方案等。

绿色策划的质量决定整个项目的绿色化程度和深度，属于业主方项目管理的工作范畴。策划由建设单位主导，主要建设相关方共同参与和尽可能提前介入，策划工程项目绿色低碳建造总体目标和主要绿色低碳建造措施。

作为一项复杂的系统工程，工程项目的绿色策划必须遵循一定的程序进行。绿色策划是项目策划的重要组成部分，必须根据工程项目的特点在对工程项目自身以及外部条件充分分析的基础上进行。

绿色策划主要包含五个步骤，立项阶段的前期调研分析、明确项目定位及目标（成果如项目建议书、项目可行性研究报告等文件）、绿色设计阶段策划、绿色施工阶段策划和绿色交付阶段策划（施工与交付的策划一般可合并）。

1. 前期调研及分析

针对项目外部条件、内部条件开展前期调研和分析，为绿色建筑相关决策、技术选择等提供基础资料。项目调研应全面反映工程项目所在地的场地分析、资源评估、市场分析和社会环境分析。项目的特点分析包括项目的性质、建造范围、自身特点和要求，项目建设阶段的资源需求分析、设计阶段、生产阶段、施工阶段对环境影响、运营阶段需求。

1）场地分析应包括项目的地理位置、场地生态环境、场地气候环境、地形地貌、场地周边环境、道路交通和市政基础设施规划条件等。

2）资源评估应包括项目可利用的各种能源、水资源、材料资源等。

3）市场分析应包括项目的功能要求、市场需求、使用模式、技术条件等。

4）社会环境分析应包括区域资源、人文环境和生活质量、区域经济水平与发展空间、周边公众的意见与建议、所在区域的材料回收利用现状、环境治理现状及绿色建造激励政策情况等。

2. 制定绿色策划目标

绿色策划目标包括明确项目定位，绿色低碳建造总体目标，分项、分阶段目标。

（1）定位、总体目标

在进行详细的项目调研和项目特点分析的基础上，结合工程实际情况，综合考虑技术水平、成本投入与效益产出等因素，围绕低能耗、低排放、低成本、高舒适度，从社会效益、经济效益、环境效益、核心功能方面确定项目的定位和总体目标。

项目目标的设立应注意三项原则：一是全面性，绿色低碳建造相关活动影响范围广，这就要求管理团队必须全面考量，不可过分追求片面效益的最大化，破坏整体的和谐度；二是合理性，各项目标应该在项目所处时空条件的技术、管理能力可实现的范围内，避免不合理目标造成负面影响；三是目标的制定可以采用定量和定性相结合的方式进行。目标量化，方便最终的评价，有利于未来的总结提升。

依靠科技进步和管理创新，打造绿色低碳建造全过程联动（策划、设计、施工、交付四个阶段）、"五化"特征的融合协调（绿色化、工业化、信息化、集约化、产业化）、过程与全部产品整体体系（建筑、基础设施、生态城区、城乡环境、自然环境新建及改造恢复工程五种产品），经济技术指标极优，彰显绿色低碳建造在城乡建设绿色发展和应对气候变化挑战过程中的先锋作用和重要地位。

（2）分项、分阶段目标

由于项目绿色低碳建造是一个循序渐进的过程，工程项目目标的设置可以区分不同的层次进行，用于指导后期工作。在确立总体目标的基础上，进一步通过目标分解确定细化的目标，设置各环节具体的绿色管理目标。

绿色策划应明确资源节约、环境保护、品质提升、职业安全健康等分项目标，并应符合《绿色建筑评价标准》GB/T 50378—2019（2024年版）和《建筑与市政工程绿色施工评价标准》GB/T 50640—2023中的有关规定。

3. 编制绿色方案

建设单位应在建筑工程立项阶段组织编制项目绿色策划方案，项目各参与方应执行。

绿色策划方案工作的成果是《绿色策划书》，它是工程项目绿色策划工作的总结，也是工程项目开展绿色低碳建造后续工作的指导性文件。设计阶段，设计单位应对立项阶段的绿色策划书进一步细化，形成可操作实施的绿色设计实施方案；施工和交付阶段，工程总承包单位或施工总承包单位应对立项阶段的绿色施工策划书、绿色交付策划书进一步细化，形成可操作实施的绿色施工与交付实施方案。

绿色策划书主要内容包括但不限于以下内容。

（1）绿色整体策划书

具体包括：前期调研；项目定位与目标分析；绿色策划组织管理方案；绿色策划技术方案。

（2）绿色设计策划书

具体包括：绿色设计目标与实施路径；主要绿色设计指标和技术措施；各专业系统化集成设计；性能综合最优统筹分析；绿色建材选用依据、总体技术性能指标、绿色建材使用率；全过程、全专业、各参与方之间的一体化协同设计方案。

（3）绿色施工策划书

具体包括：影响因素分析和环境风险评估方案；绿色施工关键指标；绿色施工技术路径与措施。

（4）绿色交付策划书

具体包括：绿色低碳建造项目的实体交付内容及交付标准；数字化交付标准和方案，各阶段责任主体和交付成果；综合效能调适及绿色低碳建造效果评估的内容及方式。

绿色低碳建造策划目标的实现，需要建筑全生命周期内所有利益相关方的积极参与，需综合平衡各阶段、各因素的利益，积极协调各参与方之间的关系。通过相关方组建相关团队以保证项目的绿色低碳建造目标，是实现绿色低碳建造最基础的步骤。团队成员要在充分理解绿色低碳建造目标的基础上协调一致，确保项目目标的完整实现。

绿色低碳建造组织与管理的核心工作：建立建造实施的组织架构、组织方式，并对工程项目绿色低碳建造任务进行分解和深化，明确策划、设计、招标投标、施工等各阶段的工作要点和保障措施、主要工作计划，实施过程的难点和风险分析以及应对措施。

3.2.1 组织与管理架构

1. 组织架构（图 3-1）

（1）组织与管理方向

绿色低碳建造的发展需要一定的过程，好的组织与管理，将在这一发展过程中起到积极的作用。具体的建议包括：由政策、标准和示范做引导，各市场主体积极参与。

绿色低碳建造的政策类文件，目前公开颁布实施的较少，主要有住房和城乡建设部颁布的《绿色建造技术导则（试行）》和中国建筑业协会团体标准《建筑工程绿色建造评价标准》T/CCIAT 0048—2022，多数执行的还是已有的绿色建筑类、绿色施工类的相关标准。在工程示范引导方面，住房和城乡建设部于 2021 年起在全国开展以湖南省、深圳市和常州市为代表的"绿色建造一省两市试点"工作。

绿色低碳建造的组织引导还体现在要积极发挥学协会的作用，各类与建筑勘察设计、施工、运维相关的学会、协会应大力宣传国家政策，解读相关标准，组织技术成果评定与应用推广，开展工程示范，培育新型人才等。

市场是实现绿色低碳建造的最终载体，市场主体主要包括：建设单位、设计单位、施工单位、咨询单位、建材生产单位，交付后的运维单位将完成绿色低碳建造成果的运行和检验工作。对于这些主体单位，绿色低碳

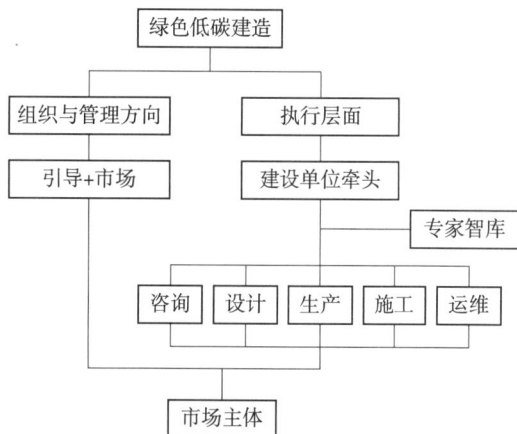

图 3-1 绿色低碳建造组织架构图

建造既是机遇也是挑战。主要机遇为：建筑业绿色低碳建造转型势在必行，绿色低碳建筑（社区／园区）成为未来发展趋势，建筑领域绿色低碳投资形成新市场等。主要挑战为：上下游产业链低碳变革引起的企业经营成本与供应商风险增加，工程总承包逐步成为市场招标投标的准入条件，绿色低碳新发展需求造成跨行业的竞争等。传统的建筑类企业应摆正位置找准方向，主动提升在绿色低碳建造领域的组织和管理能力，开发应用新技术，培育跨界人才和复合型人才，才能更快适应新型市场的需求。

（2）执行层面

绿色低碳建造具体执行应由建设单位主导，各主要参与单位共同参与，建立相应的组织结构、明确责任和义务，从项目的组织模式出发，完善一个有序的组织体系，为项目绿色低碳建造奠定良好基础。绿色低碳建造管理团队应由项目投资、建设、咨询、设计、生产、施工、运维等主要参与方成员组成，明确各阶段、专业负责单位与负责人（或联系人），宜建立覆盖绿色低碳建造主要领域的高水平绿色低碳建造专家智库，发挥绿色低碳建造专家委员会等智库专家的智囊作用。

2. 组织方式

绿色低碳建造的工作方式是整合性建造与系统化思考。宜采用工程总承包、建筑师负责制、全过程工程咨询服务等集约化工程建设组织方式。集约化的组织形式减少了项目沟通的相关方、提升了专业服务水平、提高了整体工作效率，从一定程度上推动了绿色低碳建造的实施与发展。

EPC 工程总承包模式在项目启动阶段，应明确绿色低碳建造的目标，并将其作为项目成功的关键指标之一。成立专门的绿色低碳管理团队，由项目经理担任总负责人，整合设计、采购、施工等环节，确保绿色低碳理念贯穿于整个项目周期。在设计阶段，注重节能、减排和材料的循环利用；在采购阶段，优先选择符合环保标准的材料和设备；在施工阶段，采用绿色施工技术和方法，减少能源消耗和废弃物排放。根据项目特点，制定详细的绿色低碳实施方案，包括技术路线、管理措施、监测评估等内容。确保方案具有可操作性、可量化评估的特点。

建筑师负责制在绿色低碳建造过程中扮演着至关重要的组织作用，建筑师作为项目的核心角色，从项目启动之初应引导团队明确绿色低碳目标，将环保理念融入建筑设计的每一个环节。建筑师负责制全程管控设计质量，通过技术与管理相结合，确保绿色建筑技术的有效应用，同时优化资源配置，减少变更，协调各个专业团队之间的合作，确保在绿色低碳建造过程中各部门之间的顺畅沟通，共同推动项目的顺利进行。

全过程工程咨询服务团队在项目初期将绿色低碳理念融入项目规划，为项目制定符合绿色、低碳发展目标的总体方案，确保项目在设计和实施阶段都能遵循绿色低碳原则。团队将协调各方资源，优化资源配置，确保在绿色低碳建造过程中使用环保材料、节能技术和绿色施工工艺，从而降低项目对环境的负面影响。同时，团队将对项目进行全程监督，确保项目在设计、施工、运行等各个阶段都符合绿色低碳标准，还将对项目的绿色低碳效果进行评估，为项目的持续改进提供数据支持。

3. 人员管理

在工程立项阶段，立项人员需要站在建筑全生命周期的角度，做好绿色策划，统筹设计咨询、施工于一体，用整体性一体化思维方式去进行绿色建筑立项策划。

在设计阶段，设计人员要通过提高其绿色设计意识和绿色设计技能，从而实现绿色建筑设计。

在施工和交付阶段，施工管理人员、综合调适团队要通过提升专业素养，加强绿色施工意识，提高绿色施工技能，实现绿色施工。即在工程建设中，在保证质量安全等基本要求的前提下，通过科学管理和技术进步，最大限度地节约资源，并减少对环境的负面影响，实现节能、节地、节水、节材和环境保护。绿色施工标准较为严格，对人员、物资、管理都有较高的要求。

3.2.2　工作要点

根据订立的绿色低碳建造目标，制定相应的管理制度、体系以及标准等，通过质量管理、环境管理、进度管理、费用管理、安全管理等手段，充分利用合同管理、科研管理、信息管理、测评管理等方法，保证绿色低碳建造目标的实现。为使策划更加科学合理，针对项目中关键环节、特殊要求，进行专项策划研究。

工作要点包括绿色设计阶段、绿色建材选用阶段、绿色施工阶段和绿色交付阶段的工作要点。各阶段均需围绕项目的绿色低碳建造目标设定各自工作要点。

1. 绿色设计阶段的主要工作要点

针对建筑创作和建筑被动式设计的关联因素提出要求并进行分析；针对建筑单体的被动式设计适宜性进行分析论证，通过数字模拟方式考量方案的优异性；提出以能耗和碳排放目标值为基础的各类控制性要求，连同各协同单位所提出的性能要求一并置入协同设计平台，通过参数化数字优化分析得出性能化的分析成果。开展优化设计、智能化控制系统专项设计以及计量和智能监测管理平台优化设计等开展专项设计工作；对施工预算中的材料选择和设备选型进行复核。将绿色设计流程步骤，主要材料和设备的技术性能标准输入协同设计平台，通过设定技术参数。由施工单位列出深化设计清单，设计单位应组织施工单位、设备和材料供应企业、专业咨询单位等针对工艺深化设计进行论证和审核。在工程交付前，还要针对各设备系统运行的调适方法进行深化技术咨询和调适结果对比分析。

2. 绿色建材选用阶段的主要工作要点

主要工作包括：绿色建材评价、认证；绿色建材碳足迹（CFP 报告）或环境影响声明（EDP 报告）；绿色建材采信等。

在选用绿色建材时，应首先关注其环保性能，确保所选建材符合环保标准，不含有害物质。同时，考虑材料的可再生性、可循环使用性，以及是否具备节能、隔热、保温等功能。此外，查看产品的环保认证和绿色建材评价信息也是重要步骤，确保所选建材在生产和使用过程中均符合环保要求。

3. 绿色施工阶段的主要工作要点

注重前期策划管理，编制绿色施工的专项方案；建立有效的绿色施工制度，确保落实相关措施；加强培训和交流机制，提升从业人员的绿色施工意识；坚守底线原则，全面提升施工现场污染防治精细化管理；坚持"双优化"贯穿始终，助推高质量发展；推动"永临"结合多维度应用，推广建筑设备和车辆的电气化；逐步实现建筑垃圾近"零"排放；对现场施工的碳排放量实时监测；加大绿色科技的创新力度，提升信息化管理水平。

4. 绿色交付阶段的主要工作要点

绿色低碳建造供应链各环节要建立沟通机制；开展建筑综合调适的常态化工作；打造绿色建筑评价及展示服务平台；创建绿色建筑数字交付机制；推行建筑企业的绿色低碳交付（简称绿色交付）。

3.2.3 保障措施

1. 绿色低碳建造的相关方责任

推进绿色低碳建造，就必须明确相关方责任，包括政府相关职能部门、建设方、设计方、施工方、监理方和供应方等，就必须构建起全方位的组织管理责任体系。

（1）政府部门

政府职能部门应该履行引导与监管职能（图 3-2）。政府部门应在宏观、

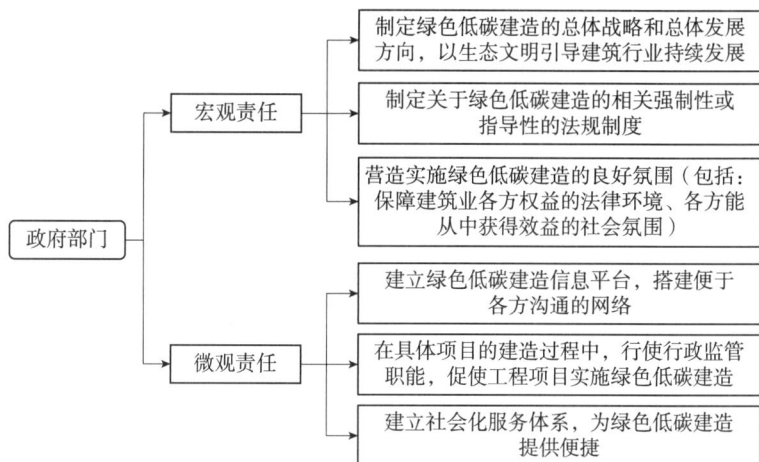

图 3-2 政府部门的责任

微观层面适时推出绿色低碳建造发展战略，发布相关政策法规，建立健全激励机制，营造有利于绿色低碳建造推进的良好氛围和环境，搭建畅通的信息交流平台，强化监管，引导绿色低碳建造健康有序发展。

（2）业主方

工程项目的业主方通常是项目的出资方、投资者，处于主导地位。业主方通过工程建设项目而获益，自然也应承担控制工程建设带来的环境负面影响的责任。因此，发展绿色建筑、倡导绿色低碳建造，应成为其主导责任。在项目策划阶段，业主方应发挥其对项目的控制能力，慎重选择项目地址，更应主动提出按照绿色建筑、绿色低碳建造要求，借助市场手段选择设计方、施工方和监理方等。在设计、施工招标过程中，应提出对绿色低碳建造的相关要求，明确要求投标方列支绿色设计、施工费用。

必须强调的是，业主方的重视关乎绿色低碳建造能否真正落实。如果业主方高度重视绿色低碳建造，其他各参与方就自然会做出积极响应，就会切实开展绿色低碳建造；反之，绿色低碳建造的开展就会流于形式，难以取得实效。为了保证绿色低碳建造切实推进，业主方应当具备绿色低碳意识，具有绿色建筑、绿色低碳建造的基本知识和管理的能力，并通过相应的措施（图 3-3）来保障绿色低碳建造的认真落实。

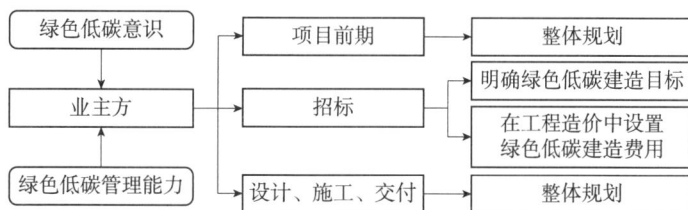

图 3-3 业主方绿色低碳建造管理措施

（3）设计方

我国现行的设计与施工分离的建设模式，造成了设计方在设计过程中往往对施工的可行性、便捷性等考虑不足。绿色低碳建造的推进，有助于设计方与施工方之间的沟通交流。在设计过程中，对设计方案的可实施性、主要材料和楼宇设备的绿色性能等进行全面把握，进行施工图绿色施工设计，以便为绿色施工的开展创造良好条件。设计方在施工过程中应结合对绿色施工的要求，协同施工方进行设计优化和施工方案优化，以便提高工程项目的绿色施工整体水平。

（4）施工方

施工方是绿色低碳施工（简称绿色施工）的实施主体，全面负责绿色施工的组织和实施。实行总承包管理的建设工程，总承包单位要对绿色施工负总责，专业承包单位应服从总承包单位的管理，并对所承包专业工程的绿色施工负责。施工项目部应建立以项目经理为第一责任人的绿色施工管理体系，负责绿色施工的组织实施及目标实现，制定绿色施工管理制度，进行绿色施工教育培训，定期开展自检、联检和评价工作。施工方应认真落实工程项目策划书及设计文件中对绿色施工的要求，编制绿色施工专项方案，不断提高绿色施工技术水平和管理能力。

（5）咨询方（含监理方）

咨询方（含监理方）受业主的委托，按照相关法律法规、工程文件、有关合同与技术资料等，对工程项目的设计、施工等活动进行管理和监督。在工程项目实施绿色低碳建造的过程中，特别是未来推行的全过程咨询模式下，咨询方（含监理方）对工程绿色低碳建造承担全程责任，应参与审查绿色低碳建造的策划文件、施工图绿色设计专篇以及绿色施工专项方案等，并在实施过程中参与或组织绿色低碳建造的实施与评价。

（6）材料、设备供应方

材料、设备供应方应提供相应材料、设备的绿色性能指标，以便在施工现场实现建筑材料和设备的绿色性能评价，绿色性能相对优良的建筑材料和设备能够得到充分利用，从而使建筑物在运行过程尽可能节约资源、减少污染。

2. 推进绿色低碳建造的监督体系建设

尽管加大政府处罚力度的措施可以促进绿色低碳建造，但其效力还取决于监管力度。如果政府的监督与执法不能有效执行，承包商就有机会逃避处罚，相应的政策也就形同虚设并失效。因此，推进绿色低碳建造，必须建立系统的监管体系。政府主管部门应利用现有工程建设监督体系强化对工程设计、施工阶段的监管，并对现有监管机构增加绿色低碳建造监管职能，促使绿色低碳建造的监管落到实处。另外，要从政策法规角度对绿色低碳建造实施提出导向性意见。当然，绿色低碳建造的具体实施，需要市场的力量不断完善，仍然需要体制内外的监管督促来实现。如绿色低碳建造过程的协同问题、绿色低碳建造实施环节的评价问题（包括评价本身的客观性、科学性问题等），都需要在推进中解决，在运行中完善。另外，在绿色低碳建造的项目层面，工程建设相关方要按照绿色低碳建造的要求，不断完善绿色低碳建造的管理制度，如建立相应岗位责任、培训制度、检查制度、报告制度和评价制度等，形成工程建设项目绿色低碳建造的自我约束机制，持续改进机制和自我完善能力，保障绿色低碳建造落到实处。

3.2.4 建造全过程组织管理

1. 绿色设计组织管理

绿色低碳设计（简称绿色设计）的组织管理一般由担任工程总承包的设计主体或设计总承包的设计单位来牵头实施。在项目初期，进行全面的前期调研，明确绿色建筑的设计原则和标准，包括节能、水资源管理、室内环境质量等关键要素，为制定绿色施工组织设计方案奠定基础。在设计阶段，优先选择可再生、循环利用和节能性能良好的建筑材料，并优化施工流程，减少资源消耗和废弃物产生。对供应商进行绿色评估，选择符合环保标准的供应商，确保项目所采购的材料符合绿色标准，避免高碳排放的供应链。在施工过程中，实施绿色施工管理制度，对施工现场进行动态管理，确保各项绿色施工措施得到有效执行。建立绿色施工评价体系，对项目的绿色施工成果进行量化评估，并根据评估结果进行反馈和改进，持续提高项目的绿色设计组织管理水平。

具体的设计组织管理要求如下：

1）在设计的方案、扩初、施工图等不同阶段，规划、建筑、结构、给水排水、暖通空调、燃气、电气与智能化、景观、室内装饰装修（方案阶段可不参与）、可持续设计、经济等专业应围绕统一的绿色低碳定位和目标协同工作。

2）绿色设计应以绿色策划为基础，并应符合相关上位文件中对所在区域生态、绿色、低碳、健康、智慧的要求。

3）项目宜配置绿色设计专项技术人员，主要包括建筑绿色低碳性能模拟分析人员、建筑碳排放计算及减碳技术分析人员、绿色低碳建材分析选用人员、绿色设计一体化协同平台管理技术人员等。

4）项目宜创建可共用并能传递的多主体全专业协同工作流程和基于BIM 等数字技术的系统平台。

中国中建设计研究院有限公司（简称中建设计院）致力于建筑师主导的绿色设计组织管理模式，在业内率先提出了"1-2-3-6-2"的绿色设计方针，内容包括：一体化协同；两大方法，即过程性能设计方法、数字孪生设计方法；三大要素，即空间设计要素、性能设计要素、技术集成要素；六大性能，即功能适用性能、服务便捷性能、资源节约性能、安全耐久性能、健康舒适性能、环境宜居性能；两大过程目标，即碳排放减量值，功能性能提升值。

针对上述设计方针，提出了多主体全过程绿色协同设计流程（图3-4）。

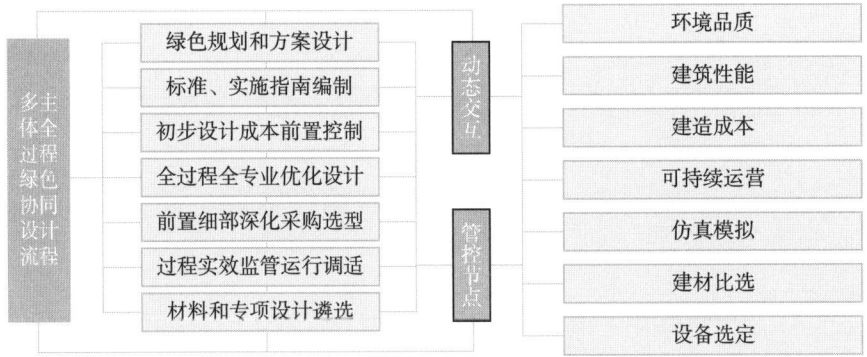

图 3-4　多主体全过程绿色协同设计流程

中建设计院结合数字和智能技术，创建了涵盖"5项数字比选工具"和"12项设计流程"的协同设计平台（图3-5）。各专业设计人员可依托同一平台进行设计工作，且平台使用贯穿于设计、选材、施工、交付（调试和测试）等不同阶段。从全专业、全要素、全过程的"三全"协同和设计构思、施工物化、交付调试"三段"交互，最终确保交付的建筑产品是绿色的。

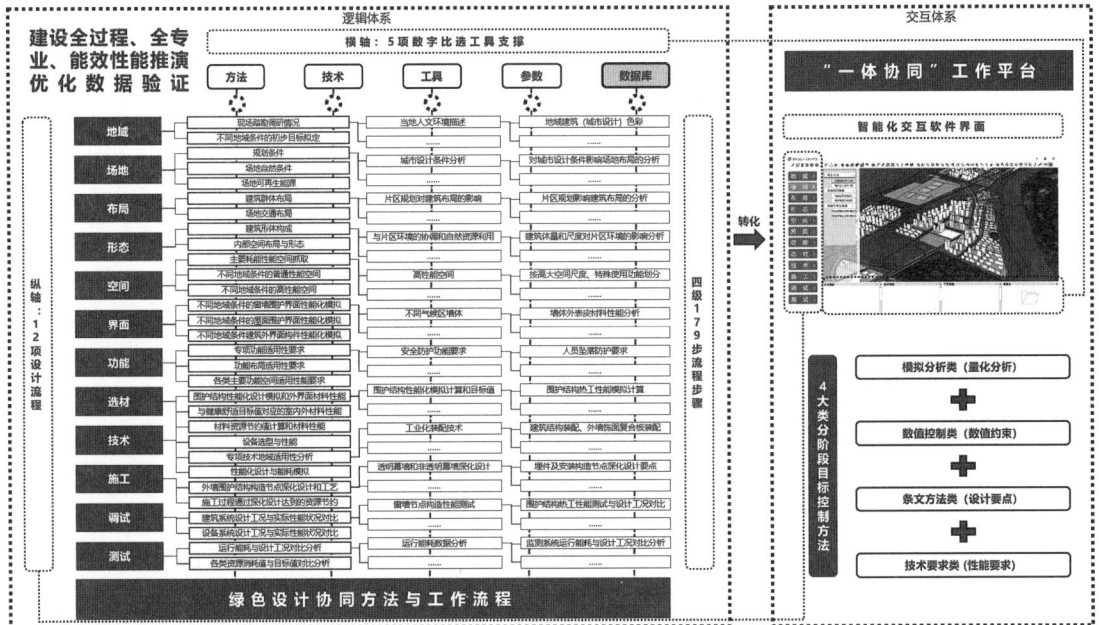

图 3-5　数字智能协同设计平台

目前，该平台已在包括北京大兴国际机场南航基地运行及保障用房项目等多个项目上使用，获得了良好的效果。

案例：以布局和选材两个阶段为例，图 3-6~ 图 3-9 展示了位于严寒地区的某高校园区建筑群，从方案阶段通过绿色协同设计平台开展工作。

2. 绿色施工组织管理

（1）组织方式

实践中，绿色施工的组织一般有三种思路可供参考借鉴。一是在项目部中设置绿色施工管理委员会，作为总体协调工程项目建设过程中有关绿色施工事宜的机构，委员会成员可以来自建设项目主要参与方。二是以目标管

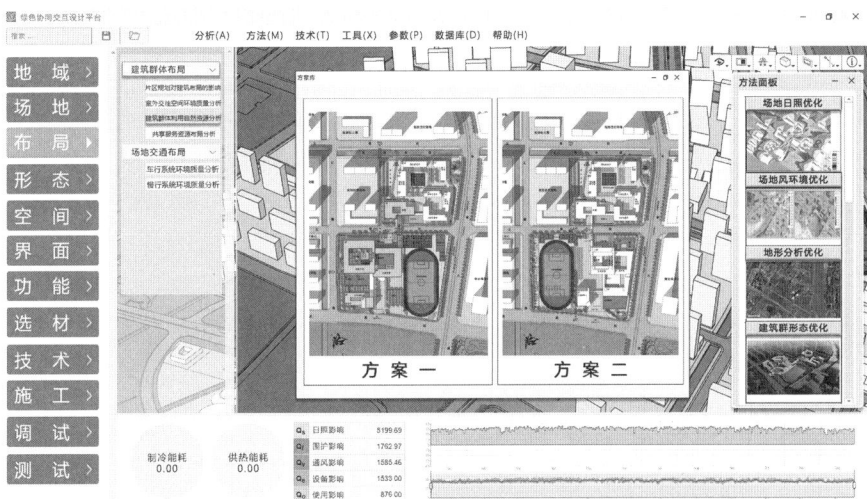

图 3-6 某高校园区绿色设计布局比选效果（平台显示）

绿色设计流程			
一级	二级	三级	
布局	建筑群体布局	对建筑布局与环境融合的要点	片区规划影响建筑布局的要点（周边城市广场公园、城市标志物、道路两侧建筑展面、高度控制等）
			场地规划影响建筑布局的要点（轴线关系、绿地、水面、地形等）
			行车流线布局要点（避免人车交叉的流线组织、停车场所布局等）
			开放共享服务设施和空间资源布局要点
		对建筑群体利用自然资源模拟分析	风环境分析（架空层、上人屋面、室外交往院落、下沉庭院等）
			热环境分析（室外交往院落遮荫等）
			人行和自行车道（停车场所）林荫分析
			地面机动车停车林荫分析
			日照环境分析（建筑主要功能面日照强度、时长、需要遮阳的展面）
			风环境分析（迎风面、风压力）
			光环境分析（建筑主要功能体块的自然光入射进深、时长）
			声环境分析

图 3-7 某高校园区绿色设计布局要素（平台显示）

图 3-8　某高校园区绿色设计选材效果（平台显示）

绿色设计流程		
一级	二级	三级
选材	围护结构性能化设计模拟和外界面材料性能	围护结构性能化模拟计算和目标值
		围护结构热工性能模拟计算
		屋面、外墙、楼板、窗体热工性能要求
		围护结构材料环保性能、耐久性能、防水性能、隔声性能要求
		外界面饰面材料性能
		外装饰板材、涂料的环保性能、防水性能、耐久性能（使用年限、耐污、耐褪色等）要求
		预制外装饰保温复合材料设计要求
	与健康舒适目标值对应的室内外材料性能	室内隔墙材料性能
		隔墙填充材料环保性能、耐久性能、防水性能、隔声性能要求
		室内饰面材料和板材性能（环保性能、耐久性能、防水性能、利用材料改善室内环境质量等）要求
		室内外地面铺装材料性能
		室内地面铺装材料的环保性能、耐久性能、防水性能、隔声性能要求
		室外地面铺装材料的环保性能、耐久性能、渗水性能要求
	材料资源节约值计算和材料性能	工业化预制构件和内装部品
		预制结构构件材料性能要求（装配率计算值、结构新技术应用）
		预制内外墙板材料性能要求（装配率计算值、热工性能、环保性能、耐久性能、防水性能、隔声性能要求）
		可再生利用材料
		建筑就地取材外饰面材料性能（装配率计算值、热工性能、环保性能、耐久性能、防水性能、隔声性能要求）
		废旧材料再利用、材料修复利用等饰材利用方式
	设备选型与性能	供暖空调、供配电、照明电气设备选型
		供暖空调设备效比性能要求
		供配电、照明电气设备能效比性能要求
		可再生资源利用系统选型
		太阳能光电、光热系统设备性能要求
		热泵系统设备性能要求
		节水设备及器具选型
		空调设备节水、用水设施、卫生器具节水性能要求
		用水器具节水设备性能

图 3-9　某高校园区绿色设计选材要素（平台显示）

理为指导的组织方式，依托目标管理体系将绿色施工的实施、监管等责任予以落实。三是建立专职的绿色施工监管机构，负责绿色施工专项监管。

　　1）绿色施工管理委员会的组织方式

　　在项目中成立绿色施工管理委员会，可以广泛吸纳项目相关方的参与，在各个部门中任命相关绿色施工联系人，负责对本部门绿色施工相关任务的处理，在部门内指导具体实施，对外履行与其他部门和委员会的沟通。这样以绿色施工联系人为节点，将位于各个部门的不同组织层次的人员融入绿色施工管理中。在责任配置方面，项目经理作为绿色施工第一责任人，应将绿色施工相关责任分配到各个部门、岗位和个人，保证绿色施工的整体目标与责任落实。在管理分工上，可以分为决策、执行、检查和参与等职能，保证每项任务都有工作部门或个人负责。为实现良好沟通，项目部和绿色施工管理委员会应设置专人负责协调、沟通和监控，可以邀请外部专家作为委员会顾问，促使实施顺利。

绿色施工管理委员会能更好地发挥部门间的协调功能，委员会成员通常由各部门选派，当工作或问题涉及几个部门时，可以在委员会内互相沟通信息，交换意见，既有利于减轻上层主管人员的负担，又可以加强部门之间的合作，避免"隧道视野"现象和"职权分裂"现象发生。但也存在管理成本高、职责不够清晰等缺陷，在应用中需要进行灵活处理，取长补短。

2）以目标管理原理为指导的组织方式

以推进绿色施工实施为目标，将实现绿色施工的各项目标及责任进行分解，建立横向到边、纵向到底的岗位责任体系，建立责任落实和实施的考核节点，建立目标实现的激励制度，结合绿色施工评价的要求，通过目标管理的目标制定、分解、检查和总结等环节，奖优罚劣，促使绿色施工落实。

这种方式任务明确，强调自我管理与控制，形成了良好的激励机制，利于绿色施工齐抓共管和全员参与，但尚需要建立和完善相应的考核与沟通机制，以便实现绿色施工本身的要求。

3）将绿色施工监管责任进行分解

绿色施工主要是针对资源节约和环境保护等要素进行的施工活动。在施工中传统的材料管理、施工组织设计等环节比较重视对资源的节约，但对绿色施工要求的资源高效利用和有效保护的重视是不够的；对现场环境的改善和现场人员健康相对重视，但对绿色施工强调的施工现场及周边环境保护和场内外公众人员安全、健康顾及较少。国外经验中将绿色施工监管的责任落实到质量安全管理部门的做法具有一定的可借鉴性。安全、健康与环境管理体系（SHE管理体系）建立起一种通过系统化的预防管理机制，彻底消除各种事故、环境和职业病隐患，以便最大限度地减少事故、环境污染和职业病的发生，从而制定改善企业安全、环境与健康业绩的管理方法，推动绿色施工实施。将环境管理的职责明确到安全部门的责任分配方式相比成立绿色施工管理委员会的方式，责任更加清晰，相应管理任务能更好地得到贯彻落实，更重要的是委员会方式仅适合于项目中非日常内容的管理，而绿色施工是应该作为日常管理的内容得到贯彻执行的，因此采用分解责任的组织分配方式更为合理。但是，这样的组织方式也存在横向沟通较弱、相关方参与不充分的缺陷。

在实践中，应根据企业和项目的组织体系特点来选择组织方式，也可以探索绿色施工管理委员会，以目标管理原理为指导的组织方式与设置专职管理部门相结合的方法，取长补短，灵活运用。

（2）管理模式

绿色施工需要在工程项目中明确绿色施工的任务，在施工组织设计、绿色施工专项方案中做好绿色施工策划；在项目运行中有效实施并全过程监控绿色施工；在绿色施工评价中严格按照 PDCA 循环持续改进，保障绿色施工取得实效。

施工企业的最高管理层应制定本企业的绿色施工管理方针，在工程项目建设中实施绿色施工，将绿色施工的理念、思想和方法贯穿于工程施工的全过程，确保施工过程能更好地提高资源利用效率和保护环境。

1）管理方针

绿色施工应遵守现行法律、法规和合同承诺，满足顾客及其他相关方的要求，持续改进，实现绿色施工承诺。绿色施工的管理方针应适合施工的特点和本单位的实际情况。绿色施工管理方针能为制定管理目标和指标提供总体要求。方针的制定过程中应以文件、会议、网络等方式与员工协商，形成正式文件并予以发布。通过网站、墙报、会议等多种形式进行广泛宣传，传达到全体员工，并可为关联方所知晓。付诸实施，并根据情况的变化进行评审与更新。

2）目标与任务

工程项目要在绿色施工管理方针的指导下，根据企业和项目实际情况，具体制定绿色施工目标，明确绿色施工任务，进行绿色施工策划、实施、控制与评价。通过对施工策划、材料采购、现场施工、工程验收等各关键环节加强控制，实现绿色施工目标和任务。

3. 低碳选材组织管理

《2023 年中国建筑与城市基础设施碳排放研究报告》显示，建材生产阶段碳排放 26.0 亿 t CO_2，占全国能源相关碳排放总量的比重为 24.4%，建材生产阶段的碳排放占据全过程碳排放的比重很大，超过一半。同时，建筑业也是我国主要工业和建筑材料的消耗大户：2022 年，全国累计生产钢材 13.40 亿 t，其中建筑行业钢材消耗总量约 4.78 亿 t，占钢材总产量的 35.7%；2022 年全国水泥产量 21.29 亿 t，主要用在房屋建筑和基础设施的建设方面。

从传统意义上来讲，建材生产阶段的碳排放是在施工之前已经发生过的，似乎不是绿色设计和绿色施工考虑的内容，其实不然，绿色低碳选材对于建筑全过程甚至整个城乡建设领域具有十分重要的意义，具体原因如下：

建材生产的碳排放通过施工全部转移物化到建筑中成为其隐含碳。对于建筑来说，建材生产阶段的碳排放属于范围三——其他间接碳排放中上游"购买商品和服务产生的碳排放"[①]。这部分碳排放和范围二的外购电力、热力等碳排放类似，其实已经在其生产过程中发生了。现阶段，建材生产和建材

---

① 国际气候组织通常把温室气体排放（碳排放）划分为三类：范围一，化石燃料燃烧产生的直接碳排放；范围二，外购电力、热力等产生的间接碳排放；范围三，产业链上下游中的其他间接碳排放。

选用的关系基本是，建材生产企业提供了建材的样式，建筑施工企业直接拿来用，后者很少通过发挥自身的选择权反过来影响前者的生产转型。而一些发达国家的建筑企业不仅对于绿色低碳选材建立了企业产品材料库，对于入库建材和产品划定一定的碳排放强度基线，还主动出资研发绿色低碳材料。

（1）绿色低碳建材（含部品）的类型

绿色低碳建材主要类型包括：建材生产过程因为能耗小而碳排放低的建材；建材因为用量少或耐久性好而在全生命周期碳排放小的建材；建成建筑物后可降低运行碳排放的建材（表3-1）。

绿色低碳建材（含部品）主要类型　　　　　　　　　　　　表3-1

类型	细分	主要代表	主要特点
生产过程低碳类	碳密度低的材料	木材、竹材、砂浆、石灰等	生产过程能耗密度低，用量不一定减少，使用场景可能会有局限性
	地方性材料	矿物和工业废料类，如磷石膏、矿渣、炉渣、粉煤灰、木屑、刨花、果壳等；海洋和植物类，如硅藻泥、贝壳粉、苇秆、秸秆、草等	
	再生利用材料	再生混凝土、再生骨料、各类再生金属材料、再生玻璃等	
节约用量低碳类	自重轻型材料	轻钢结构等	生产过程不一定低碳（甚至高碳强度），通过减少用量或延长年限实现全生命周期低碳
	高强度高性能材料	高强、高性能的水泥、混凝土、钢材等	
高回收率低碳类	钢结构建筑	结构钢及配件等	生产过程不一定低碳（甚至高碳强度），通过较大的回收利用率实现下一周期的低碳
	可拆卸和多功能部品	装配式隔断等	
施工损耗低碳类	装配式结构和构造部品部件	各类结构装配式部品部件如梁、板等	生产过程不一定低碳（甚至高碳强度），通过低损耗减少材料浪费实现低碳
		各种装配式内装部品、整体卫浴、厨房等	
运行节能低碳类	新型围护结构材料	集成外墙板、节能门窗等	生产过程不一定低碳，且可能带来额外碳排放，但可实现建筑的低碳运行或能源供给
	新型保温隔热材料	高效保温板、相变材料、气凝胶等	
	能源生产型设施	太阳能光伏板、光伏玻璃、太阳能光热设施等	

（2）绿色低碳建材的管理要求

我国目前在绿色低碳建材的生产和选用各环节仍然存在一定的弊端，具体包括：一是政策端，建造领域政策对于建造隐含碳重视程度不高；二是供给端，生产企业对于绿色低碳建材研发与生产的积极性欠缺；三是选用端，施工企业对于绿色低碳建材选用的认可度不足；四是市场端，成熟的绿色低碳建材、绿色低碳设备产业链尚未形成。

因此，全社会亟须政府主管部门、建材生产和消费部门，通过一定的组织和管理模式的转变来打造出"可产、可选、可用"的绿色低碳建材产业链。具体可从以下四个方面开展组织和管理工作：完善顶层政策设计、建立标准体系和基线、鼓励绿色低碳建材技术研发、加强组织实施工作。

1）推进绿色低碳建材采购政策的实施与监管

首先，建材的采购实施，应该进一步明确对绿色低碳建材的约束性要求。建议对政府投资项目和 20000m² 以上建筑面积的大型公共建筑提出严格的绿色低碳建材的采购比例，同时对所选建材的碳足迹认证提出一定比例要求，如重点项目的主要建材必须有 EPD 报告或 CFP 报告（具体要求见后续评价章节）。鼓励政府和建设单位多采购再生类建材和产品。为统一标准，政府可委托第三方建设单位，政府采购项目主要建材和设备产品的低碳材料产品库，入库材料和产品必须有碳排放因子证明，且因子应低于社会同类产品的平均水准。

其次，建材的采购监管上，应该进一步加强招标投标阶段和竣工验收阶段的"一头一尾"把控。2022 年，财政部、住房和城乡建设部、工业和信息化部联合印发了《关于扩大政府采购支持绿色建材促进建筑品质提升政策实施范围的通知》（财库〔2022〕35 号），在全国范围内选取 48 个市（市辖区）实施政府采购支持绿色建材促进建筑品质提升政策。文件要求各有关城市要严格执行三部委制定的《绿色建筑和绿色建材政府采购需求标准》，但是该标准中列出的几类材料、设施的绿色性能指标，与绿色建材星级评价认证的相关指标没有建立起直接的对应关系，而绿色建筑标识评价中参照的是后者，指标的不对应性会造成前述采购政策推行中的障碍。因此建议将三部委的绿色建材采购标准进一步与评价标识认证标准进行协调，以明确采购要求，同时加强采购监管。

2）通过低碳施工实现材料的节约

依据《"十四五"时期"无废城市"建设工作方案》指导，生态环境部会同中国建筑技术中心等机构在全国开展了"无废工地"试点建设活动，取得了较好效果。可进一步大力宣传推广"无废工地"理念，对施工中建筑垃圾排放量提出严格的指标要求，如执行住房和城乡建设部的 300t/ 万 m² 竣工面积（现浇建筑）和 200 t/ 万 m² 竣工面积（装配式建筑）规定，同时与建筑业企业信用等级（AAA）评级挂钩，对于超标企业进行扣分，超额实现进行加分。这样，就可以倒逼施工企业在主动降低建材损耗率上下更大功夫。

3）加强生产端和使用端对隐含碳的限制性要求

建材与产品生产端方面。2023 年初，国家发展和改革委员会发布《关于印发投资项目可行性研究报告编写大纲及说明的通知》（发改投资规〔2023〕304 号），要求自 2023 年 5 月 1 日起，所有新立项的投资项目可行性研究报告必须通过碳达峰碳中和分析。地方政府有关部门应杜绝建材生产领域高碳企业的批建，同时对于未纳入碳控排体系的既有建材生产企业进行年度检查，依据一定的建材碳排放强度基线进行奖罚或整改。

建材与产品使用端方面。逐步要求施工企业选择能提供碳足迹报告且碳排放因子较低的建材产品，对于政府投资的重点项目设定建造阶段隐含碳基线（如针对不同类型、不同规模建设项目设定 500~800kg CO_2/m^2 范围），不能超标。通过政府、协会、头部企业等明确宣布降低建造隐含碳举措，国外有一些案例，如法国政府近期发布《2050 年建筑领域碳中和路线图》，要求住宅的建造隐含碳排放由 2022 年的 640~740kg CO_2/m^2 逐步下降至 2025 年的 530~650kg CO_2/m^2 和 2031 年的 415~490kg CO_2/m^2。2021 年，新加坡绿色建筑委员会与新加坡产业发展商公会联合推出"新加坡建设行业隐藏含碳量宣言"，并已吸引共 56 个相关机构参与签署。法国万喜集团更是在 20 世纪 90 年代就开始打造企业的低碳目标和实施路径。

4）加强绿色建材、产品的碳足迹标准和认证

目前，我国建材和产品的碳排放指标认证体系尚不健全，主要采信为基于 PCR 分类规则编制的环境声明报告（EPD）和基于 ISO 14067/PAS 2050 编制产品碳足迹报告（CFP），但因为现阶段很多供应商无法提供上述两类报告，一些研究机构出具的计算核算分析报告也会得到认可使用。建议在首批 35 个碳达峰低碳试点城市规范化现有的碳足迹认证标准要求。

另外，我国由国家市场监督管理总局、住房和城乡建设部、工业和信息化部共同开展的绿色建材产品认证（即绿色建材三星级评价的认证），针对项目中碳排放量占比最大的建材预拌混凝土，对于申报企业是否具有第三方出具的产品 EPD 报告和 CFP 报告，没有做出要求（具体见《绿色建材评价 预拌混凝土》T/CECS 10047—2019），提供报告仅为可选项。因此有必要进一步强调绿色建材认证中碳足迹的重要性。

5）建立专业的建材、产品碳排放因子数据库

由于国内建材和建筑设备生产厂家繁多，工艺参差不齐，且企业对产品的碳足迹不够重视，相关的排放因子数据库创建难度大。国家层面并没有统一的数据库（住房和城乡建设部正在着手开展此项工作），常用的碳排放因子来源主要为《建筑碳排放计算标准》GB/T 51366—2019 的附录部分，以及以四川大学为主开发的 LCA 中国全生命周期基础数据库（Chinese Life Cycle Database，CLCD）。

现阶段可在首批 35 个碳达峰低碳试点城市尽快建立地方生产和外购主要建材、产品（含建筑设备、装配式建筑构件、部品等）的碳排放因子数据库，数据不一定大而全，但尽量涵盖地方常用的大宗建材、设备厂家相关产品的排放因子。该数据库应公开，便于企业针对性地选择低碳建材、设备等。

通过前述建材、产品碳排放因子数据库的创建，同时在施工现场开展电力分项计量以摸清更多机械台班的碳排放强度，了解各类建材、产品、施工台班碳排放强度的中位值，适时发布建材（钢铁、水泥、混凝土等）、产品（空

调设备、给水排水管道、灯具等）和施工活动（不同类型建筑）隐含碳的约束值、引导值，指导建设方、生产方和施工方的低碳要求。

（3）案例

位于西安市的某商业综合体项目（图 3-10）由某港资企业投资开发（简称开发企业），因为开发企业在港签署了"SD 2030 可持续发展目标"承诺，要求其开发项目必须重点关注建筑全过程的可持续性，建造阶段对绿色低碳建材的选用是基本规定之一。

图 3-10　开发企业在西安开发的某商业综合体项目效果图

开发企业在招标文件中，对于绿色低碳建材的选用标准和碳排放强度基线作为完全响应提出要求（表 3-2）。

西安某商业综合体项目绿色低碳建材选用要求　　　　　　　　　　　　表 3-2

选材	具体要求	证明文件要求
建筑隐含碳排放总体目标：主体结构碳排放 ≤ 340kg/m² （含建材生产、建材运输和现场施工三个阶段的碳排放）		
混凝土	针对全部混凝土进行碳排放量计算，其中鼓励使用粉煤灰、矿渣掺量大的混凝土和其他可再生骨料混凝土；针对 C10~C60 不同级别混凝土分别给出了碳排放因子基线：170~435kg/m³	ISO 14044 的公开可用、经过严格审查的生命周期评估报告；或环保产品声明 Environmental Product Declaration（EPD），符合 ISO 14071、ISO 14025、EN 15804 或 ISO 21930；或《节能低碳产品认证管理办法》认证的产品；或满足现行版本的《建筑碳排放计算标准》GB/T 51366、《商品和服务在生命周期内的温室气体排放评价规范》PAS 2050、《温室气体　产品碳足迹　量化要求和指南》GB/T 24067 和《2006 年 IPCC 国家温室气体清单指南》相关要求
钢筋（含结构钢）	针对全部钢筋（含结构钢）进行碳排放量计算，其中：总承包商须提供最少 50% 采用电弧炉（EAF）生产的钢筋 / 结构钢材；钢筋 / 结构钢材最少应占产品总重量 20% 的再造钢，而又不会影响结构工程师就其预期用途指定的技术表现及特质	同"混凝土"；另外单独要求：总承包商收集及记录钢筋 / 结构钢材的生产方法 [例如高炉—转炉（BF-BOF）或电弧炉（EAF）] 及再造钢成分比例
其他主材（包括水泥、石膏板、玻璃、铝）	针对全部用量进行碳排放量计算，鼓励选用含再生材料的产品	同"混凝土"
木材和木制品（含竹制品）	鼓励使用木材和木制品	木制品必须通过森林管理委员会（Forest Stewardship Council）或 USGBC 认可的当地等效标准的认证
地方材料	永久安装的建筑产品总价值 90% 符合区域材料要求（从项目场址 800km 范围内获得开采、制造、购买）	采购和运输发票等
废弃建材利用	鼓励施工中废弃建材（混凝土、钢材、玻璃、塑料、木材、硬纸板等）再利用和再生利用	通过台账详细记录并定期汇报，提供施工废弃物分类装备，进行分类回收再利用

4. 绿色交付组织管理

绿色交付是绿色低碳建造的最后环节，不仅对前面完成的策划、设计、施工进行全面总结，也对后续的建筑运行提供指导。

绿色交付首先要满足三个基本要求：一是根据建筑类型和运营维护需求确定实体交付内容及交付标准；二是鼓励按照城市信息化建设要求和运营维护需求，制定数字化交付标准、方案和成果；三是应明确交付前需完成的综合效能调适及绿色建造效果评估的内容及方式。

绿色交付的组织和管理，具体规定如下：

1）项目交付前应由工程总承包单位或施工总承包单位牵头组织进行绿色建造的效果评估。

2）项目交付前应完成绿色建筑相关检测（建设单位或施工单位负责），提交建筑使用说明书。

3）应核定绿色建材和低碳建材的实际使用率，提交核定计算书。

4）宜核算建造阶段中相关碳排放量（建材生产与运输碳排放、现场施工碳排放等）和碳排放强度（单位竣工面积强度、单位产值强度等），并整理归档。

5）应将建筑各分部分项工程的设计、施工、检测等技术资料整合和校验，并按相关标准移交建设单位和运营单位。

6）应制定建筑物各子系统（机电设备系统、消防系统等）运行操作规程和维护保养手册，并移交给后续运行管理单位。

7）应按照绿色交付标准及成果要求提供实体交付及数字化交付成果。数字化交付成果应保证与实体交付成果信息的一致性和准确性，建设单位可在交付前组织成果验收。

另外，住房和城乡建设部发布的《绿色建造技术导则（试行）》，对绿色交付提出了三项重点内容：

（1）综合效能调适

包括夏季工况、冬季工况及过渡季节工况的调适和性能验证，使建筑机电系统满足绿色建造目标和实际使用等要求。综合效能调适工作一般应由工程总承包单位或施工总承包单位牵头组织，相关各方共同建立综合效能调适团队，成果提交建设单位和未来运营单位。

（2）数字化交付

数字化交付内容应包含数字化工程质量验收文件、施工影像资料、建筑信息模型等。应编制说明书，详细说明交付的范围与内容。

数字化交付内容及标准应执行工程所在地的相关规定。当所在地区未规定时，可由建设单位牵头确定，各参建单位遵照执行。另外，建设单位可在数字交付前组织相关成果验收。

（3）开展效果评估

应对绿色建造节约资源和保护环境的效果进行评估，并形成效果评估报告。可采用内部自评的形式，或委托具备评估能力的技术服务单位进行评估。效果评估应包含但不限于绿色施工、减排、海绵城市建设等内容。

效果评估工作一般由工程总承包单位或施工总承包单位牵头组织，可自评或者委托第三方开展评价。证明材料应包括但不限于设计文件、专项报告、分析计算报告、现场检测报告等。对应的标准包括《建筑与市政工程绿色施工评价标准》GB/T 50640—2023、《建筑碳排放计算标准》GB/T 51366—2019 和《海绵城市建设评价标准》GB/T 51345—2018。

（4）案例

深圳裕璟幸福家园项目位于深圳市坪山新区，总用地面积 11164.76m²，共 3 栋塔楼，建筑高度分别为 92.8m（1、2 号楼）、95.9m（3 号楼），总建筑面积 64050m²，项目在标准化设计、工业化生产、装配化施工、智能化管理、数字化交付等方面做出了成功的探索。

数字化交付方面，该项目实现设计、生产、施工全产业链的信息交互和共享以及全方位、交互式的信息传递。项目以 BIM 等信息化为核心，在全过程信息贯通、建造过程信息全追溯和面对业主的可视化交付上，进行了系列技术研究和创新实践。特别是通过 VR、网页可视化等技术实现了面对大小业主的可视化交付，业主可以在平台中通过网页提前感受建成后的视觉效果，提高业主参与度和后续使用满意度（图 3-11）。

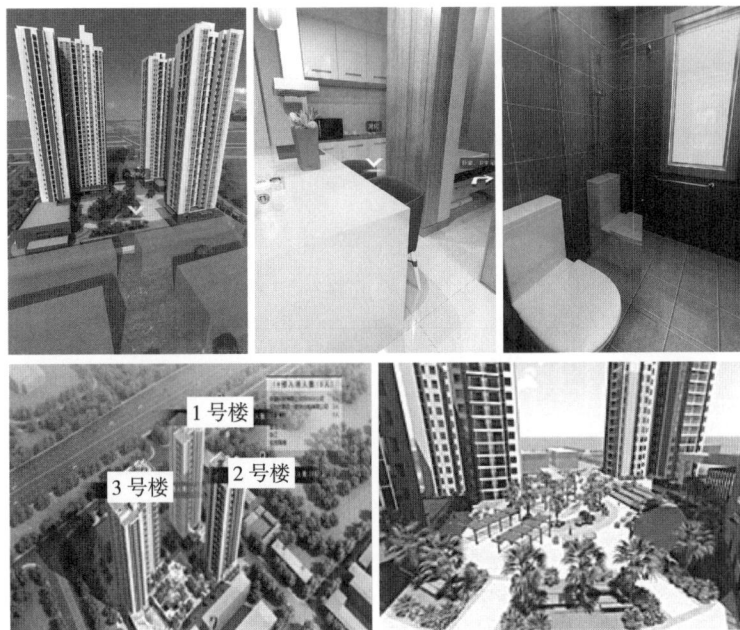

图 3-11　裕璟幸福家园项目数字化可视界面

3.3
绿色低碳建造实施

绿色低碳建造具体实施包含了施工策划、材料采购、现场施工、工程验收等各环节。绿色施工管理运行体系包括绿色施工策划、绿色施工实施、绿色施工评价等环节，其内容涵盖绿色施工的组织管理、规划管理、实施管理、评价管理和人员安全与健康管理等多个方面。

绿色施工总体框架阐明了绿色施工的主要任务，即由施工管理、环境保护、节材与材料资源利用、节水与水资源利用、节能与能源利用、节地与施工用地保护六个方面组成（图3-12）。

绿色施工实施是在施工过程中，依据绿色施工策划的要求，组织实施绿色施工的相应工作内容。绿色施工的实施要关注以下三个方面：

（1）应对整个施工过程实施动态管理，强化绿色施工的施工准备、过程控制、资源采购和绿色施工评价管理

绿色施工应贯穿整个工程施工的全过程，其任务是在各施工阶段中严格落实工程项目绿色施工策划书的要求。因此，绿色施工需要在施工过程的各主要环节中进行动态管理和控制，要充分利用绿色施工评价环节，建立持续改进机制，通过绿色施工评价促进绿色施工各阶段、各批次、各要素检查质量的提高，形成预防下批次再发生相同问题的改进意见，指导工程项目绿色施工的持续改进，引导施工人员在施工过程中控制污染排放，保护资源，合理节材，培养良好的绿色施工行为。

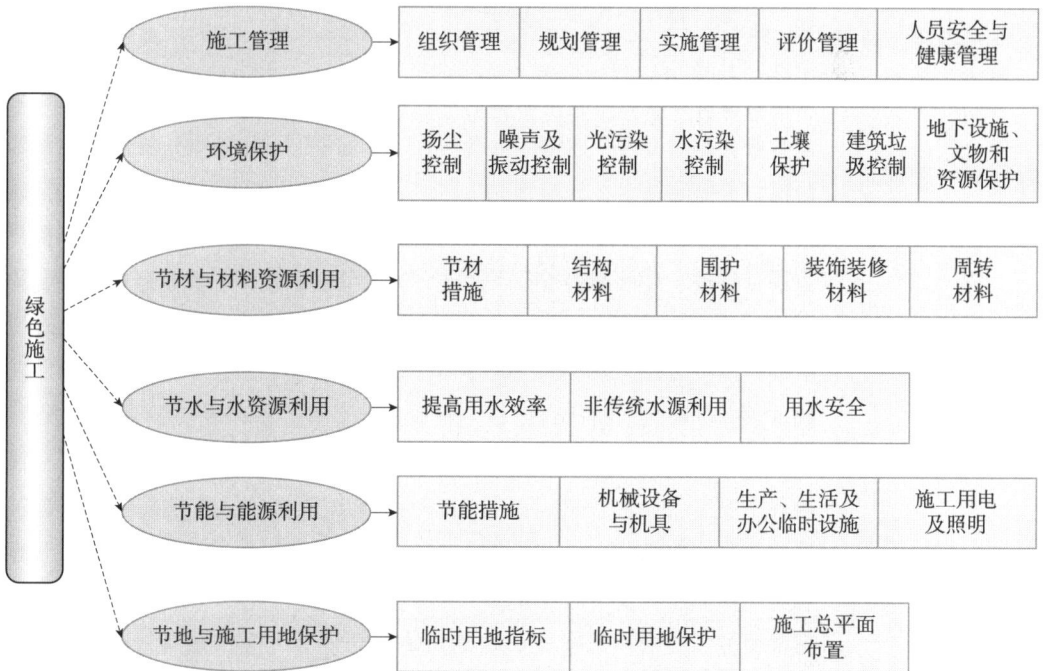

绿色施工	施工管理	组织管理	规划管理	实施管理	评价管理	人员安全与健康管理
	环境保护	扬尘控制	噪声及振动控制	光污染控制	水污染控制	土壤保护	建筑垃圾控制	地下设施、文物和资源保护
	节材与材料资源利用	节材措施	结构材料	围护材料	装饰装修材料	周转材料
	节水与水资源利用	提高用水效率	非传统水源利用	用水安全
	节能与能源利用	节能措施	机械设备与机具	生产、生活及办公临时设施	施工用电及照明
	节地与施工用地保护	临时用地指标	临时用地保护	施工总平面布置

图3-12 绿色施工总体框架

（2）应结合工程项目的特点，重视与工程项目建设相关方的沟通，营造绿色施工的氛围

工程项目绿色施工涉及业主、设计、施工、监理等相关方，能否得到相关方支持关乎绿色施工的成败。因此，工程项目绿色施工要加强各相关方的交流，充分利用文件、网站、宣传栏等载体强化绿色施工沟通是至关重要的。工程项目管理人员应特别重视以下三个方面的沟通：一是强化员工绿色施工意识的沟通，使员工把保护环境和节约资源与国家发展大局联系起来，把实施绿色施工与生态文明建设结合起来，提高绿色施工的自觉性。二是强化岗位沟通，使员工拥有保护环境的强烈责任感和使命感，认识到推进绿色施工与每个人的健康和生活质量息息相关，以出色完成绿色施工的岗位责任、强化岗位沟通，做到绿色施工横向搭边、纵向到底，积极参与，协同配合，做好绿色施工。三是强化绿色施工投入的沟通，突破绿色施工的瓶颈。

（3）定期对相关人员进行绿色施工培训，提高绿色施工知识和技能

绿色施工的贯彻落实，依赖于相关人员的专业知识和素质。因此，绿色施工实施过程中要把培训工作列为工作重点，通过专业教育与培训，培育绿色施工操作与管理的人才队伍，为推动绿色施工提供支撑。

3.3.1　绿色施工组织实施

绿色施工的实施是一个复杂的系统工程，首先注重的是体系建设，主要包括组织、管理和监督三大体系。

1. 组织体系

在组织体系中，要确定绿色施工的相关组织机构和责任分工，明确项目经理为第一责任人，使绿色施工的各项工作任务由明确的部门和岗位来承担。如某工程项目为了更好地推进绿色施工，建立了一套完备的组织体系，成立由项目经理、项目副经理、项目总工为正副组长及各部门负责人构成的绿色施工领导小组。明确由组长（项目经理）作为第一责任人，全面统筹绿色施工的策划、实施、评价等工作；由副组长（项目副经理）挂帅进行绿色施工的推进，分批次、阶段和单位工程评价组织等工作；另一副组长（项目总工）负责绿色施工组织设计、绿色施工方案或绿色施工专项方案的编制，指导绿色施工在工程中的实施；同时明确由质量与安全部负责项目部绿色施工日常监督工作，根据绿色施工涉及的技术、材料、能源、机械、行政、后勤、安全、环保以及劳务等各个职能系统的特点，把绿色施工的相关责任落实到工程项目的每个部门和岗位，做到全体成员分工负责，齐抓共管。把绿色施工与全体成员的具体工作联系起来，系统考核，综合激励，取得了良好效果。

2. 管理体系

管理层面充分发挥计划、组织、领导和控制职能，建立系统的管理体系，明确第一责任人，持续改进，合理协调与调度绿色施工，强化检查与监督等。面对不同的施工对象，绿色施工管理体系可能会有所不同，但其实现绿色施工过程受控的主要目的是一致的；覆盖施工企业和工程项目绿色施工管理体系的两个层面要求是不变的。因此工程项目绿色施工管理体系应成为企业和项目管理体系有机整体的重要组成部分，它包括制定、实施、评审和保障实现绿色施工目标所需的组织机构及职责分工、规划活动、相关制度、流程和资源分组等，主要由组织管理体系和监督控制体系构成。绿色施工需要明确第一责任人，以加强绿色施工管理，应明确工程项目经理为绿色施工的第一责任人，由项目经理全面负责绿色施工，承担工程项目绿色施工推进责任。

3. 监督体系

绿色施工需要强化计划与监督控制，有力的监控体系是实现绿色施工的重要保障。在管理流程上，绿色施工必须经历策划、实施、检查与评价等环节。绿色施工要通过监控，测量实施效果，并提出改进意见。绿色施工是过程，过程实施完成后绿色施工的实施效果就很难准确测量。因此，工程项目绿色施工需要强化过程监督与控制，建立监督控制体系。体系的构建应由建设、监理和施工等单位构成，共同参与绿色施工的分批次、阶段和单位工程评价及施工过程的见证。在工程项目施工中，施工方、监理方要重视日常检查和监督，依据实际状况与评价指标的要求严格控制，通过 PDCA 循环，促进持续改进，提升绿色施工实施水平。监督控制体系要充分发挥其旁站监控职能，使绿色施工扎实进行，保障相应目标实现。

3.3.2 绿色施工计划与实施

绿色施工推进应遵循管理学中通用的 PDCA 原理，确保动态管理的有效性。PDCA 原理，又名 PDCA 循环，也叫质量环，是管理学中的一个通用模型。最早是休哈特（Walter A. Shewhart）于 1930 年提出构想，后来被美国质量管理专家戴明（Edwards Deming）博士在 1950 年再度挖掘，广泛宣传，并运用于持续改善产品质量的过程中。PDCA 原理适用于一切管理活动，它是能使任何一项活动有效进行的一种合乎逻辑的工作程序。其中 P、D、C、A 四个英文字母所代表的意义如下：

P（Plan）——计划，包括方针和目标的确定以及活动计划的制定；

D（Do）——执行，执行就是具体运作，实现计划中的内容；

C（Check）——检查，就是要总结执行计划的结果，分清哪些对了，哪些错了，明确效果，找出问题；

A（Action）——处理，对检查的结果进行处理，认可或否定。成功的经验要加以肯定，其中模式化或者标准化的内容应适当推广；失败的教训要加以总结，以免重现；未解决的问题放到下一个 PDCA 循环。

PDCA 循环，可以使我们的思想方法和工作步骤更加条理化、系统化、图像化和科学化。绿色施工过程通过实施 PDCA 管理循环，能实现自主性的工作改进。此外需要重点强调的是，绿色施工起始的计划（P）实际应为工程项目绿色施工组织设计、施工方案或绿色施工专项方案，应通过执行（D）和检查（C），发现问题，制定改进方案，形成恰当处理意见（A），指导新的 PDCA 循环，实现新的提升，如此循环，持续提高绿色施工的水平。

3.3.3　协调与调度

为了确保绿色施工目标的实现，在施工中要高度重视施工调度与协调管理。应对施工现场进行统一调度、统一安排与协调管理，严格按照策划方案，精心组织施工，确保有计划、有步骤地实现绿色施工的各项目标。

绿色施工是工程施工的"升级版"，应特别重视施工过程的协调和调度，应建立以项目经理为核心的调度体系，及时反馈上级及建设单位的意见，处理绿色施工中出现的问题，并及时加以落实执行，实现各种现场资源的高效利用。工程项目绿色施工的总调度应由项目经理担任，负责绿色施工的总体协调，确保施工过程达到绿色施工合格水平以上，施工现场总调度的职责是：

监督、检查含绿色施工方案的执行情况，负责人力物力的综合平衡，促进生产活动正常进行。

定期召开由业主、上级管理部门、设计单位、监理单位参加的协调会，解决绿色施工疑问和难点。

定期组织召开各专业管理人员、技术人员及作业班组长参加的会议，分析整个工程的进度、成本、计划、质量、安全、绿色施工执行情况，使项目策划的内容准确落实到项目实施中。

指派专人负责，协调各专业工长的工作，组织好各分部分项工程的施工衔接，协调穿叉作业，保证施工的条理化、程序化。

施工组织协调建立在计划和目标管理基础之上，根据绿色施工策划文件与工程有关的经济技术文件进行，指挥调度必须准确、及时、果断。

建立与建设、监理单位在计划管理、技术质量管理和资金管理等方面的协调配合机制。

3.3.4　检查与监测

　　绿色施工的检查与监测包括日常、定期检查与监测，其目的是检查绿色施工的总体实施情况，测量绿色施工目标的完成情况和效果，为后续施工提供改进和提升的依据和方向。检查与监测的手段可以是定性的，也可以是定量的。工程项目可针对绿色施工制定季度检、月检、周检、日检等不同频率周期的检查制度，周检、日检要侧重于工长和班组层面，月检应侧重于项目部层面，季度检可侧重于企业或分公司层面。监测内容应在策划书中明确，应针对不同监测项目建立监测制度，应采取措施，保证监测数据准确，满足绿色施工的内外评价要求。总之，绿色施工的检查与监测要以国家标准《建筑与市政工程绿色施工评价标准》GB/T 50640—2023 和绿色施工策划文件为依据，检查和监测各目标和方案落实情况。

3.4　绿色低碳建造评价

　　绿色低碳建造评价是指在建造过程中，对建造过程的环境影响、资源利用、能源消耗等方面进行评估，以确保建造过程对环境的影响最小化，同时最大限度地保护自然资源，提高能源利用效率。绿色评价包括对建筑施工过程中使用的材料、施工方法、能源消耗、废弃物处理等方面进行评估，以确定是否符合绿色施工标准。目的是促进可持续发展，减少对环境的破坏，提高建筑的可持续性和经济性。

　　与绿色低碳建造评价相关的标准和评价包括：《建筑工程绿色建造评价标准》T/CCIAT 0048—2022 及绿色建造竞赛活动，《建筑与市政工程绿色施工评价标准》GB/T 50640—2023 及绿色施工示范工程，《绿色建筑评价标准》GB/T 50378—2019（2024 年版）及绿建标识，各类绿色建材评价标准及绿色建材产品认证。另外，近期还有一批建筑碳排放领域的评价标准正在编写或即将发布。

3.4.1　总体框架

　　绿色评价按地基与基础工程、结构工程、装饰装修与机电安装工程进行。建筑工程绿色施工应依据环境保护、节材与材料资源利用、节水与水资源利用、节能与能源利用和节地与土地资源利用五个要素进行评价（图 3-13）。

　　评价指标应由控制项、一般项、优选项三类评价指标组成。

　　评价指标的控制项为必须达到要求的条款；一般项为覆盖面较大、实施难度一般的条款，为据实计分项；优选项为实施难度较大、要求较高、实施

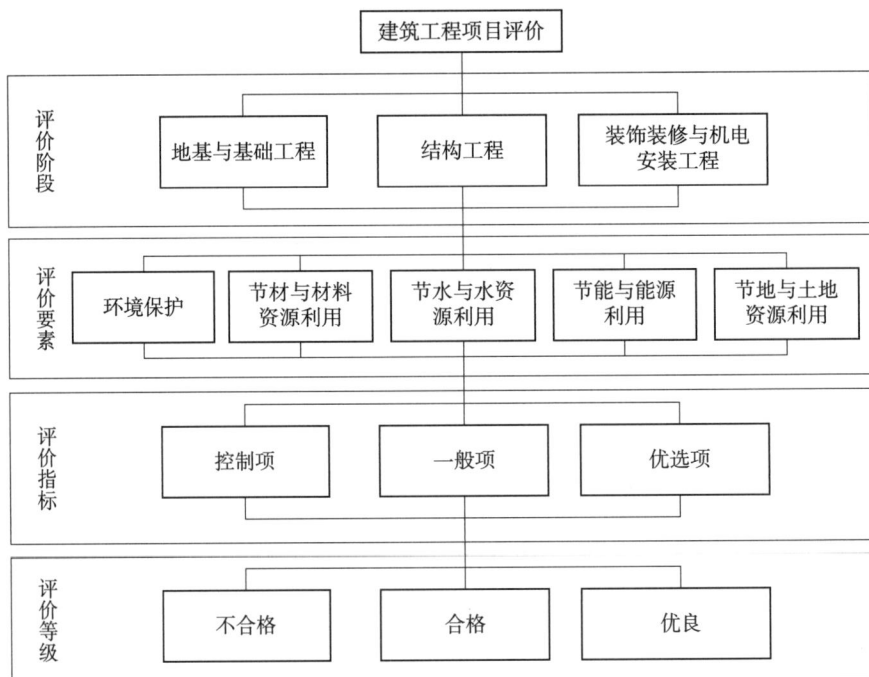

图 3-13　绿色评价框架体系

后效果较好的条款，为据实加分项。

评价等级应分为不合格、合格和优良。

绿色施工评价层级分为要素评价、批次评价、阶段评价、单位工程评价。

绿色施工评价应从要素评价着手，要素评价决定批次评价等级，批次评价决定阶段评价等级，阶段评价决定单位工程评价等级。

3.4.2　基本要求

评价应以建筑工程施工过程为对象进行评价。绿色施工项目应符合以下规定：

1）建立绿色施工管理体系和管理制度，实施目标管理。

2）根据绿色施工要求进行图纸会审和深化设计。

3）施工组织设计及施工方案应有专门的绿色施工章节，绿色施工目标明确，内容应涵盖"四节一环保"要求。

4）工程技术交底应包含绿色施工内容。

5）采用符合绿色施工要求的新材料、新技术、新工艺、新机具进行施工。

6）建立绿色施工培训制度，并有实施记录。

7）根据检查情况，制定持续改进措施。

8）采集和保存过程管理资料、见证资料和自检评价记录等绿色施工资料。

9）在评价过程中，应采集反映绿色施工水平的典型影像资料。

发生下列事故之一，为绿色施工不合格项目：

1）发生安全生产死亡责任事故。

2）发生重大质量事故，并造成严重影响。

3）发生群体传染病、食物中毒等责任事故。

4）施工中因"四节一环保"问题被政府管理部门处罚。

5）违反国家有关"四节一环保"的法律法规，造成严重社会影响。

6）施工扰民造成严重社会影响。

3.4.3　评价主体和对象

绿色施工评价的实施主体主要包括建设、施工和监理三方。绿色施工批次评价、阶段评价和单位工程评价分别由施工方、监理方和建设方组织，其他方参加。在不同的评价层面，绿色施工组织的实施主体各不相同，主要为追求评价的客观真实，发挥互相监督作用。

绿色施工的评价对象主要是房屋建筑工程施工过程环境保护、节材与材料资源利用、节水与水资源利用、节能与能源利用和节地与土地资源利用五个要素的状态进行评价。

3.4.4　评价和指标赋分方法

绿色施工评价应按要素、批次、阶段和单位工程评价的顺序进行。要素评价依据控制项、一般项和优选项三类指标的具体情况，按照《建筑与市政工程绿色施工评价标准》GB/T 50640—2023 进行评价，形成相应分值，给出相应绿色施工评价等级。

相关指标及赋分要求如下：

1）控制项为必须满足的标准，控制项不合格的项目实行"一票否决"制，不得评为绿色施工项目。控制项的评价方法应符合表 3-3 的规定。

控制项评价方法　　　　　　　　　　　　表 3-3

评分要求	结论	说明
措施到位，全部满足考评指标要求	符合要求	进入评分流程
措施不到位，不满足考评指标要求	不符合要求	一票否决，为绿色施工不合格

2）一般项指标，应根据实际发生项执行的情况计分，评价方法应符合表 3-4 的规定。

一般项计分标准	表 3-4

评分要求	评分
措施到位，满足考评指标要求	2
措施到位，基本满足考评指标要求	1
措施不到位，不满足考评指标要求	0

3）优选项指标，应根据实际发生项执行情况加分，评价方法应符合表 3-5 的规定。

优选项加分标准	表 3-5

评分要求	评分
措施到位，满足考评指标要求	2
措施到位，基本满足考评指标要求	1
措施不到位，不满足考评指标要求	0

3.4.5 要素、批次、阶段和单位工程评分计算方法

（1）要素评价得分

一般项得分：应按百分制折算，按式（3-1）计算：

$$A = \frac{B}{C} \times 100 \qquad (3-1)$$

式中：A——一般项折算得分；

B——实际发生项目实际得分之和；

C——实际发生项目应得分之和。

要素评价得分应按式（3-2）计算：

$$F = A + D \qquad (3-2)$$

式中：F——要素评价得分；

D——优选加分项，按优选项实际发生项目加分求和。

（2）批次评价得分

批次评价要素权重系数表	表 3-6

评价要素	各阶段权重系数（ω_1）
环境保护	0.45
资源节约	0.35
人力资源节约和保护	0.20

批次评价得分，应按式（3-3）计算：

$$E=\sum \left(F \times \omega_1 \right) \qquad (3-3)$$

式中：E——批次评价得分；

    F——要素评价得分；

    ω_1——批次评价要素权重系数，按表 3-6 取值。

（3）阶段评价得分

阶段评价得分应按式（3-4）、式（3-5）计算：

$$G=G_1+G_2 \qquad (3-4)$$

$$G_1=\frac{\sum E}{N} \qquad (3-5)$$

式中：G——阶段评价得分；

    G_1——阶段评价基本分；

    G_2——阶段创新得分；

    E——批次评价得分；

    N——批次评价次数。

（4）单位工程绿色评价得分

建筑工程单位工程评价应按表 3-7 的规定进行要素权重确定。

建筑工程单位工程要素权重系数表 表 3-7

评价阶段	权重系数（ω_2）
地基与基础工程	0.30
主体结构工程	0.40
装饰装修与机电安装工程	0.30

市政工程单位工程评价应按表 3-8 的规定进行要素权重确定。

市政工程单位工程要素权重系数表 表 3-8

道桥工程		矿山法施工的隧道工程		盾构法施工的隧道工程		管线工程	
评价阶段	单位工程阶段权重系数（ω_2）	评价阶段	单位工程阶段权重系数（ω_2）	评价阶段	单位工程阶段权重系数（ω_2）	评价阶段	单位工程阶段权重系数（ω_2）

道桥工程		矿山法施工的隧道工程		盾构法施工的隧道工程		管线工程	
地基与基础工程	0.40	开挖	0.40	始发与接收	0.40	定位	0.10
结构工程	0.40	衬砌与支护	0.40	掘进与衬砌	0.40	安装	0.60
桥（路）面及附属设施工程	0.20	附属设施	0.20	附属设施	0.20	测试与联网	0.30

单位工程评价得分包括：基本得分和技术创新加分，具体计算方法如下。

单位工程绿色评价基本得分应按式（3-6）计算：

$$W_1=\sum\left(G_1\times\omega_2\right) \tag{3-6}$$

式中：W_1——单位工程绿色评价基本得分；

G_1——阶段评价基本得分；

ω_2——单位工程阶段权重系数，按表 3-7 和表 3-8 的规定取值。

单位工程评价总分应按式（3-7）计算：

$$W=W_1+W_2 \tag{3-7}$$

式中：W——单位工程评价总分；

W_1——单位工程绿色评价基本得分；

W_2——技术创新加分，可根据结果单项加 0.5 或 1 分，总分最多加 5 分。

3.4.6 单位工程绿色施工等级判定方法

（1）全部符合下列情况时，应判定为优良：

1）控制项全部满足要求。

2）单位工程总得分（W）不少于 90 分。

3）每个评价要素中至少有两项优选项得分，且优选项总分不少于 25 分。

4）技术创新加分（W_2）不少于 3 分。

（2）全部符合下列情况时，应判定为合格：

1）控制项全部满足要求。

2）单位工程总得分（W）不少于 65 分。

3）每个评价要素中至少各有一项优选项得分，且优选项总分不少于 12 分。

4）技术创新加分（W_2）不少于 1.5 分。

（3）不满足合格情况时，应判定为不合格。

3.4.7 评价组织与实施

1.评价组织

根据《建筑与市政工程绿色施工评价标准》GB/T 50640—2023 的相关规定，绿色施工评价的组织应注意以下几个问题：

单位工程绿色施工评价应由建设单位组织，施工单位和监理单位参加，评价结果应由建设、监理、施工单位三方签认。

单位工程绿色施工阶段评价应由建设单位或监理单位组织，建设单位、监理单位和施工单位参加，评价结果应由建设、监理、施工单位三方签认。

单位工程绿色施工批次评价应由施工单位组织，建设单位和监理单位参加，评价结果应由建设、监理、施工单位三方签认。

企业应对本企业范围内绿色施工的项目进行随机检查，并对工程项目绿色施工完成情况进行评估。

项目部会同建设单位和监理单位应根据绿色施工情况，制定改进措施，由项目部实施改进。

2.评价实施

绿色施工评价在实施中要按照评价指标的要求，检查、评估各项指标的完成情况。在评价实施过程中应重点关注以下几点：

满足基本要求规定。进行绿色施工评价的前提是必须达到《建筑与市政工程绿色施工评价标准》GB/T 50640—2023 基本规定的相关要求。

重视评价资料积累。绿色施工评价涉及内容多、范围广，评价过程中涉及大量资料检查及表格填写，因此要准备好评价过程中的相关资料，并对资料进行整理分类。

重视评价人员的培训。要对评价人员进行绿色施工评价的指标体系和评价方法等方面内容的专项培训，评价人员应能很好地理解绿色施工的内涵，熟悉评价流程，以保障评价的准确性。

评价中需要把握好各类指标的地位和要求。绿色施工评价指标的控制项、一般项和优选项在评价中的地位和要求有所不同。控制项属于评价中的强制项，是最基本要求，实行"一票否决"；一般项评价是绿色施工评价中工作量最大、涉及内容最多、工作最繁杂的评价，是评价中的重点；优选项是施工难度较大、实施要求较高、实施后效果较好的项目，实质是备选项，选项越多，绿色水平越高。

绿色施工评价结果必须要有项目施工相关方的认定。绿色施工评价与其他施工验收一样，是程序性和规范性很强的工作，必须要有工程项目施工相关方的认定才能生效。

要注重对评价结果的分析，制定改进措施。评价本身不是目的，真正的目的是持续改进。因而要重视对评价结果的分析，要注意针对那些实施较差的要素评价点，认真查找原因，制定有效的改进措施。

针对评价结果，实施适度的奖惩措施。调动实施主体、责任主体的积极性，建立有效的激励措施。

3.4.8　绿色低碳建材评价

国内的绿色低碳建材评价工作，可细分为：绿色建材评价（认证）和低碳建材产品评价。

1. 绿色建材评价和认证

2014 年 5 月，住房和城乡建设部、工业和信息化部联合印发《绿色建材评价标识管理办法》（建科〔2014〕75 号），在全国范围内主导开展绿色建材标识的等级评价工作，旨在：鼓励企业研发、生产、推广应用绿色建材；鼓励新建、改建、扩建的建设项目优先使用获得评价标识的绿色建材；绿色建筑、绿色生态城区、政府投资和使用财政资金的建设项目，应使用获得评价标识的绿色建材。

标识等级依据技术要求和评价结果，由低至高分为一星级、二星级和三星级三个等级。住房和城乡建设部、工业和信息化部负责三星级绿色建材的评价标识管理工作。省级住房和城乡建设、工业和信息化主管部门负责本地区一星级、二星级绿色建材评价标识管理工作，负责在全国统一的信息发布平台上发布本地区一星级、二星级产品的评价结果与标识产品目录，省级主管部门可依据相关办法制定本地区管理办法或实施细则。绿色建材评价标识申请由生产企业向相应的绿色建材评价机构提出。标识有效期为 3 年。有效期届满 6 个月前可申请延期复评。

除了住房和城乡建设部门推广的绿色建材评价标识外，2017 年随着现行国家标准《绿色产品评价通则》GB/T 33761 的发布，国家市场监督管理总局在 2017—2023 年间，先后发布 4 批共 19 类的绿色产品评价标准清单及认证目录。其中，建材相关的绿色产品评价主要有《绿色产品评价　陶瓷砖（板）》GB/T 35610—2017、《绿色产品评价　建筑玻璃》GB/T 35604—2017等 7 类。

2019 年 10 月，为统一绿色建材评价体系和市场，在原绿色建材评价标识，以及绿色产品评价标准清单和认证目录工作基础上，依据《绿色建材产品认证实施方案》和《关于加快推进绿色建材产品认证及生产应用的通知》等政策文件精神，由国家统一推行绿色建材分级认证制度，这也是按照中共中央、国务院要求推动绿色产品认证在建材领域率先落地的重要成果。

新的绿色建材产品认证组织实施要求有：①从事绿色建材产品认证的认证机构应当依法设立，符合《认证机构管理办法》基本要求，具备从事绿色建材产品认证活动的相关技术能力。②绿色建材产品认证机构可委托取得相应资质的检测机构开展与绿色建材产品认证相关的检测活动，并对依据有关检测数据作出的认证结论负责。③绿色建材产品认证目录由市场监督管理总局、住房和城乡建设部、工业和信息化部根据行业发展和认证工作需要，共同确定并发布。认证实施规则由国家市场监督管理总局、住房和城乡建设部、工业和信息化部共同确定后发布。④绿色建材产品实行分级评价认证，由低至高分为一、二、三星级，在认证目录内依据绿色产品评价国家标准认证的建材产品等同于三星级绿色建材。

统一后的绿色建材认证工作对绿色低碳建材的推广带来了积极的意义。具体来说，首先，由"评价"转为"认证"，主管部门转变为国家市场监督管理总局、住房和城乡建设部、工业和信息化部3部门联动，建立了贯穿建材研发生产、下游采信应用，以及对认证活动全生命周期闭环监管的协同工作机制，为绿色建材产品认证落地奠定了政策基础。其次，绿色建材产品认证的技术依据由"绿色建材评价技术导则"转变为"绿色建材评价标准"，由评分制转为符合性评价，保证了认证结果的一致性。再次，纳入首批认证目录的绿色建材从原来的7项增加至51项，后续标准也在紧锣密鼓地制订中，以满足工程建设应用需要。从次，绿色建材认证的标识保留了原绿色建材评价标识和绿色产品标识及认证机构标识组合使用，这些变化都有效支撑了绿色建材认证制度的落地实施。最后，多数的绿色建材评价认证标准中，已经将产品的碳排放强度作为参评项之一。

2. 建材和产品的碳足迹认证

随着国家和城乡建设领域"双碳"政策的实施及标准的完善，建筑隐含碳和建材产品的碳足迹越来越受到重视，例如即将颁布实施的国家标准《零碳建筑技术标准》就对单位面积的建筑隐含碳提出了基线要求；一些工程项目的招标投标中，建设单位对施工单位选用的钢材和各强度等级混凝土提出了一定的碳足迹因子要求。同时，欧盟对主要产品征收边界碳关税的要求（CBAM）已经生效，经过3年的窗口期后于2016年初正式实施，首批6类产品清单中的钢铁、铝、水泥都属于建材。届时，由国内出口欧洲的上述3种建材均需要提供欧盟认可的碳足迹认证材料。

目前，国际上认可并通用的碳足迹认证方式主要包括：环境产品声明（EPD）和碳足迹认证（CFP）。

（1）环境产品声明（EPD）

环境产品声明（Environmental Product Declaration，EPD）又被称为Ⅲ型环境声明，是一份经过第三方验证的科学、可比、国际认可的报告，通过生命周期分析（Life Cycle Assessment，LCA）揭示产品整个生命周期的环境影响数据。EPD是国际上最为通用的显示产品碳足迹的方法之一，EPD报告中披露的温室气体排放潜值（GWP）是显示产品碳足迹的重要指标。

现阶段可进行EPD认证的产品有12类：化工产品、建筑产品、电力能源产品（如：光伏模块）、食品和饮料、家具产品、基础设施和建筑物、机械和设备、金属塑料等包装材料、服务类产品、纸制品、纺织服饰类产品、车辆运输类产品，可申报EPD的产品几乎覆盖全行业。

EPD认证主要参考的是ISO 14025、ISO 14040和ISO 14044等环境管理和环境声明领域的国际标准。ISO组织考虑到建材产品的特殊性，于2017年又专门针对建材产品EPD发布了ISO 21930，其已经等同转为《建筑产品与服务环境声明通则》GB/T 45005—2024，于2025年6月开始实施。

EPD认证在国外已经开展多年，如美国绿色产品认证体系中的Eco-Logo认证、EPEAT认证，以及绿色建筑认证体系中的LEED标准，都将基于LCA的EPD认证报告作为主要参考依据。近年来，随着国内"双碳"目标的制定和实施，越来越多的企业开始主动申请EPD认证，如中国钢铁工业协会由宝武钢铁集团牵头，创建了钢铁行业的EPD披露平台，目前已经有20多家企业在上面发布了其主要产品的EPD报告和碳排放因子。另外不少混凝土和水泥制造加工企业也都对其产品进行了EPD认证。

（2）碳足迹认证（CFP）

产品或服务的碳足迹认证，最早起源于英国的《商品和服务在生命周期内的温室气体排放评价规范》PAS 2050：2008，它于2008年10月由英国标准化协会（BSI）发布。

除了PAS 2050，国际标准化组织（ISO）、世界资源研究所（WRI）、法国ADEME也出台类似标准；此外，瑞士、新西兰、日本、韩国、泰国等国家也都有自己的碳足迹计划。ISO 14067是ISO为规定"碳足迹"具体计算方法而制定的唯一国际标准，主要内容在PAS 2050基础上发展而来。该标准已于2013年以ISO技术规程的形式正式发布（后于2018年以ISO标准的形式再次发布）。该标准适用于商品或服务（统称产品），主要涉及的温室气体包括《京都议定书》规定的六种气体：二氧化碳（CO_2）、甲烷（CH_4）、氧化亚氮（N_2O）、六氟化硫（SF_6）、全氟碳化合物（PFCs）以及氢氟碳化合物（HFCs），也包含《蒙特利尔议定书》中管制的气体等，共63种气体。

对于低碳建材，无论是遵照ISO 21930的规定进行EPD认证，还是依据ISO 14067完成CFP认证，其计算分析的方法基本一致，都是从全生命周期或者部分生命周期去考虑建材产品在该时间段的所有碳排放。目前常用的阶段认证分为：B2C 产品碳足迹，需要包含产品的整个生命周期即"从摇篮到坟墓"，包括原材料、制造、分销和零售、消费者使用、最终废弃或回收。B2B 产品碳足迹，从产品原材料开始到产品运到另一个制造商时截止，即所谓的"从摇篮到大门"。

鉴于 EPD 认证和 CFP 认证均采用了国际标准，对于流程和认证组织要求非常严格，当前国内出具建材产品 EPD 认证报告或 CFP 认证报告的主要机构包括：具备认证资质的大型独立第三方机构如中国质量认证中心（CQC）、中环联合（北京）认证中心（CEC）、中国建筑材料检验认证中心（CTC）和中国船级社（CCS）等，以及国际上知名的认证机构如法国必维检测认证（BV）、德国莱茵检测认证（TUV）、英国英标检测认证（BSI）、瑞士通标检测认证（SGS）等。

由于欧盟 CBAM 碳关税生效的临近，国内所出具的 EPD 认证报告和 CFP 认证报告的国际认可度被提上了日程。未来三年中，国内建材碳足迹认证机构和建材生产主管部门应多加强与国际特别是欧洲相关组织的沟通，尽早完善中国与欧盟在建材产品碳足迹认证方面的互认机制。

本章思考题

1. 绿色策划的六大原则是什么？

2. 绿色策划的工作内容包括哪些？

3. 本书中介绍的"1-2-3-6-2"的绿色设计方针具体指什么？

4. 本书介绍的绿色低碳建材（含部品）主要有哪些类型，请具体举例说明。

5. 请简述《建筑与市政工程绿色施工评价标准》GB/T 50640—2023 的评价和指标赋分方法。

6. 请简要分析目前国内外主要的绿色低碳建材评价认证标准和方法。

第 4 章 绿色低碳建造关键技术与应用

学习目标：了解环境管理体系，学习能源碳排放测算的方法及施工过程中的节能降碳技术，了解节水措施和水资源利用技术，了解建筑垃圾相关现状以及其减量化和资源化的方法，掌握工业化绿色建造技术，了解智能建造关键技术，学习智慧工地的环境管理技术。

现代建筑业越来越注重绿色低碳建造，为了提高环境管理体系的效率和质量，在施工现场，积极采取生态保护措施，并进行生态环境影响评估，以评估施工项目对环境生态的影响，并采取相应的措施。施工过程中的环境影响主要来自空气、废水、噪声和垃圾等方面。面对这些问题，治理施工扬尘、处理现场污水、控制施工噪声以及采用垃圾减量的新型建造技术等提供了解决方案，同时也提升了环保低碳技术的应用。

绿色低碳建造的关键技术包括节水节电节能技术、可再生能源利用技术、工地电气化技术和施工方案优化技术等。施工团队可以根据各地区的绿色建筑标准，结合节能设计的融合，应用节水技术与设备，并对污水进行处理，降低施工现场的用水量和污水排放。

在建筑垃圾管理方面，源头减量是最有效的措施，通过采用新型建造施工技术和建筑垃圾的分类与回用，以及资源化再生的方法，可以将建筑垃圾的产量降到最低。建筑工业化是绿色低碳建造的重要组成部分，通过采用建筑机器人等新型建造技术，提高施工效率、减少资源浪费、降低碳排放和提升工作安全性，为绿色低碳建造作出了重要贡献。智慧工地通过数字化管理和应用信息技术，对资源管理、节能减排、建筑自动化和数据监测等方面进行管理，对绿色低碳建造产生积极影响。

通过施工企业的环境管理体系、生态保护措施、环境问题治理技术、能源节约技术、水资源管理、建筑垃圾管理、建筑工业化和智慧工地的应用，绿色低碳建造得到了全面推进，为可持续发展作出了积极贡献。本章将依次展开介绍。

4.1 环境保护关键技术与措施

建筑行业作为自然资源消耗和废弃物生产的主要行业，一直受到社会各界的关注。近年来，行业内部也正不断改善建筑物生命周期中各相关环节，以及优化施工技术和理念，以实现环境保护的长期追求；无论是环境管理体系，还是绿色施工技术，抑或是绿色建筑，均致力于将行业所带来的环境影响降至最低。

建筑物的施工过程中对环境的影响可概括性分为：①土建工程对生态环境的影响；②施工活动对大气的污染；③建造废水及生活废水对环境的污染；④噪声污染；⑤垃圾污染；⑥建筑物全生命周期产生的大量碳排放对气候变化的影响等。本节着重介绍建筑物在空气、水、噪声、垃圾等关键方面的环保理念和措施。

4.1.1 施工现场环境保护管理体系

在早期，由于建筑企业管理水平较低、操作粗放，建筑施工常常对环境造成不利影响。为了促进经济与环境之间的协调发展，减少环境污染，国际标准化组织（International Standard Organization，ISO）于1993年成立了环境管理委员会，并颁布了一系列环境标准。其中，应用最广泛的环境标准是《环境管理体系》ISO 14001，该标准规定了对环境管理体系的要求，明确了环境体系的各个要素。自1997年起，我国开始实施《环境管理体系 要求及使用指南》GB/T 24001。该标准是与ISO 14001标准相一致的国家标准，适用于各类组织的环境管理体系建立和认证（图4-1）。建筑施工现场环境管理体系是指在建筑施工过程中，组织和管理各项环保工作，以减少对环境的不良影响，并确保施工过程符合环境法规和标准要求的一套管理体系。该体系的建立和实施有助于提高施工现场的环境管理水平，减少环境污染，保护生态环境，促进可持续发展。

图4-1 ISO 14001与现行的GB/T 24001—2016

4.1.2 施工现场扬尘的管理与控制

根据环境保护部颁布的《防治城市扬尘污染技术规范》HJ/T 393—2007的定义，施工扬尘是指在城市市政基础设施建设、建筑物建造与拆迁、设备安装工程及装饰修缮工程等施工场所和施工过程产生的扬尘。各类施工活动产生的施工扬尘与环境大气颗粒物污染状况紧密相关，是城市大气颗粒物的主要来源之一。除对大气颗粒物的影响之外，施工扬尘由于其时间、空间的多变性，针对其的监测、评价和管理都比较困难。施工扬尘的变化主要源自以下几类变量：施工类型，根据工程种类的不同，所排放的扬尘会呈现不同的规律；施工工艺，例如采用预制构件或是现场袋装水泥，所造成的扬尘排放强度不尽相同；施工阶段，土方开挖阶段施工时间短，扬尘排放强度大，但设备安装阶段排放强度较小；自然条件，风、雨、空气湿度和季节都会对施工扬尘的排放产生影响；管理措施，妥善的扬尘管理措施很大程度上降低了施工扬尘的排放量。施工场地内的扬尘来源可归为以下几个方面：未铺装道路的松散材料造成的扬尘；铺装道路上的沉积颗粒物的重新悬浮；物料装卸过程中产生的扬尘；拆除施工作业；裸露地表及易产生扬尘的物料堆放；土方开挖；平地工程；混凝土搅拌和喷浆；打孔及切割；垃圾清运；绿化工程。

因此施工扬尘的控制计划可首先根据施工扬尘变化的几个变量来制定。首先，施工类型和施工工艺。例如砖混结构或钢结构的施工类型以及采用预制构件或是现场浇筑的施工工艺，其包含的主要扬尘控制措施会大相径庭。其次，施工阶段会影响扬尘的排放强度。相对于其他施工阶段，土方施工扬尘污染强度最高，结构施工次之，扬尘控制可重点关注这两个施工阶段。在气候及气象条件上，在春季较为干燥的时期，扬尘污染更容易产生，而在夏秋季节中，雨天相对较多，大气条件不稳定，强对流天气较多，一定程度上缓解了扬尘造成的空气污染，因此在特定季节，扬尘控制显得更为重要。根据施工扬尘变量制定的计划需要更为详细的具体降尘措施，具体措施可以针对扬尘来源进行制定，常见的扬尘控制措施包括：

1）施工现场围栏上配置喷淋装置，工地出闸口配置冲洗装置，以有效防止粉尘的扩散。

2）建立洒水清扫制度，配备洒水设备，并有专人进行洒水压尘作业。

3）对于开挖的地面，以及临时堆放的土方和惰性建筑废物，有专门的抑尘措施，例如用帆布进行覆盖，或者是使用喷洒型混凝土对其表面进行加固，防止扬尘扩散。在现场运输土石方及其他易引起扬尘的材料时，车辆应进行遮盖，或是采取其他有效措施对运输的材料进行封闭或者遮盖。

4）建筑场地内的施工垃圾清运，应当采用封闭式专用垃圾运输或容器运送、袋装运送，施工产生的垃圾应当及时清运，并进行适量洒水作业，减少扬尘对空气造成的污染。

5）物料方面，例如水泥、腻子粉和其他易造成扬尘的细颗粒型材料，需加合适遮盖物，如帆布等，存储在密闭的库房内，运输或使用时要防止特定动作如飞扬、泼洒。

6）现场内所有的交通路面和物料堆放场地宜铺设混凝土硬化路面，防止场地内交通工具来往所造成的扬尘。

7）场地内应对交通工具的最高速度进行限制，防止因速度过快造成尘土飞扬。

8）施工场地的风速减缓，包括防尘网和围挡的设置，通过降低风速、改变局地风场来减缓扬尘排放强度。

4.1.3 施工现场污水处理措施

施工现场的污水来源包括土壤侵蚀和沉积导致的泥沙污水、化学物质使用和排放导致的化学污水，以及混合有机物和营养物污染的生活污水。泥沙污水主要来自施工现场的裸露土地和挖掘活动引起的土壤侵蚀和大量沉积物进入水体。这些沉积物中含有悬浮固体、泥沙和其他污染物，会导致水体浑浊和水道堵塞。有效的污水处理措施包括设置三级沉淀池对施工产生的废水进行沉淀处理，经过三级沉淀后才能进行排放。沉淀池中沉淀出来的渣土和废石等应通过渣土车等运走并进行掩埋处理。同时，应对污水进行定期的水质检测、对污水处理设施定期清理。

施工现场人员产生的生活污水，也需要进行相应处理，不得直接排放以防止水体污染。可行的措施包括设置除油设施对含油污水进行预处理排除；对厕所产生的污水进行预处理和采用特定的环保拖车服务进行集中处理。

化学污水主要来自建筑材料和化学药品的排放，如水泥、涂料、溶剂、清洁剂和防水剂等。这些物质可能通过泄漏、洒落、冲刷或不正确处理而进入水体，导致水污染。为防止液体材料渗入地下导致土壤或水质污染，需要对存放油料等物质的库房进行防渗处理。同时，建立化学品使用和储存的管理措施，避免因不当使用和储存而导致的污染和浪费。

施工现场的水污染源可能对水体质量、水生生物和生态系统产生直接或间接的影响。为了减少水污染，施工现场应采取适当的措施，例如设置沉淀池和过滤设备、正确处理废水和废物、合理管理化学品和建筑材料、实施适当的土壤保护措施等。同时，要遵守相关的环境法规和规定，定期监测和评估施工现场的水质，以确保水体的保护和可持续利用（图 4-2 ）。

4.1.4 施工现场的噪声控制与管理

在建造施工过程中，产生的噪声主要来自各个阶段的施工活动，例如土方爆破和桩基夯实等。如果施工企业的管理不到位，施工操作人员的技能素质低下，无法按照施工工序进行作业，就会导致施工现场混乱、缺乏围挡，产生过大的敲击声和喧闹声。此外，一些施工单位为了追求利益，采取

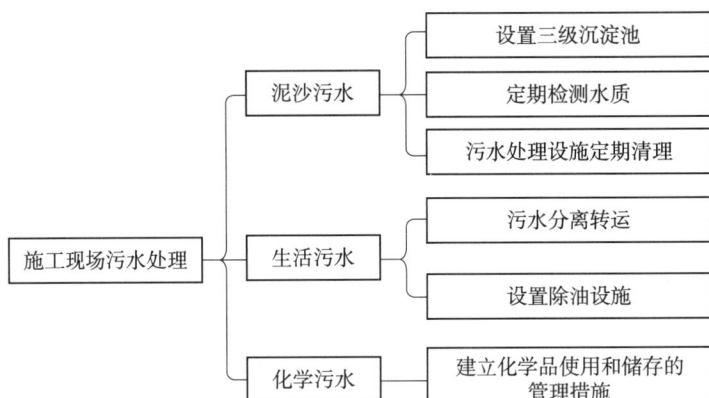

图 4-2 施工现场污水处理管理模式

昼夜连续施工的方式，这样的施工噪声会持续扰乱周边居民的正常生活，影响其作息。噪声的影响通常包括对周边居民正常生活作息的干扰，严重时可能对健康造成危害。因此，各地的政策法规和环境管理体系对噪声排放也提出了要求。

控制噪声排放的措施包括但不限于源头降噪和过程降噪（图 4-3）。

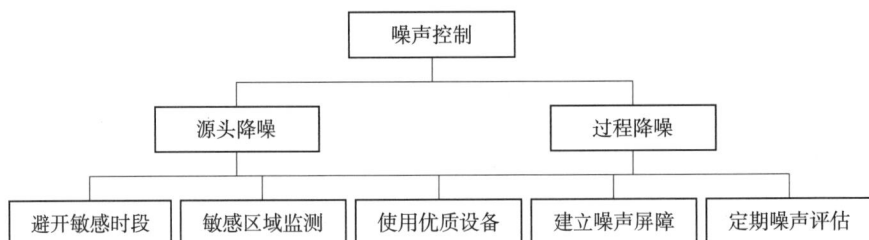

图 4-3 噪声控制管理模式

从源头降噪上来说，首先应结合实际情况，避开敏感时间段进行施工。例如，我国建筑施工场界环境噪声排放标准规定夜间（22：00—次日 6：00）的噪声排放不得超过 55dB，白天（6：00—22：00）不得超过 70dB。中国香港环保署的《噪声管制条例》规定，在晚上 11 时至次日早上 7 时或公众假日的任何时间进行建筑工地的建筑工程而未取得相应施工许可涉嫌违法。美国纽约的《建筑噪声法规》要求建筑施工活动只能在工作日的 7 点至 18 点进行，其他时间段进行工程施工需申请授权。除了对施工时间的规定，源头降噪还可以关注产生噪声的设备。日本和欧盟等国家，以及中国香港等地区都建立了优质机动设备清单，推广使用低噪声、高效率的建筑工程机动设备，对机械加装防滑垫。这些设备相较于普通机械设备大大降低了移动噪声源所产生的噪声污染。同时，可采用模块化预制件技术，将材料转移至工厂进行加工，减少现场施工作业。

在过程降噪上，标准的做法包括建立噪声屏障，可以使用自然土堆或人工合成材料制造的屏障。在管理噪声敏感的人群或区域时，应在该区域内进行噪声实测，根据噪声监测标准进行背景噪声扣除和设备的安放，以测量实际噪声敏感人群所接收到的噪声水平，并采取相应的管理措施，确保噪声敏感人群或区域受到的影响最小化。

4.1.5 垃圾减量与资源化

在施工过程中产生的垃圾主要包括建筑垃圾和生活垃圾。建筑垃圾会占用施工场地，并且在产生和存放的过程容易导致扬尘和水污染。因此良好的垃圾管理方案不仅可以帮助施工项目减少垃圾的产生，而且可以对垃圾分类回收做出预案，防止生活垃圾和建筑垃圾混合造成二次污染。

在施工过程中，应采取积极措施从源头减少建筑垃圾的产生。例如，可以采用建筑信息化建模技术（BIM）对施工进行准确的用料计算，从而减少施工废料的产生。此外，可以优化施工组织设计，在项目初期编写详细的垃圾管理计划，提前规划垃圾的产生和回收利用。另外，尽量使用预制构件如模块化建筑（MiC）和装配式建筑（DfMA）技术，最大限度减少施工材料的浪费，从源头上遏制建筑垃圾的产生。

对施工过程中产生的废弃物进行分类和回收是重要的资源化措施。可回收材料（如金属、木材、混凝土、砖块等）应进行分拣和回收，以便再利用或重新加工。针对生活垃圾，施工项目管理者应对施工人员进行环境保护和资源节约的培训和教育，提高其环保意识。在办公室可进行废纸和塑料回收，在员工食堂可以实施垃圾分类，将厨余垃圾分离出来进行单独的资源化回收处理（图4-4）。

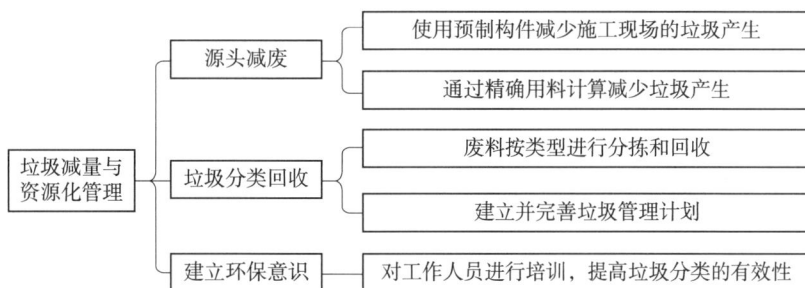

图4-4 垃圾减量与资源化管理模式

通过这些垃圾减量与资源化管理的措施，可以最大限度地减少施工过程中的废弃物产生，有效保护环境，降低资源消耗，并促进可持续发展。这些措施对于实现绿色施工和可持续建设具有重要意义。

本节从建造过程中保证绿色建筑设计性能、能源碳排放测算技术和施工过程的节能降碳技术三方面入手进行介绍。

4.2.1 建造过程中保证绿色建筑设计性能

1. 综合设计与建造管理

机电系统的调试运行：对机电系统进行调试运行，以确保所有设备在交付前达到设计性能，减少能源浪费并提高系统可靠性。

室内空气素质管理：安装先进的空气过滤和净化系统，定期检查和维护，保证室内空气质量。

楼宇管理手册与操作员培训：提供详细的操作和维护手册，并对操作员进行专业培训，确保设施被正确管理。

数字设施管理接口：实施数字化管理平台，如智能建筑管理系统，以实时监控设备运行状态并优化能源使用。

2. 可持续发展

电动车（EV）充电设施：在停车场安装足够的 EV 充电站，支持可持续交通发展。

光污染管制：采用遮光设计和智能照明控制系统，减少对周围环境的光污染。

3. 用材及废物管理

组件式和标准化设计：使用预制组件来减少现场施工废物和提升建造效率。

绿色产品使用：选择环保认证的建材，如无臭氧消耗性物质的绝缘材料和冷媒。

4. 能源使用

最低能源效益：根据建筑物能源效益守则，证明效益提升。

空气调节机组：安装高效率的 HVAC 系统，并利用太阳能或其他可再生能源来驱动或补充能源需求。

电表及监管：安装智能电表来监控和管理能源使用，特别是在高峰期间。

5. 用水

节水灌溉：运用滴灌和其他高效灌溉技术来减少用水。

水收集和循环再用：设置雨水收集系统和灰水回收系统，用于非饮用水需求。

6. 健康与舒适

加强通风与室内空气质量：实施增强自然通风设计，并用高效过滤系统来改善室内空气质量。

人工照明：采用自然光设计辅以高效能的 LED 灯具，保证光线充足同时减少能耗。

7. 创新

探索新技术：积极引入最新的环保技术和创新解决方案，如使用纳米技术提高建材性能或利用物联网（IoT）增强建筑自动化。

整合系统：实行跨学科合作开发整合性解决方案，如结合太阳能发电和热能回收系统，以实现能源的最大化利用。

通过上述策略，不仅可以有效达到 BEAM Plus 的各项环保标准，同时也能提升建筑的整体性能与用户的舒适度。这些措施将有助于推进可持续发展的相关目标，实现环境、经济及社会的和谐发展。

4.2.2 能源碳排放测算技术

能源碳排放测算技术主要分为两个部分，首先是统计建造活动中使用的各类能源及其数量，然后根据各类能源的碳排放因子计算相应碳排放（图 4-5）。

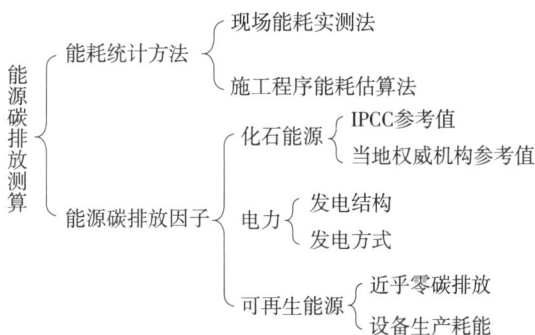

图 4-5 能源碳排放测算技术

1. 能耗统计方法

施工过程中的能耗主要来源于现场机械设备能耗、建材运输能耗、人员交通办公能耗等。所消耗能源类型通常包括柴油、汽油、电能等，有些项目也会采用生物质能、太阳能等可再生能源。施工能耗的大小由建筑结构形式、建材种类用量、施工设备和工艺等因素决定。下面介绍几种施工能耗统计方法。

（1）现场能耗实测法

现场能耗实测法是对施工过程使用的各类能源进行实地统计，得出能源消耗总量。该方法要求项目定期记录所使用的各类能源数据，比较烦琐，但是精确度较高。

（2）施工程序能耗估算法

建筑施工由多种工序组成，如果知道每种工序的大致能耗，就能根据建筑总面积和工序种类来估算总能耗。这种方法使用的前提是确定各类施工工序的单位面积能耗，计算较为简单，但是误差可能较大。

2. 能源碳排放因子

能源碳排放因子是指消耗单位（质量）能源所产生的温室气体生成量。如果知道了施工中各类能源的消耗量，只需乘以对应碳排放因子即可计算出碳排放量。目前国内外对于碳排放因子进行了许多测定，所得数值各有不同，这里列举较为权威的 IPCC 给出的部分化石能源碳排放因子（表4-1）。在实际计算时，建议选取所在地区权威机构给出的碳排放因子值参考。

常见化石能源碳排放因子（IPCC） 表 4-1

能源类型	碳排放因子 [kg CO$_2$/（kW·h）]	碳排放因子 [kg CO$_2$/kg]
燃料煤	0.34056	2.53
无烟煤	0.35388	3.09
原油	0.26388	2.76
柴油	0.26676	2.73
汽油	0.24948	2.26
液化石油气	0.22716	1.75
天然气	0.20196	2.09

电力虽然使用时不产生温室气体，但是其生产可能需要排放温室气体，故而也有对应的碳排放因子。电力的碳排放因子由发电方式和发电结构所决定，常见的发电方式有火力发电、核能发电、水力发电、风力发电等。电网提供的电力通常由多种发电方式组合而成，不同的发电结构会导致电力的碳排放因子完全不同，因此需要根据所在地区实际情况进行计算。

可再生能源例如太阳能、风能、生物质能等通常被认为几乎不产生碳排放，或者仅在生产相应发电设备如太阳能板、风力发电机时产生碳排放。如果施工活动使用了这类能源，可有效降低碳排放。

4.2.3 施工过程的节能降碳技术

施工阶段的能源消耗主要来自建材、人员运输，挖掘机、起重等施工机械的运行，工地办公用电等。如果细究能源类型，这些活动主要消耗柴油、汽油、电能等。基于能源形式的不同，可以从工地电气化、可再生能源利用和节能利用技术三个方向来进行节能降碳。另外，施工方案决定了整个施工活动如何开展，因此决定了最终的能耗与碳排放。如果能对施工方案进行合理优化，则可以从源头上节能降碳。

1. 工地电气化技术

（1）锂离子电池储能技术

现场的施工机械通常都是柴油发动机驱动的，噪声较大且即便在待机状态下也需要持续消耗柴油来维持发动机的运行，存在能源浪费现象。锂离子电池储能系统（Battery Energy Storage System，BESS）有助于改善这个问题。BESS 是由多个锂离子电池串并联而成的储能系统，通常由锂电池、电池管理系统、电力转换系统、能量管理系统和安全系统组成，根据使用场景的电压功率需求可配备不同的电池组数量。BESS 工作原理是平时储存外界提供的能量，待到使用时再释放电能（图 4-6）。该系统有三方面的优点：一是可以辅助调峰，平时仅需以较小的电流进行充能，待到施工机械运行等高负荷场景时，再以高电流满足机械的运行要求。尤其适用于起重机、物料升降平台等瞬时高电流的设备。二是提供稳定的电能供应，遇到电网断电故障等意外情况时，BESS 可自动释放储存的电能供电，而不需要额外使用柴油发电机。适用于混凝土养护室、照明系统等需要稳定电源供应的场景。三是可用于储存可再生能源提供的能量。太阳能、风能等可再生能源具有发电不稳定的特点，BESS 可持续储存这类不稳定能量，有需要时再输出稳定的电流供应机械设备。

图 4-6 BESS 工作原理

（2）电动汽车技术

人员往来现场通常需要巴士或者汽车，这两者都需要燃烧化石能源，造成环境污染。目前市场上电动车的技术已经十分成熟，电动车在续航、速度、性能上与传统燃油车已经没有区别，且所消耗的电能是一种较为清洁的能源，因此可以用电动车来取代传统燃油车。

目前的电动汽车技术根据动力来源可分为纯电动汽车和混合动力汽车。纯电动汽车完全依靠电池提供动力，可有效降低碳排放，且噪声较小，但是存在续航里程和充电时间的问题；混合动力汽车同时搭载了电动机和内燃机，可以通过 DHT 变速器实现灵活切换动力来源，诸如进出工地等短程驾驶场景可以完全使用电能驱动。至于长途驾驶场景，目前的混合动力汽车续航已经超过 2000km。

2. 可再生能源利用技术

（1）太阳能利用技术

太阳能资源十分丰富，可以认为是一种取之不尽用之不竭的再生能源，且清洁无污染，但也存在时空分布不均匀的问题。施工活动中可利用光伏技术来将太阳能转化为电能，从而供应办公用电。目前太阳能利用技术可分为光热利用和光伏利用（图 4-7），也有将光热和光伏结合起来利用的技术，但是目前还不够成熟，因此不作介绍。

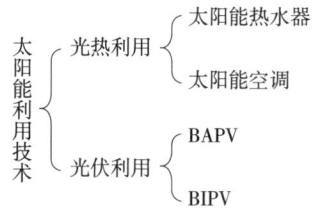

太阳能利用技术 { 光热利用 { 太阳能热水器 / 太阳能空调 } 光伏利用 { BAPV / BIPV }

图 4-7 太阳能利用技术

光热利用是将太阳能转化为热能，用以满足供暖、制冷、热水等需求。光热利用的转换效率较高、经济性较好，目前常见的应用有太阳能热水器、太阳能空调等。太阳能热水系统一般由水泵、水箱、集热器和循环管路组成，主流的太阳能热水器根据集热器的不同可分为真空管热水器和平板型热水器。真空管热水器的集热保温性能较好，目前在我国的普及率最高。但是真空管热水器只能安装在屋顶，使用范围受到限制。而平板型热水器使用相对灵活，可安装于建筑侧面，且结构简单、成本较低。但是在寒冷地区，平板型热水器会产生保温性能差、集热器冻结等问题，因此使用范围通常限制于夏热冬暖地区。太阳能光－热空调的原理是首先将太阳能转换为热能，再利用热能作为外界补偿以达到制冷的效果。太阳能光－热制冷技术主要以吸收式制冷和吸附式制冷为主，受限于集热器面积限制等因素，目前仅有适用于公司或单位的大型制冷机。施工现场可根据实际情况选择太阳能热水器和太阳能空气来满足人员的供暖、制冷、热水等需求。

光伏利用是将太阳能转化为电能，从而供应现场用电。目前光伏利用有两种方式，即 BAPV（Building Attached Photovoltaic）与 BIPV（Building Integrated Photovoltaic）。BAPV 是指在原有建筑上安装光伏设备，光伏设备仅提供电能而不参与建筑本身的功能。BAPV 通常安装于屋顶，技术较为成熟，优点是可以对大部分已有建筑进行光伏改造，缺点是会增加建筑荷载，影响美观且存在重复建设、浪费建筑材料的问题。施工现场可以根据实际情况在办公室或展厅等建筑顶部安装 BAPV 来提供部分办公用电。除此以外，还可以在侧墙安装太阳能路灯来节省照明用电。在白天太阳能电池会吸收太阳能并转换成电能储存，晚上再释放电能提供照明，即便遇上阴雨天也能维持一段时间。BIPV 即光伏建筑一体化，在设计之初光伏组件就作为建筑结构的一部分，也就是说光伏组件不仅提供电能，而且作为建筑材料发挥作用。目前 BIPV 技术可以自定义组件的颜色、透明度以及形状等，主要应用于幕墙、玻璃窗以及屋顶等场景。BIPV技术的优点是与建筑一体化，兼顾美观和功能，局限性是只适用于新建建筑，且对光伏材料的强度要求较高。施工现场如果要修建含有幕墙的展厅或办公楼，可以考虑采用该技术来供应部分电能。

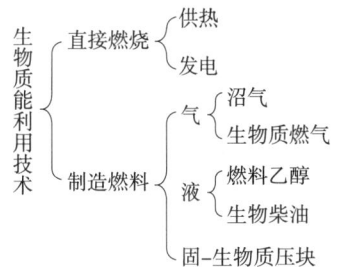

生物质能利用技术
- 直接燃烧 —— 供热 / 发电
- 制造燃料
  - 气 —— 沼气 / 生物质燃气
  - 液 —— 燃料乙醇 / 生物柴油
  - 固 - 生物质压块

图4-8 生物质能利用技术

（2）生物质能利用技术

生物质能一般指利用植物、粪便以及城乡有机废物转化成的能源，具有蕴藏量大、易获取、技术门槛低等特点。由于生物质能的优点，发展相关产业不仅可以改善能源结构，还有助于减少有机垃圾排放，保护环境。目前生物质能的利用技术，燃料乙醇和生物柴油可以应用于施工设备与车辆，下面进行具体介绍（图4-8）。

生物柴油的主要成分由多种脂肪酸甲酯混合而成，可利用废弃的动植物油或含油量高的植物（如黄连木等）转化而来。生物柴油可代替传统柴油用于挖掘机、起重机等施工机械，可有效降低碳排放。但是由于成分与柴油有一定差异，生物柴油通常不能单独用于一般施工机械，而要与普通柴油混合使用。目前最常见的应用是B5~B20，即将5%~20%的生物柴油与柴油混合。生物柴油的比例越高，从理论上来说越环保，但是对设备的要求也越高，需要进行相应改造才可以使用。目前国内外一些领先的电力公司可以生产B100生物柴油驱动的发电机。

燃料乙醇是指体积浓度达到99.5%以上的无水乙醇，以粮食为主要原料通过生物发酵等方式制成。目前世界各国用于生产燃料乙醇的主要原料有高粱、玉米、木薯、甘蔗等。经多年发展，燃料乙醇生产技术已经逐渐成熟，当前的生产工艺是先对原材料进行预处理，即脱去木质素，增加原料的疏松性以增加各种酶与纤维素的接触，提高酶效率。待原料分解为可发酵糖类后，再进行发酵、蒸馏和脱水的流程。燃料乙醇可用作车用燃料，应用于现场人员运输载具可节省化石能源，降低碳排放。但是由于与发动机的适配问题，目前燃料乙醇通常与汽油混合使用，即汽油醇。汽油醇中燃料乙醇的比例最高可达25%，若要进一步提高燃料乙醇的比例，则需要设计具有更高压缩比的发动机。

（3）风能利用技术

风能是一种普遍且清洁的再生能源，开发利用较为便捷，目前最广泛的应用是风力发电，但大多安装于人口密度较低的旷野、近海等风力较大的区域，若要将电力运输到城市会产生一定的损耗。在施工现场应用风力发电技术需要解决风速的问题，有三种典型建筑风能聚集情况（图4-9）。

风力发电机通常由风轮、发电机、尾翼、塔架、储能装置和限速安全构件组成。风力发电的原理是将风能转换为动能继而转换为电能，以目前的技术来说风速达到3m/s的情况下才能开始发电，但从经济的角度来说风度大于

4m/s 才有利用价值，目前风力发电机的能源转换效率最高约为 40%。

适用于工地现场的风力发电类型为并网型小型发电系统，它们与电网并联运行以保证稳定的电流供应。该

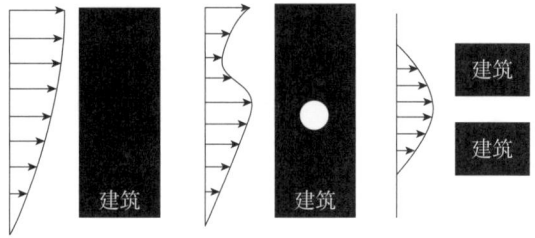

图 4-9 建筑风能聚集情况

系统由控制系统、风机、变流器、电网和蓄电池组成。风机主发电机产生的电流经过变流器传送到电网上，变流器依靠电网供电，蓄电池则一直由电网充电以保证稳定的电压。此种设计下当风速不足以发电时，仍能保证电流供应。除此以外，该技术还具有启动风速低、低速性能好、限速可靠且成本低等优点。

3. 节能利用技术

（1）红外感应技术

红外感应技术是一种通过感应人体的红外线辐射来自动控制开关的技术。在工地现场的主要应用为红外感应灯具。目前较为先进的 LED 红外感应灯包括三大功能模块，光感应模块、红外线感应模块和延时开关模块。光感应模块会感应外界光照，当白天光线较强时锁定红外线感应模块，当夜间光线较弱时开启红外线感应模块；红外线感应模块会感应室内的红外线，如果有人走进灯具范围，就会触发延时开关模块以自动开启 LED 灯。如果灯具范围内感应不到红外线，则会在一定时间后自动关闭 LED 灯。该技术可以充分利用自然光，并有效降低照明能耗。

（2）墙体保温技术

制冷供暖是工地现场办公区域主要能耗来源之一，而墙体保温技术可以有效降低室内外热量交换速度，从而减少制冷供暖需求，降低能耗。目前较为先进的墙体保温技术包括外保温技术和自保温技术。

外保温技术是指在墙体外表面进行保温的技术。通常包括保温层、保护层和固定材料（锚固件、胶黏剂）等。保温层材料可使用有机材料或无机材料。常见的有机材料包括模塑聚苯乙烯泡沫、聚氨酯和酚醛泡沫等，无机材料包括岩棉、泡沫玻璃和泡沫混凝土等。有机材料保温层需要设置防火层。

自保温技术是指墙体自身的材料具有节能阻热功能，通过调整墙体厚度及挑选合适的保温材料即可实现节能保温。常见的自保温材料有蒸压加气混凝土、页岩烧结空气砌块、泡沫混凝土砌块、轻型钢丝网架聚苯板和陶粒自保温砌块等。

（3）门窗保温技术

门窗是建筑热量散失的重要渠道。目前较为先进的门窗节能技术有双层

中空玻璃技术、热反射玻璃技术等。

双层中空玻璃技术是在两层玻璃之间填充惰性气体，再用丁基胶、聚硫胶等密封好四周，以达到较高的隔热性。根据选用的玻璃原片不同，双层中空玻璃的反射率、透光率等光学参数变化范围较大，可适配不同的使用场景。除了隔热保温以外，双层中空玻璃的隔声性能、抗结露性能等也大大提高。

热反射玻璃技术是在玻璃表面涂上一层反射膜，以实现对太阳热和来自其他建筑的辐射热较好的反射，从而降低室内温度上升速度。另外，这种反射膜还具有较好的透光性，以利用自然采光。常用的反射膜材料为金属反射膜，如金、银、铝、铁及其氧化物等，通过阴极磁控真空离子溅射法在玻璃表面形成离子渗透膜。

4. 施工方案优化

施工阶段的总能耗相比建筑运营阶段来说虽然不多，但是如果考虑到施工所占据的时间相比建筑运营期要短得多，其单位时间内的能量消耗量是很大的。而施工前的规划即施工方案对于施工期的能耗有着较大的影响，合理的施工方案可以有效降低能耗。

目前工程中施工方案通常是由施工单位提交，监理单位和建设单位审查，其质量主要由撰写的工程师决定。对于较重要的专项施工方案，可能会组织专家进行审查，但也依赖于专家的个人经验和阅历。事实上，施工方案包括多个方面，如进度计划、资源分配、施工机械的选择、施工工艺的选择等，其优化是一个涉及成本、进度、质量、环境等多目标优化的问题。对于此类多目标优化问题，目前有许多智能算法能够应用，例如神经网络算法、集成算法、TOPSIS 法等。但是考虑到施工方案的优化目标太多，若不加以限制，可能会有很多的优化结果。对于这个问题目前有两个解决方案，一是引入决策者的偏好，例如对低碳节能的权重给得很大，这样优化结果便会收敛到能耗较低的那些方案；二是当决策者不具备明显偏好时，先利用智能算法得到方案集合，再剔除其中明显不合理的方案，让决策者在剩余方案中进行选择。表 4-2 总结了一些对不同类型施工方案进行优化的方法实例。

<table>
<tr><td colspan="2" align="center">施工方案优化方法实例</td><td align="right">表 4-2</td></tr>
<tr><td align="center">施工方案类型</td><td colspan="2" align="center">优化方法</td></tr>
<tr><td align="center">基坑支护</td><td colspan="2" align="center">案例推理、贝叶斯网络和多目标优化</td></tr>
<tr><td align="center">模板工程及支撑体系</td><td colspan="2" align="center">BIM 技术、价值工程法</td></tr>
<tr><td align="center">脚手架工程</td><td colspan="2" align="center">方案对比</td></tr>
<tr><td align="center">起重吊装</td><td colspan="2" align="center">方案对比、TOPSIS 法</td></tr>
<tr><td align="center">拆除</td><td colspan="2" align="center">方案对比</td></tr>
<tr><td align="center">暗挖工程</td><td colspan="2" align="center">方案对比</td></tr>
</table>

下面介绍一个利用 TOPSIS 法对吊装施工方案进行优化的例子。TOPSIS 法可引入决策者的主观偏好，本案例利用该方法在满足进度、成本要求的前提下优化碳排放量。哈尔滨市地铁三号线某钢结构框架需要确定吊装施工方案，该钢框架高度 12m，南北向跨度 6m，东西向跨度 9m，由 60 根钢柱、54 根框支横梁、50 根框支纵梁组成。其中钢柱单根重量 9.6t，横梁单根重量 4.9t，纵梁单根重量 3.3t。项目原计划采用 2 部 100t 汽车起重机和 3 组焊接设备来进行钢框架的吊装、组装作业。现考虑对原方案进行优化，主要优化方向为差异化选择吊装设备、吊装前是否进行部分拼装、调整梁节点固定的设备数量，根据这些优化方向得到 5 种施工情景（表 4-3），通过仿真模型得到各情景下合理的机械数量范围。

施工情景与机械设备数量　　　　　　　　表 4-3

施工情景	情景设定	150t 汽车起重机数量	100t 汽车起重机数量	50t 汽车起重机数量	焊接设备数量
1	梁柱逐一吊装（采用 100t、50t 汽车起重机）	0	1~2	1~3	3~5
2	梁柱逐一吊装（仅用 100t 汽车起重机）	0	1~4	0	3~5
3	部分拼装后吊装（采用 150t、100t、50t 汽车起重机）	1~2	1	1~2	4~6
4	部分拼装后吊装（采用 100t、50t 汽车起重机）	0	2~3	1~2	4~6
5	部分拼装后吊装（仅用 100t 汽车起重机）	0	2~5	0	4~6

接下来收集施工离散事件持续时间如钢柱装载、起吊时间等，施工机械定额数据如每台班能源消耗量等，人工定额数据如每人每日碳排放量等。利用 TOPSIS 法将得到的这些数据与施工情景结合起来进行离散事件仿真计算，最终得到的最优方案为情景 1，即采用 2 部 100t 汽车起重机、3 部 50t 汽车起重机和 5 组焊接设备。最优方案与原方案进行对比（表 4-4），相比原方案，优化方案可降低 6.6% 的碳排放，节省 10.6% 的成本，并且缩短 45.8% 的工期。

原方案与优化方案的对比　　　　　　　　表 4-4

方案	方案详情	碳排放 /t	成本 / 万元	进度 /d
原方案	2 部 100t 汽车起重机 3 组焊接设备	10.6	28.3	14.2
优化方案	2 部 100t 汽车起重机 3 部 50t 汽车起重机 5 组焊接设备	9.9	25.3	7.7

这个案例的优化方案所用施工机械相比原方案更多，但是由于工期大大缩减，最终成本和碳排放反而更低，说明实际施工中需要合理把握施工机械的数量。正如前面这个案例，如果能对施工方案进行合理优化，则不仅能实现节能减排的效果，还可以节省成本、加快进度。

4.3 节水与水资源利用

4.3.1 制定工地用水计划

在施工过程中，水资源被广泛用于多个环节，如混凝土搅拌和养护、冲洗桩孔、冲剪桩、砖石砌筑、抹灰和砂浆搅拌、施工机械、设备冷却和清洗、施工现场防尘和消防等多个方面，是保障施工进度和质量安全的关键因素之一。因此，在施工现场管理中，需要合理规划和使用水资源，以确保施工过程的顺利进行。在制定工地用水计划时，需要对用水资源进行充分规划，这其中包括水源选择、用水量预测、水质保障和用水布管等多个方面。

水源通常可以选择市政供水、临时取水点或工地水源等。如果工地附近有市政供水管道，可以直接接入市政供水系统，从而获取稳定可靠的用水来源。需要注意的是，对于大型桩基工程项目，由于用水量较大，可能需要进行水量增容和水质改进等相关工作，以确保市政供水系统能够满足工程设施的临时用水需求。如果工地周围缺乏市政供水管道，可以在临时取水点进行取水。在选择临时取水点时，需要考虑取水点的水源量、水质以及取水点与用水点之间的距离等多个因素。同时，还需要开展取水点的水源保护工作，确保取水点不会因为施工活动而受到污染。在某些情况下，可以在工地内部开展水源开采，这需要根据当地的水资源情况和工地规模进行调查和评估。在开采工地水源时，需要采用合理的工程措施，避免对地下水资源造成过度开采和污染，从而保护当地的水资源环境。

在制定施工临时用水计划之前，估算计划用水量至关重要。施工项目部可以根据施工工程的性质、规模和施工周期，对每个施工阶段的用水量进行合理预估，并最终得出用水总量。同时，需充分考虑到不同施工工序之间水的转移和重复利用情况，以有效减少实际用水总量，实现节水目标。此外，需要对当地水质状况进行细致考察和评估，确保临时用水满足工程质量和安全标准。

最后，需要根据用水点的具体分布和施工进度的要求，精心设计出高效且合理的用水管网，确保水源能够及时、稳定地供给到每一个用水点，为施工的顺利进行提供坚实保障。

4.3.2　树立员工节水意识

在施工期间，工地上的人员应当积极树立主动节水意识，从点滴做起，从身边做起，把节约用水作为一种习惯落实到日常工作中。在施工的过程中，首先需要树立节水光荣、浪费可耻的荣辱观，养成良好的用水习惯，遇见浪费水的行为，及时加以制止和劝阻。项目部可以定期组织开展水资源节约、利用和管理相关的培训课程，让员工分享节水经验，提高保护水资源的意识和技能。项目部可以通过内部刊物、会议、宣传栏等形式向员工传播关于施工节水的知识和经验。此外，管理人员需要制定详细的用水管理制度，通过设立节约用水方面的奖励机制并严格执行奖惩等措施来推动员工关注用水情况，激发节水行动参与度。

4.3.3　节水器具的推广使用

为了合理管理临时用水，需要对用水量进行精确计量。项目上可以采用水表或流量计等专业设备对用水量进行实时监测、记录和分析，从而制定科学的用水计划，控制用水成本。自动化设备可以提供更加准确的计量，并且能够实时监测和预警异常情况。通过使用这些设备，可以更好地掌握并控制用水量，提高节约效果。

办公区和生活区需要采用节水型产品。生活区与卫生间需要采用节水龙头，以便控制用水量、杜绝滴水漏水。浴室间内采用节水型淋浴，在出水量相同的条件下，最大化喷洒面积。卫生间配备感应小便器，保证清洁的同时降低冲厕用水量。卫生间还可以采用厕所节水系统，例如安装时间继电器和电动执行阀等电子产品控制水流量。在供水管道上可以安装计量表，对生活用水与工程用水实施计量管理，并至少每月记录、汇总一次。对于施工现场产生的生活污水，可以采用污水处理一体化设备进行现场处理，处理后的水进行回用。在施工过程中，需要确保施工现场办公区、生活区的节水器具配置率应达100%。浴室、水池安排专人管理，做到人走水关，严格控制用水量。

4.3.4　工地污水的来源及收集方式

施工的过程中会有多个环节产生污水，比如冲洗桩孔和冲剪桩废水、洗车废水、生活区生活污水等。这些污水可以按照有机和无机物的含量分为有机废水和无机废水。在冲洗桩孔和冲剪桩、洗车时，水中大多污染物为泥沙，污水通常为黄泥水，其中有机成分含量低，无机成分含量高。针对这部分污水，施工人员可以在这些污水源处设置排水渠和引水渠，将污水引入沉淀池进行处理。

对于生活区产生的生活污水，通常可以使用临时卫生间自带的污水收集池进行储存。此外，如果生活污水产生量大，施工人员可以在卫生间旁适当位置设置蓄水池进行生活污水的储存。

4.3.5 污水处理及循环利用

在施工过程中，产生的黄泥水主要含有泥沙等无机物。为了处理这些污水，许多施工企业会在施工现场设置传统的多级沉淀池进行简单的沉降处理。然而，这种多级沉淀池的处理效果并不理想，观感也较差，无法满足污水达标排放的严格要求。为了使施工污水能够达到环保排放标准，一些企业会选择租赁或购买小型一体化黄泥水处理装置对施工污水进行进一步的处理。目前，施工现场所使用的传统黄泥水处理设备，其核心工艺主要基于"浅池理论"并配合相关化学药剂来处理污水。在污水处理过程中，通过在斜板或斜管沉淀池中加入混凝剂和絮凝剂，达到去除污水中污染物的目的，从而实现水质净化的效果。

针对生活污水的处理，施工单位通常会定期找吸污车进行污物清运处理。如果施工现场产生的生活污水较多，施工单位通常会先设置容量较大的蓄水池进行污物存储。如果施工现场周边有城市污水管网，污水通过蓄水池进行简单的沉降后，上层污水可以排入城市污水管网中。如果施工现场周边没有城市污水管网，设立大容量蓄水池不但可以对污物进行初步处理，还可以减少吸污车清运污物的频率，从而降低施工单位的费用支出。此外，一些企业会选择租赁或购买小型一体化污水处理装置对生活污水进行处理。这些小型一体化污水处理装置通常采用多级 AO 水处理工艺，通过设置厌氧、缺氧、好氧区域，利用生物处理法对污水进行处理，从而达到处理后的污水达标排放的目的。

污水处理达标后，可以根据污水回用标准进行污水循环使用。比如，施工过程中产生的黄泥水处理达标后，可以用来洗车、灌溉、消防、混凝土养护、冲洗桩孔、冲剪桩等。施工过程中的污水处理及循环利用不仅积极响应了国家的方针和政策，还可以实现建筑行业施工企业产生的污水达标排放，从而大幅减少环境污染，为国家和企业实现"减污降碳"目标提供有力支持，积极促进生态文明建设，助力可持续发展。

4.4.1　建筑垃圾减量原则

为了减少建筑废弃物大量排放所带来的负面影响，不仅需要减少建造过程中建筑废弃物的产生和排放，还要对已产生的建筑废弃物实现资源化再生利用，实现建筑废弃物减排。建筑废弃物减量化及综合利用总体策略，将遵循"3R+ 三化"的原则（图 4-10）。

其中，3R 原则指的是减量化（Reduce）、再利用（Reuse）和再循环（Recycle）三种原则。三化原则指的是提高减量化、资源化、无害化水平。减量化是指通过适当的方法和手段尽可能减少废弃物的产生和污染排放的过程，它是防止和减少污染最基础的途径；再利用是指尽可能多次以及尽可能多种方式地使用物品，以防止物品过早地成为垃圾；再循环是把废弃物品返回工厂，作为原材料融入新产品生产之中。3R 原则中的各原则在循环经济中的重要性并不是并列的。按照 1996 年生效的德国《循环经济与废物管理法》，对待废物问题的优先顺序为避免产生（即减量化）、反复利用（即再利用）、最终处置（即再循环）。

项目遵循 3R 原则、循环经济理念，依次按减量化、再利用、再循环的优先级实施废弃物管理：首先倡导从设计、施工的技术方案和管理措施出发，避免废弃物产生；其次对现场废弃物按无机非金属、金属、木材、塑料、有害和其他六类分类收集，采用修复再利用、资源化回收再利用技术实现再使用、再循环；最后对有害物实行无害化专业处理，达到减量化、资源化、无害化的治理要求。

建筑废弃物 3R 原则重要性的先后顺序为减量化 > 再利用 > 再循环。首先重点考虑减量化原则，开展减量化设计，通过应用模块化建筑 MiC 建造技术、DfMA 建造技术、钢结构装配式建筑设计、"永临"结合等，从源头上减少建筑垃圾的产生。接着考虑再利用原则，采用可周转临建、周转材料修复技术等，使设施、材料以初始形态实现再利用。最后考虑再循环原则，通过对废弃桩头等建筑垃圾资源化处理，实现再利用。

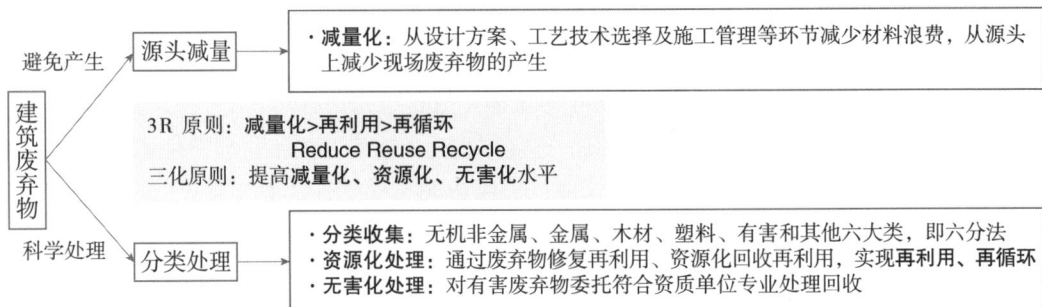

图 4-10　建筑废弃物减量化及综合利用总体策略

4.4.2 建筑垃圾减量技术

在建造过程的前期设计阶段，建筑设计采用最新装配式技术装配式模块化建筑、钢结构装配式建筑方案，利用面向制造安装的设计 DfMA 理念，运用 BIM 设计方式，从设计端入手尽量采用工业化手段，在加工和施工环节实行精细化管控，优先从源头上减少现场废弃物产生，从而达到减少建筑垃圾总量、节约资源、保护环境的目的。

1. 源头减量技术

（1）模块化集成建筑（MiC）建造技术

模块化集成建筑（MiC）建造技术是指将工厂生产的独立组装合成组件（已完成饰面、装置及配件的组装工序）运送至工地，再装嵌成为建筑物。与预制构件的装配式建造技术不同，目前常用的预制构件主要为结构构件，只占楼宇的一小部分。MiC 是一种创新的建筑方法，它综合了结构、机电、装修和幕墙等，是装配式建筑的高级表现形式（图 4-11）。

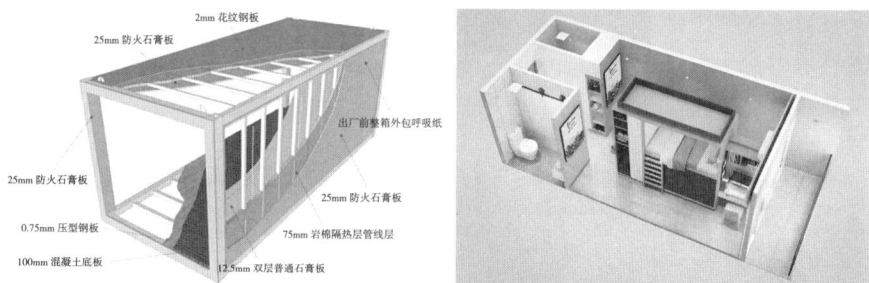

图 4-11　模块化集成建筑（MiC）建造技术

MiC 建造技术的减量化设计体现在以下三个方面：①通过采用工厂预制化生产，使得 80% 以上的工序在工厂完成，废弃物工厂集中处理，与现场施工相比可降低 70% 以上的建筑废弃物排放，从源头上避免了现场废弃物产生；②减少施工过程中约 25% 的材料浪费；③因为 MiC 大部分构件均采用标准化连接，可重复拆卸再利用，构件二次使用率均在 90% 以上。因此，MiC 建造技术显著降低了施工现场的固废、噪声、粉尘等污染，是典型的绿色低碳建造方式，进一步赋能碳达峰、碳中和。此外，MiC 建造技术还具备快速建造的优势。

（2）装配式混凝土预制件建造技术

基于 DfMA（Design for Manufacture and Assembly）方法，利用装配式建造技术（图 4-12），尽量在工厂预制，减少现场废弃物。

对于混凝土结构，使用预制走廊板、预制楼梯等预制构件，降低了混凝土损耗，避免了现场湿作业，降低了废弃物混凝土和废弃水泥浆体的产生。

对于钢结构建筑，则采用了钢结构装配式技术。在机电安装和装修环节，也同样尽可能采用装配式技术，不仅提升了安装的效率，同样也减少了现场装饰材料的消耗量，大大减少现场建筑废弃物排放。

图 4-12　装配式建造技术

（3）钢结构装配式工厂化加工技术

在工厂对钢结构进行集中化、机械化加工，不仅可以避免传统结构现场产生的钢筋、模板、混凝土废料，还可以同步降低原材料加工的损耗率（图 4-13）。而所使用的主要原材料钢材属于可回收绿色建材，再利用率高达90%。

（a）

（b）

图 4-13　钢结构装配式工厂化加工技术
（a）钢结构工厂化加工；（b）钢结构现场吊装

（4）装配式装修技术

通过快装墙面系统、轻质隔墙系统、集成吊顶系统、架空地面系统、快装地面系统、快装给水系统、薄法排水系统、集成卫浴系统、集成门窗系统等装配式装修技术（图 4-14），实现了管线与结构的分离，减少了装修质量通病，摆脱对传统手工艺的依赖，提高了装修施工效率，降低了用工需求，在工艺上避免产生建筑废弃物。

（5）BIM 辅助设计和施工技术

应用 BIM、VR、AR 等"BIM+"系列智能建造技术对主体结构、机电安装、装饰装修等工程做深化设计和辅助施工，达到最小或最优的材料投入量，提高工厂生产和现场施工的精度。通过"BIM+"系列技术辅助室内设计，AR 辅助建筑检查（图 4-15），激光扫描缺陷检测使设计和生产最大程度紧密结合。

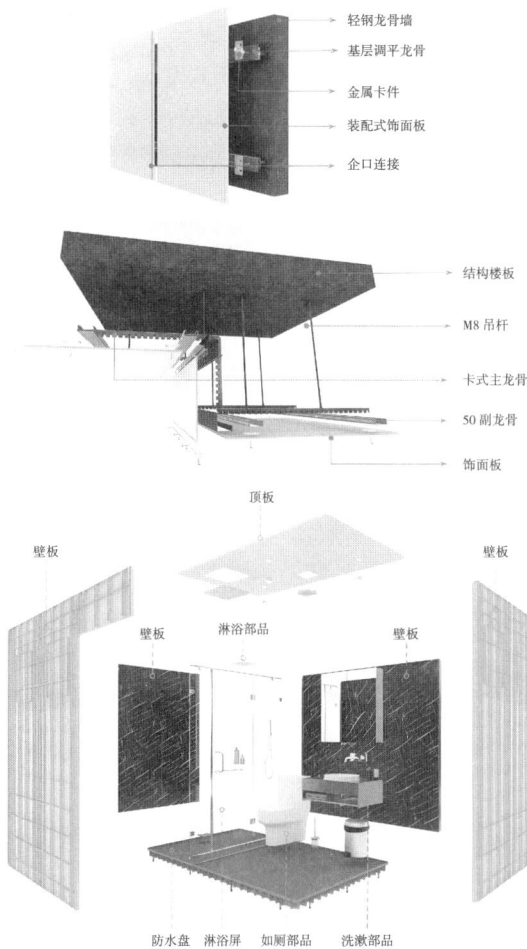

轻钢龙骨墙
基层调平龙骨
金属卡件
装配式饰面板
企口连接

结构楼板
M8 吊杆
卡式主龙骨
50 副龙骨
饰面板

顶板
壁板
壁板
淋浴部品
壁板
壁板

防水盘　淋浴屏　如厕部品　洗漱部品

图 4-14　装配式装修技术

图 4-15　BIM+AR 辅助技术

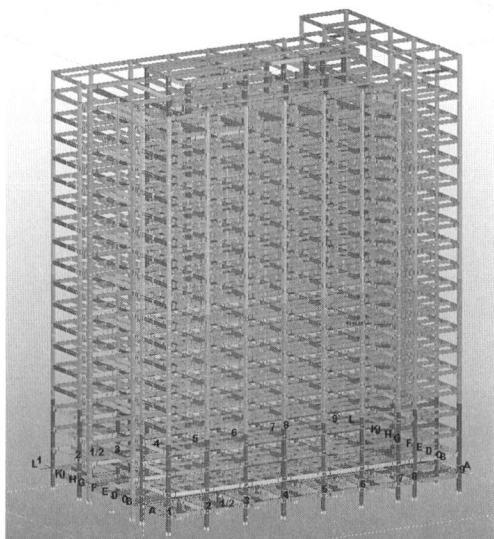

图 4-16　18 层钢结构建筑 BIM 模型

利用智能工厂和智慧工地，可显著提升加工和安装精度，减少错漏碰缺、拆改返工，可降低材料损耗 20% 以上。例如，利用模型导出钢构件排板及下料图（图 4-16），保障每块钢板利用率不低于 90%，最大化利用原材料。

（6）标准化临建设施循环利用技术

对临时建筑（如项目办公楼等）多使用模块化临建、集成化展厅、箱式板房、钢结构装配围墙等临建产品。这些产品采用标准化设计和建造，快速拆装，运输方便，可以重复循环使用，从而显著减少建造和拆除废弃物，实现循环经济。

（7）路基箱应用技术

在临时道路采用钢结构骨架的路基箱。一方面，钢板路基箱是一种可持续产品，钢板使用过后，进行一定的维护、修复可重复利用，待使用年限过后，还可回收再利用，减小能源的消耗率；另一方面，减少混凝土临时道路，降低了对混凝土原材料的需求，进而减少建筑垃圾。

2. 回收利用技术

根据建筑废弃物的分类，对不同类别的建筑废弃物分别进行集中处理。

（1）废桩头和渣土

对于地基工程中产生的废桩头，进行破碎处理，然后基于道路"永临"结合的情况，将破碎后获得的碎骨料用于场区道路垫层。

将工程渣土用于路基填筑，不仅可以实现工程渣土的资源化再利用，减少对生态环境的影响，而且还能较好地解决回填土料远距离运输的困难，在一定程度上可以大大降低工程施工成本。作为路基填料，其强度指标需要满足一定要求。工程渣土的细料与粗料压碎值均较低，混合料的强度比黏土和粉土高5~8倍，接近于掺杂低剂量的石灰改性土的强度值，能够满足路基填料的要求。路基填筑对填料的级配要求不高，为保证填料密实，路床填料中粗料比例宜为75%~85%，最大粒径应小于60mm，路堤填料中粗料比例宜为15%~75%，最大粒径应小于200mm。对不同来源的工程渣土，在使用前要经过预处理，如用碎石机改制过大粒径，分离腐殖土、有毒有害物质、有机物、生活垃圾等。

利用工程渣土填筑路基的施工过程主要包括下承层准备、施工放样、备料、拌合、整形碾压、养护等。下承层表面应平整、坚实、具有规定的路拱、没有软弱地块，下承层的低洼和坑洞，必须经仔细填补和压实，在松散处应松土后洒水并重新碾压，以达到平整密实。工程渣土单位面积体积用量需根据底基层厚度和压实度标准进行换算，用摊铺机或人工均匀摊铺于路段中，用压路机碾压至表面平整，并根据最佳含水量和天然含水量的差别在集料层上均匀洒水闷料，防止出现局部水分过多的情况。用稳定土拌合机将水泥拌合至稳定层底，利用平地机初步整平和整型，用重型轮胎压路机在路基全宽内进行碾压，再采用振动压路机和轮胎压路机碾压。碾压过程中，工程渣土表面需始终保持潮湿，当表层蒸发较快时，需及时补洒适量水分。将工程渣土用作路基填料主要有两种实现方式。其中一种方式为直接将工程渣土代替道路地基铺设过程中的其他土料。工程渣土作为路基填筑材料稳定性较好，沉降量和工后沉降量远小于软土路基的允许值。例如，在上海世博会园区工程中，利用高强度耐水土体固结剂固化工程渣土，并将其用于园区道路路基的加固处理，此外园区停车场亦采用工程渣土作为铺装结构的基层材料。

另一种方式为利用工程渣土对原软弱土层进行替换改良，从而解决路基翻浆问题。由于地下水位高、排水不畅、土质不良、含水过多等因素使路基湿软，在行车荷载反复作用下，路基容易出现弹软、裂缝、冒泥浆等翻浆现象。这种路基翻浆现象多发生在我国北方地区，传统的翻浆处理需要大量石灰、水泥等，既不经济，也不利于环境保护。渣土换填法是一种既经济又有效的路基翻浆处理方法，其工艺原理是将基层底面以下一定范围内的软弱土层挖除，换填压缩性较低的工程渣土，并分层碾压至设计要求的密实度，使其满足道路上部结构对路基强度和稳定性的要求。2006年，石家庄市在体育大街南延工程（308国道—石环公路段）中成功利用工程渣土对出现路基翻浆问题的路段进行了处理，降低了施工成本，取得了良好的经济、社会和生态效益。

（2）废弃混凝土等无机非金属废弃物

将废弃混凝土、废砖等无机非金属废弃物破碎处理至目标粒径范围的再生骨料是当前资源综合利用的第一步，粒径大于4.75mm的颗粒为再生粗骨料（图4-17），小于4.75mm的颗粒为再生细骨料。根据市场需求，再生粗骨料分为5~16mm、5~20mm、5~25mm和5~31.5mm四种连续粒径规格，以及5~10mm、10~20mm和16~31.5mm三种单粒径规格；再生细骨料按细度模数分为粗、中、细三种规格，其细度模数Mx分别为：粗，Mx=3.1~3.7；中，Mx=2.3~3.0；细，Mx=1.6~2.2。再生骨料的品质也直接决定了精加工再生建材产品的附加值，高品质再生骨料可替代天然砂石骨料用于生产混凝土、砂浆等。采用再生骨料可通过压实、养护形成水泥稳定碎石层（简称水稳层）。以级配碎石作骨料，采用一定数量的胶凝材料和足够的灰浆体积填充骨料的空隙，按嵌挤原理摊铺压实。其压实度接近于密实度，强度主要靠碎石间的嵌挤锁结原理，同时用足够的灰浆体积来填充骨料的空隙。

将破碎得到的骨料进行筛分、颗粒整形、超细粉磨、压制成型等工艺技术处理。利用粉煤灰、煤渣、煤矸石、尾矿渣、化工渣或者天然砂、海涂泥等一种或多种工程垃圾作为主要原料，不经高温煅烧而制造的一种墙体材料——再生免烧砖（图4-18），也是工程垃圾资源化的一个重要途径。根据市场需求，选择不同类型模具，替代天然原材料生产再生免烧砖，可用于房屋非承重墙、填充墙，市政工程，道路工程等，包括透水砖、路面砖、挡土墙、装饰砖、标准砖、路缘石等。

图4-17　再生粗、细骨料

图4-18　再生免烧砖

此外，还可以将其转化为ALC轻质再生板（图4-19）、无机人造石、预制构件、路基材料等水泥制再生建材产品。

图4-19　ALC轻质再生板

（3）金属类废弃物

对于废钢材、废钢筋、钢渣、废铁丝、废电线等金属，可集中打包送至专业的加工厂，回炉提炼高强度钢材。

（4）木材类废弃物

对于木模板和木方等木材，利用修复技术增加其可循环利用周期；对无法修复的废旧木材集中送至回收厂作为造纸原料、纤维板或人造木材。

（5）塑料类废弃物

对于废旧塑料类废弃物，集中送到专业的加工厂，用作再生料、燃料。

（6）有害类和其他类废弃物

将有害类废弃物送至专业处理机构进行无害化处理。将其他废弃物集中运送至废弃物回收厂。

4.4.3　建筑垃圾减量测量方法

住房和城乡建设部发布的《关于推进建筑垃圾减量化的指导意见》指出："2025年底，各地区建筑垃圾减量化工作机制进一步完善，实现新建建筑施工现场建筑垃圾（不包括工程渣土、工程泥浆）排放量每万平方米不高于300吨，装配式建筑施工现场建筑垃圾（不包括工程渣土、工程泥浆）排放量每万平方米不高于200吨。"据此可大致推算装配式建筑相比传统建造可降低现场废弃物约1/3。

总的来说，装配式建筑降低废弃物排放的水平与建筑结构体系、预制装配率、工厂制造水平、信息化管理水平、项目规模、项目管理水平等诸多因素相关，客观上难以实现精确测算。当前关于建筑废弃物的测算方法主要包括四类：单位产量法、材料流分析法、系统建模法和现场调研法。

1. 单位产量法

在现有文献中，单位产量法是应用最广的一类方法，可以应用于各时期建筑废弃物产生量的估算，且应用方式较多：

1）基于工程造价的单位产量法。早在1996年就有学者将工程造价作为废弃物产生的影响因子，结合其他因素的考虑，通过调研、统计和数学方法计算出在某个区域内的废弃石膏板的总量。这种方法的优点在于较为准确和接近实际，降低了理论和实际误差的距离，但只有在当地政府相关统计数据准确的前提下才能保证计算可靠。

2）基于统计数据的单位产量法。2011年，有人利用SPSS软件，选取北京市地区生产总值（GDP）、商品房销售面积、建筑施工面积3个自变量建立多元回归方程，对"十二五"时期北京市建筑废弃物产生量进行预测，并根据预测结果对建筑废弃物处置设施分布进行合理布点。利用这种方法的前提也是能够得到相关地区建筑废弃物排放准确、详细的历史统计数据。

3）基于分类系统的单位产量法。2009年，有学者采用实际施工数据，制定了如何对工程垃圾分类的方法，依据建筑活动估算体系，细致地将每一环节所产生的垃圾合理分类，分类系统确定后，各种材料的废弃量就可量化地进行计算，通过确定每一个环节所产生的垃圾总量，最终确定在此建筑活动中产生的总垃圾量。

2. 材料流分析法

材料流分析法以工程材料的总投入量作为研究对象，假设所投入建筑材料（TM）并非都构成建筑实体，一些材料在施工过程中不可避免地（由于管理水平、施工工艺及工人技能水平）被废弃，变成建筑废弃物（CW），则：

$$CW = TM \times Wc \qquad (4-1)$$

其中：Wc代表施工现场建材平均废弃率，一般都能找到相关数据的支持，如依据工程消耗定额等。

由于施工管理状况不同，各类建筑废弃物占其材料总量的比值相对比较离散，建筑废弃物产生量统计误差较大。利用这种方法计算的结果比实际偏高，因为该方法忽略了绿色施工对施工现场废弃物的再利用、回收再利用等。

3. 系统建模法

这种方法将建筑废弃物量化看作一个复杂体系，通过对建筑模型中的每一个环节进行详细的考量，使得量化的结果更加准确。在实际过程中，对废弃物总量的把握以及每一个生产环节对总量的贡献度把握都非常重要，可能直接影响到总量计算的准确度，也为相关管理决策的制定提供了有效依据，未来将该方法与传统方法结合使用会使得计算结果更为准确。

4. 现场调研法

这种方法只适用于计算单个区域规模较小或有限个数的项目建筑废弃物产生量，因为规模过大，调研将消耗大量的人力、物力和时间，在建造工期普遍紧张、工程人员配置集约的环境下难以普遍实行。

以上四类方法中，材料流分析法所获得的数据可信度较高，目前在建筑废弃物产生量估算中应用最普遍，但其估算不准确的不足需要克服。

通过实际工程项目建设，综合考虑各类影响因素，从材料端入手，考虑了建筑废弃物产生、回收、排放的全过程，完善了材料流分析法，初步形成了一套简便可行的测算方法：

1）根据项目设计方案和工程经验，计算施工现场各类原材料的工程用量。

2）结合相似工程经验（无经验参考时依据消耗量定额）和所采用的建造技术，预估各类原材料损耗率，据此测算出因各类原材料的损耗导致的废弃物产生量。

3）结合项目所采用的废弃物回收利用技术，预估各类建筑废弃物回收利用率，进而测算出各类建筑废弃物排放量，据此制定项目现场废弃物排放控制目标。

4）在建设过程中，分类统计各类建筑废弃物现场排放量，最终计算项目建筑废弃物排放强度（单位建筑面积的废弃物排放量，以 t/ 万 m^2 计量）。

4.4.4　建筑垃圾资源化处理

建筑垃圾资源化可采用就地利用、分散处理、集中处理等模式就地处理及利用。建筑垃圾宜优先就地处理或利用，就地处理方式应按建筑垃圾类型、场地可利用时间、就地处理规模、场地规划建设内容等统筹考虑。不具备就地处理或利用时，应转运到建筑垃圾处理设施进行处理或资源化再利用。

1. 建筑垃圾的分类

建筑垃圾的有效分类有利于施工材料的再利用，提高建筑材料的使用率，最终减少工地的建筑垃圾量以及整体的建筑垃圾弃置量。

建筑垃圾是指施工单位新建、改建、扩建和拆除各类建筑物、构筑物、管网等以及居民装饰装修房屋过程中所产生的弃土、弃料及其他废弃物。根据《建筑垃圾处理技术标准》CJJ/T 134—2019，从来源角度可将建筑垃圾分为工程渣土、工程泥浆、工程垃圾、拆除垃圾和装修垃圾五大类（表 4-5）。

建筑垃圾的来源与分类　　　　　　　　　　　　　　　　　　　表 4-5

类型	来源	分类组成
工程渣土	各类建筑物、构筑物、管网等基础开挖过程中产生的弃土	碎砖块（砖、石、混凝土等）、渣土
工程泥浆	钻孔桩基施工、地下连续墙施工、泥水盾构施工、水平定向钻及泥水顶管等施工产生的泥浆	泥浆、泥沙
工程垃圾	各类建筑物、构筑物等建设过程中产生的弃料	无机非金属类（混凝土、水泥制品、砂石、砖瓦、陶瓷、砂浆、轻型墙体材料等）、金属类、有机类（木材、塑料、织物、纸类、沥青类等）、其他类
拆除垃圾	各类建筑物、构筑物等拆除过程中产生的弃料	无机类（混凝土、石材、砖瓦砌块、陶瓷、玻璃、轻型墙体材料、石膏、土）、金属类、木材类、有机可燃类（塑料、纸制品等）、其他类
装修垃圾	装饰装修房屋过程中产生的废弃物	无机类（水泥制品、凿除、抹灰等产生的旧混凝土、砂浆层等矿物材料）、金属类、有机类（木材、塑料、织物纸类、沥青类等）、其他类

另外，施工单位应编制建筑垃圾分类收集与存放管理制度，同时鼓励以末端处理为导向的分类。具体可以分为：废旧钢筋、金属丝、电线等金属类建筑垃圾（自行销售）；废旧砂浆、混凝土块、砖瓦、玻璃、陶瓷、渣土等无机非金属类建筑垃圾；含竹木、废纺织物、泡沫塑料等可燃物的混合类建筑垃圾（图 4-20）。在施工现场的建筑垃圾管理时，建筑垃圾不应混入生活垃圾、污泥、河道疏浚底泥、工业垃圾和有害垃圾等，以方便后续的分类运输、分类处置处理。

图 4-20 施工现场的建筑垃圾分类

2. 建筑垃圾的循环回收利用

在对建筑垃圾进行资源化再生和填埋处置之前，应尽可能地进行分离分类、就地利用和有价回收。对工程泥浆、工程垃圾、拆除垃圾的利用，通常需要先采用分离或分选设备进行处理（表 4-6）。

1）工程泥浆可采用移动式泥水分离设备进行处理。工程渣土、处理后的工程泥浆可作为制砖和道路工程回填等用原料。

2）工程垃圾、拆除垃圾应组织人员定期分拣，根据垃圾的资源化目的和尺寸、质量，采用人工和机械结合的方式科学收集，提高效率，包括采用移动式破碎、筛分、分选设备分拣塑料、木材、金属等。分拣出的无机非金属类建筑垃圾，可直接再利用的，建议现场回用减少垃圾外运量和成本，主要包括废旧的石材、砖和砌块、预制构件、加气砖等，或经过破碎、筛分后用于回填等用途；难以就地利用的建筑垃圾，应制定合理的消防、防腐及环保措施，并按相关要求及时转运到建筑垃圾处置场所进行资源化处置和再利用。分拣出的金属类建筑垃圾宜通过简单加工，作为施工材料和工具直接回用于工程，或自行销售增加剩余价值。分拣出的混合类建筑垃圾，可再次进行分类，将废纺织物、编织物等收集后销售，其他不可回收利用和销售的按照生活垃圾收运途径处理。

3）除此之外，应提高工程中使用到的临时设施使用率，包括提高混凝土浇筑过程中模板的使用率，使用可重复利用的金属模板代替木质模板可节约超过 30% 的木材使用量；施工现场办公用房、宿舍、工地围挡、大门、工具棚、安全防护栏杆使用重复利用率高的标准化设施。

不同类型建筑垃圾处理优先次序　　　　　　　　　　　表 4-6

类型	处理及利用优先次序
工程渣土、工程泥浆	回填；作为生活垃圾填埋场覆盖用土；资源化利用；填埋处置
工程垃圾、拆除垃圾	分类；资源化利用；回填；填埋处置
装修垃圾	分类；资源化利用；填埋处置

3. 资源化再生处理模式和设施

对不能现场回收利用的建筑垃圾，一般需要运输到特定的处理场所和设备处以进行资源化再生处理。建筑垃圾，特别是拆除垃圾的再生处理模式通常分为固定式和临时式两种类别（图4-21）。其中，固定式处理模式属于集中式、长期使用的固定终端。由于其处理能力较大，建设周期较长，占地面积较大，初始投资较高等原因，其通常设计使用年限不小于10年，且需要长期稳定的料源供给。

临时式处理模式，通常由于应用场景的不同，一般分为移动式和半固定式两种模式。移动式处理模式的工艺环节简单、建设周期短、转场灵活，十分利于分散或就地集中处理建筑垃圾，但囿于设备的功能性的体现，其环保水平普遍有限。半固定式处理模式的工艺环节完备、建设周期相对较短，便于就地集中处理，而且环保水平较高，环境影响偏小。相对而言，临时式设施的处理能力、建设周期、占地面积以及初始投资比固定式设施低（表4-7）。

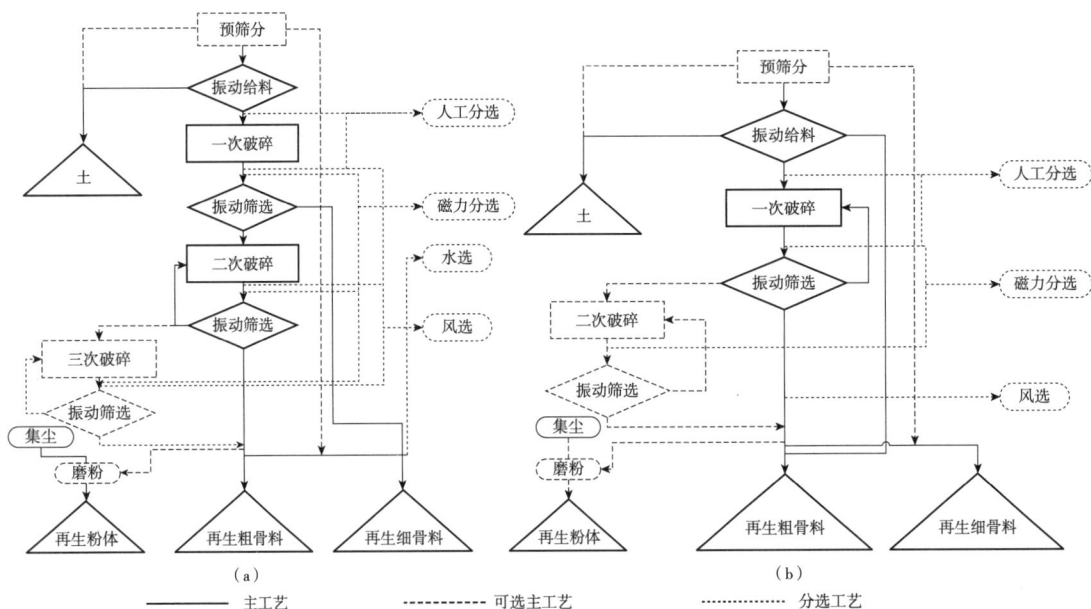

图 4-21　建筑垃圾固定式和临时式（移动式）处理工艺流程图
（a）固定式；（b）移动式
（引自《建筑垃圾处理技术标准》CJJ/T 134—2019）

建筑垃圾处理模式的对比　　　　　　　　　　　　　　　　表 4-7

项目	固定式处理模式	临时式处理模式	
		移动式	半固定式
原料要求	长期料源	相对集中料源	集中料源
工艺要求	一般多级破碎，较复杂	一般单级破碎，较简单	一般多级破碎，较复杂

项目	固定式处理模式	临时式处理模式	
		移动式	半固定式
设备	多为国产、固定设备，自行匹配	多为进口、移动设备，成套	多为国产、固定设备，自行匹配
厂房	一般建设生产车间	可进行野外作业	一般生产单元封闭
噪声	可通过基础下沉、封闭降噪	噪声较大	可通过基础下沉、单元封闭隔声
粉尘	在密闭车间内控制	配置喷淋设备抑尘	单元封闭及喷淋设备抑尘

4.4.5　建筑垃圾资源化再生产品

1.再生产品

基于建筑垃圾的不同类别，通常采取相宜的处理技术进行废料的再生，所生成之产品亦可用于制造和建筑行业的各个方面。英国建筑垃圾的回用方式和再生产品较为成熟（表4-8）。通常而言，土类产品可进行场地回填或作为道路工程等原料。废旧混凝土、碎砖瓦等骨料类产品宜作为再生建材用原料。废金属、木材、塑料、纸张、玻璃、橡胶等宜由专业企业作为原料直接利用或再生利用。

英国建筑垃圾回用方式　　　　表4-8

建筑垃圾	比例	主要回用途径
混凝土	54%	再生骨料
砖瓦	32%	再生骨料
金属	3%	熔融再造
木材	4%	复合材料
其他	7%	精分后填埋
总计	100%	

2.建筑垃圾回用再生的标准体系

利用建筑垃圾回用再生的材料需要满足国家和行业的标准等（表4-9）。比如：再生骨料如果作为道路垫层材料，需要满足《道路用建筑垃圾再生骨料无机混合料》JC/T 2281—2014中对再利用原料的质量要求；如果作为砂浆或混凝土原料，需要满足《混凝土和砂浆用再生细骨料》GB/T 25176—2010和《混凝土用再生粗骨料》GB/T 25177—2010中对再利用原料的质量要求；如果作为再生砖产品原料，应满足《再生骨料地面砖和透水砖》CJ/T 400—2012中对再利用原料的质量要求。

标准编号	标准名称
CJJ/T 134—2019	建筑垃圾处理技术标准
JGJ/T 240—2011	再生骨料应用技术规程
JC/T 2281—2014	道路用建筑垃圾再生骨料无机混合料
GB/T 25176—2010	混凝土和砂浆用再生细骨料
GB/T 25177—2010	混凝土用再生粗骨料
JG/T 573—2020	混凝土和砂浆用再生微粉
JG/T 505—2016	建筑垃圾再生骨料实心砖
CJ/T 400—2012	再生骨料地面砖和透水砖
JC/T 2548—2019	建筑固废再生砂粉
JC/T 2546—2019	固定式建筑垃圾处置技术规程

4.5 工业化绿色建造技术

4.5.1 工业化绿色建造定义及分类

工业化建造是指通过现代化的制造、运输、安装和科学管理的生产方式代替传统建筑业中分散的、低水平的手工业生产方式。其中，发展装配式建筑是实现建造方式工业化的主要路径。装配式建筑在设计阶段进行标准化设计，并根据结构特点划分为若干预制构件，把传统建造方式中的大量现场作业工作转移到工厂进行，在工厂加工制作建筑用构件和配件，运输到建筑施工现场，通过可靠的连接方式装配而成，具有标准化设计、工厂化生产、装配化施工、信息化管理、智能化应用和绿色可持续的特点。

装配式建筑发展到今天经历了四个发展阶段（表 4-10），从 1.0 到 4.0，装配式建筑的集成化程度逐渐提高，随着工厂集成度的提高，现场的施工作业也逐渐减少。

4.5.2 工业化绿色建造在设计环节的技术

1. 建筑、结构、装修、设备管线一体化技术

由于装配式建造方式需要将工厂生产的预制构件送到现场组装，对生产精度要求更高，需要考虑建筑、结构、装修、设备各专业的协同与集成，应用协同平台进行协同设计（图 4-22），应用 BIM 模型进行碰撞检查、净高控制检查和精确预留预埋，提高设计效率，减少返工次数，为高效绿色建造提供保障。

装配式 1.0	装配式 2.0	装配式 3.0	装配式 4.0
传统预制构件	装饰一体化构件	整体厨卫，三维构件	模块化集成建筑
按照设计规格在工厂或现场预先制成的钢、木或混凝土构件	将工厂生产的一体化装修部品部件在现场进行组合安装	将饰面、卫生洁具、管道、顶棚（含吊顶）、浴室柜等在工厂预装成整体单元	每个建筑空间单元的装修、水暖、机电等工序都一次性在工厂内完成

2. DfMA 装配式设计

在我国早期的工业化建造发展过程中，设计与生产、施工之间存在一定的脱节，导致构件生产和装配过程中出现了生产低效、材料浪费、施工不便等问题。

装配式设计基于 DfMA 面向制造和装配的设计理念，从设计源头入手，形成全链条技术最优组合，从源头上预防装配生产、施工过程中的潜在风险，实现快速绿色建造。

图 4-22　一体化协同设计

如在设计阶段采用模数协调的标准化设计方法，综合考虑生产、运输及安装的要求，实现装配式构件单元和相关部品部件的模数化、标准化、定制化和通用，大量减少后期施工工序和工期。

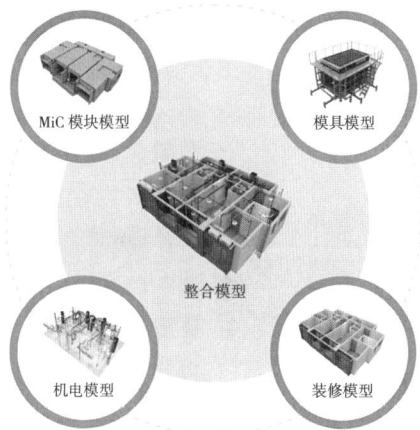

4.5.3　工业化绿色建造在生产环节的技术

1. 装配式绿色建材

结构材料选择上，优先选择环保、高强、耐久的建材，如绿色钢材、超高性能混凝土（UHPC）等，从原材料采购阶段就实现隐含碳的降低；装配式围护材料要求围护外墙利于快速安装并有一定的保温隔热效果，通常选择具有模块化特点和自保温效果的蒸压加气混凝土板（ALC）；装配式装修材料同样选择可快装的模块化部品部件，充分考虑材料的环保性与耐久性，避免选择含有害气体的材料，如甲醛、TVOC（总挥发性有机化合物）等住宅空气污染物。同时，还可选择建筑与工业固废再生装修材料。

2. 装配式构件自动化预制技术

构件预制流程包括模具设计与制作、钢筋加工和入模、PC构件脱模与起吊、PC构件成型与养护，具有极高的自动化潜力，结合前述绿色建材的应用，提高生产效率的同时实现隐含碳的降低。

通过智能制造运营管理系统（Manufacturing Operation Management，MOM）、云数据库及BIM、物联网、云控制、数字化驱动、专家工艺库等技术，以自动化流水线为基础，搭载移动式智能复合机器人、AGV等智能生产装备，立体仓储和搬运机器人、智能桁架式机械手等自动化辅助生产设备对装配式构件产品生产过程进行全流程精细化控制，提高生产电气化水平，实现预制高效化。针对钢结构构件的生产，现有技术已具备完善的自动化生产线，流水线上构件采用机器人自动焊接技术，以钢结构模块化建筑为例，半个小时可完成一个箱体结构的生产（图4-23）。同时，基于制造执行系统（Manufacturing Execution System，MES），对生产完成的构件进行成品质检，后期进行全程跟踪修补过程。精细化把控产品质量，减少潜在的材料浪费。

图4-23　机器人自动焊接钢结构模块化建筑

3. 装配式装修技术

装配式2.0以后的装配式预制构件与可持续、可快装的部品部件在工厂进行一体化组装，相比传统方式，装修工程时间前置，有充分的时间和条件使污染物TVOC及游离甲醛挥发50%以上。同时，装配式装修中的隔墙系统、墙面系统、吊顶系统、地面系统的安装采用干式工法与管线分离，实现可逆与快速装配，减少了胶水、胶合板等含醛材料的应用，确保交付时符合健康标准。

4. 模块化集成建造技术

装配式4.0的模块化集成建筑，在完成预制构件生产后，还需将其进行部件组装、箱体总装。结合机器人自动化焊接技术，目前国内还应用了高精度定位技术，工业级毫米公差取代传统建筑的厘米级误差，从结构到围护、装修，实现绿色建材与部品部件的精准定位，达到高效、高品质生产，减少模块拼接缝的出现，还避免了建筑运营期产生的能源浪费。

5. 精细化的数字化生产管理技术

材料出入库应用数字化、信息化管理技术，从原材料下单到运输入库进行全过程管理，用量精细化统计，杜绝了传统建造方式中的材料浪费；在生产管理过程，以智能制造运营管理系统（MOM）作为智造大脑，系统自动获取生产计划与生产情况信息，实现在线生产协同，输出分析数据辅助决策；成品出库阶段，系统实时跟踪成品出库信息，确保出厂产品高品质的同时，避免了工厂返修工序造成的时间、物料的浪费。

4.5.4 工业化绿色建造在施工现场的技术

1. 绿色建造施工预模拟技术

集成度的提高降低了现场作业量，到装配式 4.0 的模块化集成建造技术，80% 的工序于工厂生产，本质上提升了建造效率，更易于进行绿色施工管控；在设计阶段基于 DfMA 的设计理念，结合 BIM+VR 技术，在施工前期实施建造预模拟，协同设计人员进行基于绿色施工的方案调整，辅助制定绿色施工策划方案，并通过可视化交底提高施工人员对关键工艺的理解。

2. 绿色建造智慧管理技术

结合装配式施工智慧管理技术，精准确定预制构件的运输情况、现场位置，实时调整计划、减少施工误判造成的材料浪费，为后续施工现场环境效益的实现提供基础条件。

4.5.5 工业化绿色建造的环境效益

1. 环境保护

工业化绿色建造通过在工厂中预制构件，然后运输到施工现场进行组装的方式，实现了建筑生产的标准化、模块化和集成化。这种方法与传统的现场浇筑混凝土建筑方式相比，具有多方面的优势：

减少施工废弃物：预制装配式建造通过精确切割钢筋、设计预埋件，高效回收再利用钢筋，降低新材料需求与废弃物产生。工厂精确计量混凝土、砂浆，减少现场搅拌与运输损耗。高效保温材料和施工方法大幅减少废料。预制装配式建造单位面积建筑废弃物产生量≤150t/ 万 m²，较传统方式减排50%~70%（表 4-11）。

装配式建造较传统方法施工废弃物减排率数据　　　　表4-11

资源	减排率
钢材（kg/m²）	30%~40%
混凝土（m³、m²）	20%~30%
水泥砂浆（kg/m²）	70%~80%
保温材料（kg/m²）	50%~60%

　　减少污水排放：传统的建筑现场会使用大量水进行混凝土和砂浆的搅拌，以及清洗设备等。装配式建筑由于减少了现场湿作业，因此也减少了水的消耗和污水的排放，可减少约65%的污水排放。

　　降低扬尘污染：传统现浇建筑在施工中会进行大量水泥搅拌、木材切割、孔洞切割和抹灰等产生扬尘的工序。相比之下，装配式建筑减少了浇筑、切割等作业，降低了灰尘产生。粉尘浓度检测能达到标准$PM_{2.5}$（24h平均浓度）$\leqslant 75\mu g/m^3$，PM_{10}（24h平均浓度）$\leqslant 150\mu g/m^3$的要求，其中PM_{10}较传统建造减少了20%~30%。

　　减少噪声污染：传统建造过程中使用的重型机械和设备会产生高分贝噪声。装配式建筑预制构件的安装通常需要较少的大型机械且更为安静，噪声污染低于70dB的噪声标准，较传统建造施工噪声减少8~10dB，且噪声污染时间更短。

2. 资源节约

　　工业化绿色建造作为一种创新的建筑方式，在"四节"等方面展现出显著优势，为建筑行业可持续发展和环保贡献作出积极贡献。

　　节能效益：首先，装配式建筑通过减少现场施工活动、提高材料利用率和机械化程度，有效降低了机械设备能源消耗；其次，由于现场建造作业的减少，工人数量相应减少，并且建造周期和施工周期缩短25%~30%，一定程度上降低了生活、办公区的用电能耗；最后，还采用可拆卸节点工艺，便于快速低能耗拆除与施工。综合来看，装配式建筑减少能耗20%~40%。

　　节材效益：装配式建筑在设计阶段即采用DfMA理念，模数化、标准化设计结合精准下料和精细化管理，减少预制材料现场切割废料，节约材料。施工环节减少脚手架和模板搭建，进一步降低材料用量。综合来看，装配式建筑能够节约材料约20%（表4-12）。

　　节水效益：装配式建筑通过工厂化生产和机械化施工，减少了混凝土养护、车辆冲洗等用水环节。同时，减少了人力资源，进而降低了生活用水量。综合来看，装配式建筑的施工用水节约可达60%以上。

　　节地效益：装配式建造方式缩短了施工周期并减少了土地资源占用，

装配式建造较传统建造材料节约比例 表 4-12

材料	节约比例
混凝土	50%~60%
钢材	0.8%（钢结构）/60%（混凝土结构）
木材	70%~80%
保温板	50%
水泥砂浆	50%~60%

降低了人力需求的同时节约了工人生活用地。总体来看，其土地节约率达 7%~10%，临时设施占地利用率超 90%。

3. 碳排放降低

（1）装配式建造碳排放评估方法

装配式建造碳排放评估方法主要包括以下步骤（图 4-24）：

1）绘制产品制造流程图；

2）明确碳排放边界和来源；

3）收集相关数据，包括活动数据和排放因子；

4）测算碳足迹。

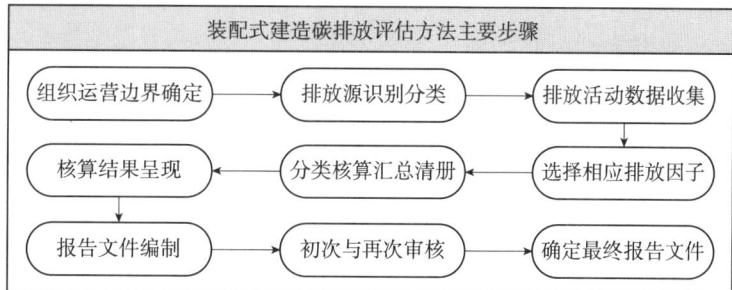

图 4-24 装配式建造碳排放评估方法主要步骤

（2）装配式建造减碳效益分析

装配式建筑的碳排放量比传统现浇建筑降低 20%~35%，其中建造阶段的碳排放量约为 16kg CO_2/m^2，较传统现浇方式减少约 20kg CO_2/m^2。

按人、材、机分析：装配式建造通过减少人工参与和材料浪费，降低了人工和材料碳排放，尽管运输碳排放（机械碳排放）稍高，但总体机械碳排放仍有所降低。

按全生命周期分析：尽管装配式建造运输阶段碳排放较高，但得益于生产阶段建材损耗率的降低和建造阶段碳排放的大幅减少，装配式建造最终实现了整体碳排放的降低（图 4-25）。

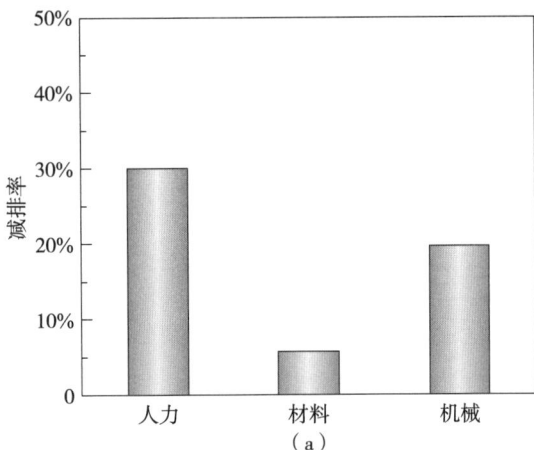

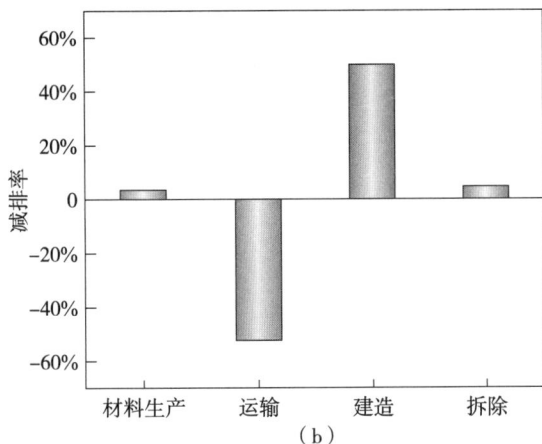

图 4-25 装配式建造减碳效益分析
（a）类型；（b）全生命周期阶段

4.6.1 智能建造概述

智能建造是一种基于数字化、网络化、智能化的新的建造模式，通过应用智能化系统，提高建造过程中的智能水平，减少对人的依赖，达到安全建造的目的，对建筑业有深远影响。它涵盖了建设工程的设计、生产和施工等阶段，借助新科技实现全产业链数据集成，为全生命周期管理提供支持。

2011 年、2015 年、2016 年，住房和城乡建设部先后发布了《2011—2015 年建筑业信息化发展纲要》《关于推进建筑信息模型应用的指导意见》和《2016—2020 年建筑业信息化发展纲要》等文件，要求建筑业企业对大数据、云计算、物联网、3D 打印以及智能化等技术进行应用。2020 年 7 月，住房和城乡建设部等多个部门印发《关于推动智能建造与建筑工业化协同发展的指导意见》，进一步明确提出智能建造与建筑工业化协同发展的智能建造产业体系，推进智能建造已经成为国家推进建筑业高质量发展的关键举措。

4.6.2 智能建造关键技术

1. 建筑产业互联网

建筑产业互联网是互联网技术与建筑业深度融合的产物，通过运用物联网、大数据、人工智能、云计算等信息技术，对建筑全流程、全要素信息进行采集和分析，实现上下游产业间的互联互通与深度融合，对建筑业进行分工重塑与资源重组，形成全新的商业模式、组织方式和管理模式，助推建筑业供应链数字化转型升级，提升建筑业价值创造能力。建筑产业互联网能够提高建筑业的运行效率，打破行业内信息壁垒，减少中间低附加值环节、降低成本，提升全行业整体效益水平。

根据应用阶段的不同，我国建筑产业互联网平台可以划分为设计平台、招采平台、施工平台、运维平台和供应链金融平台。

（1）设计平台

设计平台是一个集中的数字化环境，所有参与设计的相关方利用统一的数字基础设施进行综合设计、协作设计以及冲突检测。这种平台能够消除设计专业间的信息障碍，有效降低设计阶段可能出现的错误、遗漏、冲突和缺陷等问题，提升设计质量，实现跨部门和跨企业的合作，还能确保工程信息的及时性、准确性和可追溯性。

（2）招采平台

招采平台将互联网思维与传统采购方式相结合，用信息化手段整合零散的采购资源，形成区域化采购优势，提供更加精准的需求匹配。采购平台通过提供价格指导、贷款支持、供应商推荐等服务，实现招标、谈判、签约、送货、付款全流程的线上管理，进而有效规范采购行为，降低采购成本。目前常见的招采平台包括中国建筑招标网、建筑工程招标网等。这类招采平台具有与消费互联网相似的功能和框架，技术已相对成熟。

（3）施工平台

施工平台以工程项目管理为核心，以专业软硬件技术为支撑，应用云计算、物联网、人工智能等先进技术，改进现有建造模式和管理模式，实现工程项目的集成化、数字化和精细化管理，增强各方协作能力，提高项目质量。施工平台可细分为建筑产业工人服务平台、机械与技术服务平台等。

（4）运维平台

运维平台指基于智能化、网络化和数字化技术，深度整合软件、硬件、服务与业务需求，以数字孪生为载体，为运维企业提供能耗管理、设备管理、环境管理、人员管理和安全管理等服务的平台。运维平台能及时准确收集建筑运行过程中的关键信息，形成建筑数字资产，并通过大数据分析对建筑运行状态进行判断和预警，辅助运维管理人员决策，降低运维成本。目前，国内大型智慧园区管理系统和商业运维管理系统均属于运维平台。

（5）供应链金融平台

供应链金融平台将交易流程线上化，供应链上的企业可利用其上游企业的应收账款作为担保质押物，通过供应链金融平台向金融机构申请贷款，金融机构核对平台上该企业的交易和征信信息后，再决定是否发放贷款给供应商。目前，由于兼具工程资质和金融牌照的企业较少，因此建筑业的供应链金融平台相对较少。

2. 数字设计技术

数字设计是指利用计算机技术、数字媒体技术和人机交互技术等手段，对产品、环境、信息进行设计、表达、制作和评估的过程。数字设计的核心在于以数字方式呈现设计思想，实现设计过程的数字化和自动化。

智能建造通过数字设计，快速、精准地生成信息化模型。实现全专业一体化协同，避免各环节衔接不当造成的资源浪费，提高设计效率，提升设计精度，推动专业集成及产业协同，同时为全产业链的数字化转型提供基础数据支持。

我国已经拥有世界最大的 BIM 技术应用的体量，为建造领域的数字化转型打造了良好的信息基础。

3. 建筑机器人

（1）智能制造工厂的建筑机器人

随着建筑机器人产业的快速发展以及建筑机器人的品类愈发完善。建筑机器人在智能制造工厂中得到大量的应用，如预制混凝土构件（PC 构件）生产、模块化集成建筑产品生产以及检测、吊装等辅助生产场景。根据不同生产场景及工艺，现阶段在智能制造工厂内建筑机器人根据结构特征可以分为以下几类：

1）固定工位式机器人：集成关节型机器人、末端工艺执行装置及视觉等感知技术，实现在固定范围内作业的精确性和重复性。具备高安全性、高稳定性、高效的生产能力以及低成本等优势。常用于焊接、材料分拣、材料加工等。

2）轨道式移动机器人：集成地轨、桁架等固定轨道结构及关节型机器人、末端工艺执行装置等，实现在直角坐标系及圆柱坐标下的高精度、高效控制。具备在有限空间内高效率、高稳定性及高精度作业等优势。常用于物料搬运、混凝土布料、墙板装配等。

3）轮式移动机器人：集成全向运动底盘、动力系统、控制系统、多轴机器人、末端工艺执行装置及视觉、激光导航等技术，实现在工厂作业通道、产品内部等复杂场景下的生产制造，具备较好的机动性、场景适应能力和易操作性等优势。常用于模块化集成产品内部的二次结构施工及装饰装修施工、物料运送等。

（2）施工现场的建筑机器人

在建筑施工现场，采用绿色低碳理念的建筑机器人多机施工系统，通过"BIM+FMS+WMS+ 建筑机器人"四部分的高效协同，可以显著提升施工效率，保障施工质量，实现节能高效的作业方式，并提高环保素质。

BIM（建筑信息模型）系统充当智能施工任务规划的中枢，它结合项目的主数据，为机器人施工提供精确的路径规划和任务分配。通过 BIM 模型的详细信息，施工团队能够在施工前就预见可能出现的问题，并提前规划解决方案，从而最大限度地减少现场变更和材料浪费，支持绿色施工理念的实施。

FMS（现场管理系统）则扮演着"指挥官"的角色，它能够实时监控机器人的工作状态，确保物料按时下发和调配，以及施工路径的无缝执行。FMS 的高效调度和实时反馈保证了机器人施工的连贯性和准确性，同时提升了作业的自动化和智能化水平。

WMS（仓库管理系统）负责实现物流机器人的全自动调度、智能电梯的自动控制以及物料消耗的精细化管理和数据监控。WMS 可以追踪每一件物料的使用情况，无论是涂料、瓷砖还是其他建筑材料，都能实现精确到具体楼栋、楼层、户型的管理。与 BIM 系统的协同规划相结合，WMS 通过数字化管理减少了材料的浪费，降低了废弃物的产生，进一步推进了绿色低碳的建筑施工理念。

结合"BIM+FMS+WMS+ 建筑机器人"的协同作业，不仅能够实现高效的施工流程，还能在材料使用、能源消耗和废弃物处理等方面体现绿色低碳的建筑理念，为可持续发展的建筑行业提供有力支撑。

1）智能外墙喷涂机器人：一种专为外墙涂料施工而设计的特种建筑机器人，顺应了绿色低碳的建筑理念，为高处涂料施工提供了无人化的解决方案。该机器人集成了先进的风控稳定算法和创新的喷涂结构设计，使其能够全面应对各类涂料的喷涂需求，无论是底漆、中涂、面漆（包括平面多彩）还是罩光漆，都能够实现自动化、高效率的喷涂作业。

在设计上，该机器人采用了模块化的思路，结合高可靠性的工业控制系统，这不仅使得机器人在施工过程中的稳定性和可靠性大大提升，而且有效降低了施工过程中的安全风险。同时，简化的操作界面和流程，使得机器人的使用更加简便易懂，降低了对操作人员技能的要求，使得非专业人员也能够快速上手，进一步提升了施工效率。

智能外墙喷涂机器人的应用，不仅提升了建筑外墙涂料施工的效率和质量，还减少了高处作业的人力需求，从而降低了劳动力成本和安全风险。更重要的是，机器人的精准喷涂减少了涂料的浪费，配合环保型涂料的使用，进一步减轻了建筑施工对环境的影响，体现了绿色低碳建造的理念。

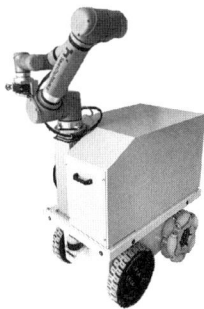

图 4-26　智能室内喷涂机器人

2）智能室内喷涂机器人：中建香港海宏公司和 SquareDog Robotics 公司共同研发出能适应香港小户型房屋的室内喷涂机器人（图 4-26）。该机器人机身仅 690mm 宽，能自由穿梭于香港房屋特有的狭窄门框及楼宇通道；六轴机械臂能自由伸缩，灵活地在复杂的室内结构喷涂，能轻松完成大面积房间、走廊及不高于 3.2m 的顶棚的喷涂工作。

在预先设定的路线下，多台机器人可同时开工，快捷且高质量地完成喷涂工作，减少涂料的浪费且能降低工人过量吸入有毒溶剂的风险。

4. 部品部件智能生产

（1）钢筋智能化制造技术

钢筋加工设备与构件中钢筋 BIM 模型实现无缝对接，直接导出可以被设备识别的钢筋下料数据格式，实现钢筋下料的智能化制造加工。

（2）布料机智能化浇捣技术

自动布料机根据构件位置、尺寸、混凝土方量等加工浇筑信息，自动确定接料位置和运动路径，实时控制浇筑吐料速率和体积，完成构件智能化自动浇筑工艺。

（3）钢筋笼模具的智能化组装技术

基于 BIM 设计信息，导入工厂生产设备中控系统，将配套的钢筋和模具进行高效组装，集运输、搬运、安装、存储功能于一体，完成钢筋骨架和模具的智能化组装。

（4）工厂 MES 智能管理

工厂生产信息化管理技术，实现 BIM 信息直接导入工厂信息管理系统，实现工厂生产数据管理、排产计划、过程管理、构件库存、构件查询、运输、原材料管理、物料采购等过程的信息化管理。

（5）PC 构件智能生产

自动化预制构件生产线，真正实现了从预制构件生产至工程交付全过程的数字化建造。在生产车间，将项目 BIM 模型数据导入生产管理系统，便可识别构件二维码数据并转化成构件生产信息，分类传递给对应生产线排产，实现高效自动化生产。

（6）飘窗钢筋笼自动化加工工作站

飘窗钢筋笼自动化加工流水线以世界先进工业机器人以及相关配套龙门架、轨道为主体，由全自主研发的钢筋加工前端工具、全自主知识产权的自动化工装架组成。

4.7 基于智慧工地的环境管理技术

4.7.1 智慧工地概述

传统的建筑施工过程存在着很多不确定性和低效率的问题，建筑业迫切需要一剂良方改进施工管理和执行效率，实现建筑行业的现代化发展。2020 年，香港特别行政区政府要求：2020 年 4 月 1 日起，高度 300m 以上公共工程必须应用 DWSS 技术；2023 年 2 月 27 日起，造价超过 3000 万元的公共工程均需应用智能定位安全系统（SSSS）；政府对智慧工地的要求不断提升；物联网、人工智能、大数据、云计算、5G 技术为智慧工地领域的应用提供了良好的技术基础，建筑业急切需要相关科技在项目落地，通过科技为建筑赋能。

4.7.2　工程管理数字化系统的组成

以物联网、人工智能、云计算、BIM 等技术为基础，科学地对建筑工程的"人、机、料、法、环"五大生产要素、"质量、安全、进度"三大管理要素进行全方位的综合监管。以某公司 C-Smart 平台为例，C-Smart 工程管理数字平台以信息技术、物联网、人工智能、无人机、云计算、BIM 等技术为基础，打造了"7+2+1"10 大功能板块：人员管理、机械设备管理、物资材料管理、安全管理、质量管理、进度管理、施工环境与能耗管理、施工测量管理、建造机器人和集成平台。集成了 SSSS 方案的 C-Smart 工程管理数字平台是香港地区第一个满足发展局"4S"要求的数字平台，且目前平台的安全管理功能已经超越当地发展局要求。

4.7.3　数字化系统在工程管理中的应用

工程管理数字化系统，在架构设计方面，采用边缘计算和云计算相结合的模式。传感器和监控设备会被部署在工地各个关键位置，收集实时数据并进行实时分析。这些设备将连接到边缘服务器，可以快速处理和响应本地事件。同时，所有数据也会传输到云端平台，以便进行大规模数据分析和长期趋势分析。这样的架构能够充分发挥边缘计算的实时性和云计算的高性能优势，提供更智能、高效的数据处理方案。以 C-Smart 系统为例，系统采用 SaaS（Software as a Service）架构作为智慧工地项目的一个重要创新点。SaaS 架构是一种基于云计算的软件交付模式，将应用程序作为服务提供给用户，用户可以通过互联网直接访问和使用软件，而无需在本地安装和维护。C-Smart 系统实时掌控项目的安全、质量、进度、人员以及现场作业情况，能够及时发现问题，跟踪项目现场管理，通过深层次的数据分析，将各个岗位工作进行量化，形成考核指标；通过大数据分析也为项目重大决策提供支撑。通过工程管理数字化系统的实战应用，形成智慧建造的核心技术支撑，并通过建立该技术应用示范点的形式将高效的管理方式进行推广，提升管理效能。

环境管理技术在项目现场的应用中主要体现为室内外环境监测、碳排放监测和密闭空间环境监测。其主要通过传感器设备采集 $PM_{2.5}$、PM_{10}、TSP 等扬尘数据，噪声数据，风速、风向、温度、湿度和大气压等数据进行展示，从而实现对工程施工现场扬尘污染等监控、监测的远程化、可视化。设备终端可以根据设定的环境监测阈值，与施工现场的喷淋装置联动，在超出阈值时自动启动喷淋装置，实现喷淋降噪的功效。此外，还可实时监测项目现场、生活区及办公区用水用电数据，对密闭空间有害气体浓度、氧气浓度等进行实时监测，监测数据通过 MQTT 直连上传至物联网平台，供大屏幕进行数据展示，平台支持阈值预警及分析，助力项目能耗精细化管理。环境管理技术可以促进经济可持续发展，智慧工地的实施将促进建筑行业的可持续发展。通过优化资源利用、降低能耗和减少环境污染，有助于建筑行业实现绿色建筑和低碳发展目标。这将推动可持续经济发展，减少对环境的负面影响，为未来的可持续城市建设提供支持。

4.7.4　面临的挑战与策略

智慧工地技术面临的主要挑战在于安全隐私保护要求高、用户体验难以管控、现场硬件设备驳杂。

安全与隐私保护：安全方面，项目现场环境复杂、危险性高，不同的施工环境针对不同工种、不同时间段的现场保护要求存在较大的差异，也就对应存在着监控难度大、现场变量多的情况。除此之外，智慧工地涉及敏感的工地数据和个人信息，如何保障数据的安全性和隐私保护成为重要的技术难题。一方面可以通过智慧工地技术来加强对现场的全天候 24h 智能监控，针对不同程度的危险行为采取不同的实时措施进行防范；另一方面，需要研究和应用安全加密、身份认证和访问控制等技术手段，以确保数据的安全传输和存储。安全是智慧工地系统必须高度重视的方面。以 C-Smart 平台为例，为确保数据和系统的安全，将引入多层次的安全措施。首先，系统将采用强大的加密技术，保障数据在传输和存储过程中的安全性。其次，通过引入人工智能和机器学习技术，系统可以实时监测工地的安全状态，例如识别危险区域和不安全行为。此外，平台还引入双因素认证等身份验证措施，确保只有授权人员可以访问关键数据和控制功能。

移动端应用的开发和优化：智慧工地移动端应用的开发面临着多平台适配、实时数据传输、用户界面设计等挑战。如何保证移动应用的稳定性、性能和用户体验，并且与后台系统实现高效的数据交互，是一个需要解决的技术难题。在这方面，为提供更好的用户体验，系统需要专注于界面的友好性和交互的便捷性。智慧工地系统将拥有直观的数据可视化界面，以图表、地图等形式展示工地实时状态和关键指标。同时，通过引入语音识别和自然语言处理技术，人员可以通过语音指令或书面文本与系统进行交互，更加方便快捷地获取信息和下达指令。另外，移动端的应用也会得到优化，工作人员可以随时随地通过手机或平板设备监控和管理工地，提升工作的灵活性和便利性。

项目现场硬件设备种类多、数量大，在地盘项目中铺设时存在管理烦琐、设备安装使用容易出错的问题，且多种物联网设备在平台的展示过程中也会有稳定性差、需要频繁维护更新的情况；在平台同步数据进行显示时存在数据上传困难、容易出错的问题。其解决办法之一就是建立统一的硬件设备物联网 IoT 平台，对所有硬件设备进行统一管理，再同步显示智慧工地平台以实现平台数据的稳定性、正确性。

4.7.5　案例分析

以 C-Smart 工程管理数字平台为例，在项目环境与能耗管理部分，是一套从生产、运输、收货、安装的全流程物资追踪系统，主要以室外环境监测及碳中和监测为主（图 4-27）。室外环境监测部分可使用传感器对室外环境的 PM_{10}、$PM_{2.5}$、温度、湿度、风速、噪声对数据情况进行实时监测，并通过物联网 IoT 平台处理数据后同步显示到 C-Smart 平台上。除此之外，针对与碳中和相关的温室气体排放进行实时监测统计。

通过该平台相关功能，可实现对地盘现场的区域划分、传感器分区、历史数据统计和各类温室气体的分类信息和排放数据报表汇总。

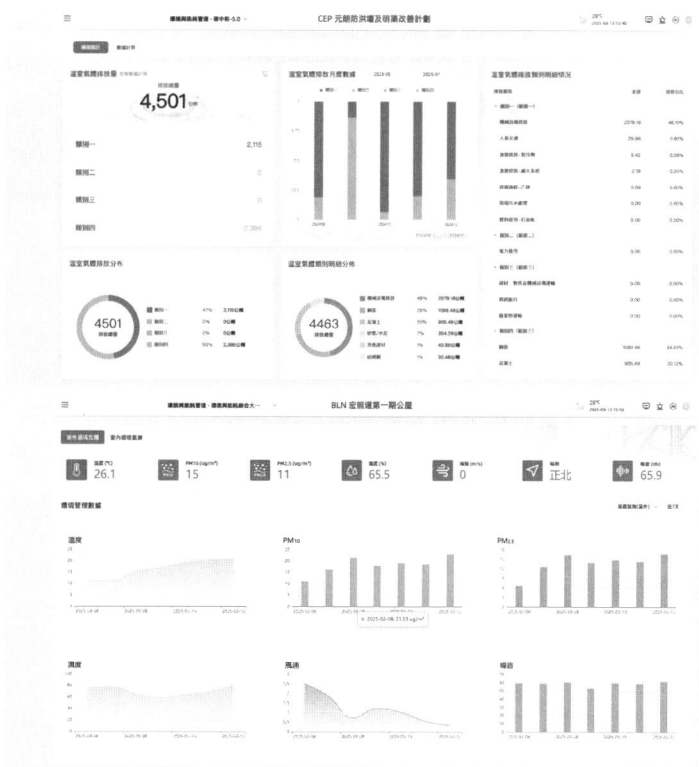

图 4-27　C-Smart 工程管理数字平台

智慧工地和数字化工程管理是建筑行业未来发展的重要趋势，它们通过先进信息技术应用，如 BIM（建筑信息模型）、物联网、云计算、大数据、人工智能等，实现工程项目的精细化、智能化管理。除去已经提到的安全和隐私保护、用户体验、物联网硬件管理等维度之外，还会在大数据分析、智能化与自动化施工、人才培养和教育方面不断发展进步。通过物联网设备等搜集到的庞大项目数据可以为各类研发、决策提供精确、庞大的数据支持；通过收集和分析大量施工数据，智慧工地将能够为项目管理提供数据驱动的决策支持，优化资源配置，提高施工效率和质量、促进新需求新产品的诞生；在智能化与自动化施工方面，利用机器人技术、自动化设备和智能穿戴设备，智慧工地将逐步实现施工过程的智能化和自动化，减少人工干预，提升施工安全性和效率，但仍需注意项目施工难度、机器人与劳动力关系匹配互补的问题。

智慧工地和数字化工程管理的发展趋势表明，建筑行业正朝着更加智能化、自动化和数据驱动的方向发展，这将极大地提高施工效率、降低成本、提升质量和安全水平，同时也对行业从业者提出了更高的技术和管理要求。

本章思考题

1. 除本章提到的环境保护有关的六个方面，建造施工过程中有无其他方面会造成公众困扰从而形成环境问题？请给出相应实例。

2. 施工项目采用完善的环境管理体系以及相应的管理措施预防环境问题一般会产生较大的管理成本，相比于该系列措施能得到的收益，该项成本支出是否值得？请给出理由。

3. 电力的碳排放因子如何计算？

4. 如何树立员工节能意识？

5. BESS 的工作原理是什么？

6. 哪些生物质能技术在施工过程应用潜力较大？

7. 施工方案优化包括哪些优化目标？

8. 当前我国建筑垃圾资源化面临的挑战有哪些？

9. 装配式建造与传统建造在工期、成本和质量上有哪些显著差异？请从建筑设计、施工流程、材料使用等方面进行比较分析。

10. 随着环保理念的普及和技术的发展，装配式建造在建筑行业中的地位逐渐提升。请讨论装配式建造在推动建筑行业可持续发展方面的作用，并提出可能的改进策略。

11. 绘制一个流程图，展示装配式建造从设计到施工的主要步骤。在每个步骤中，注明与传统建造方式相比的显著特点或优势。

第5章

绿色低碳建造未来展望

学习目标：了解绿色低碳建造新技术、新能源、新材料、新装备基本应用场景。了解工业化和 AI 建造领域的新技术基本原理和发展趋势；了解新型电力系统和新型燃料系统等新能源应用基本原理和发展趋势；了解低碳 / 负碳材料、新型功能性和复合型材料、智能化材料、可持续与环保材料等新材料的应用效果和发展趋势；了解新能源、智能化无人化、拆楼机装备的基本原理和发展趋势。

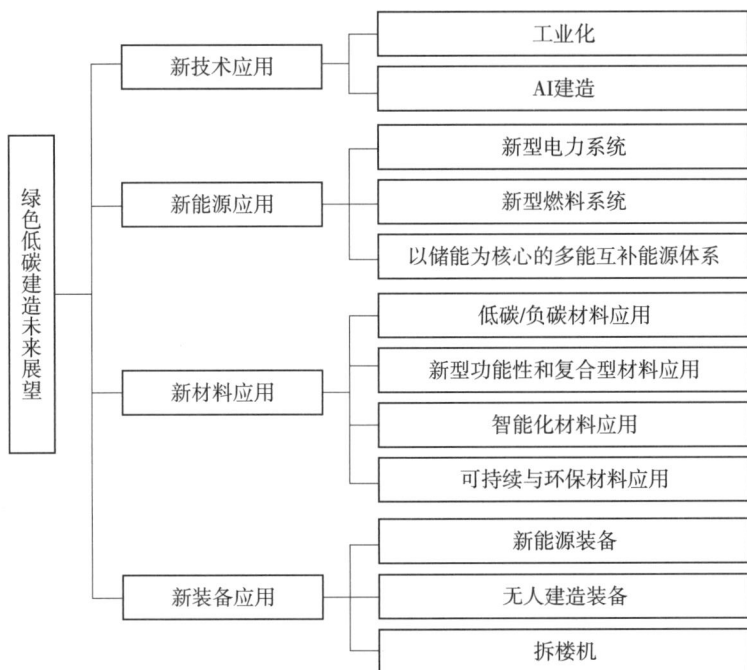

図 5-1 本章结构

绿色低碳建造是工程建造的发展目标，推进绿色低碳建造有助于推进建筑业高质量发展，实现经济发展、环境保护和社会可持续发展等多重目标。在建筑施工阶段，建筑机械设备的使用会消耗大量能源，建筑工地产生的扬尘和建筑垃圾也会对环境造成负面影响，施工过程的节能减排对实现建筑全生命周期提升能效水平至关重要。聚焦"双碳"目标，加强新技术、新能源、新材料、新装备的应用与研发，发挥科技创新的战略支撑作用，瞄准国际前沿，围绕绿色低碳建造创新技术、清洁能源、节能环保建筑材料、新型智能化装备等领域，着力突破一批前瞻性、战略性和应用性技术，是绿色低碳建造未来发展趋势。本章结构如图 5-1 所示。

5.1 新技术应用

在"双碳"目标指引下，建筑行业正迎来一场深刻的变革，"零碳建筑""碳中和建筑""正能耗建筑"等建筑新目标被不断提出，在这些建筑新目标需求驱使下，未来建造方式将更加注重建造效率、品质和用户体验，更快、更好、更高品质地打造人民群众高满意度的"好房子"。未来绿色低碳建造新技术将在先进制造技术、新一代信息技术等融合下，呈现工业化、智能化发展趋势。

5.1.1 工业化

建筑工业化有助于提高工程的品质和建造效率，推动建筑生产方式转型升级，是建筑业发展的必然趋势。在制造业领域，普遍采用集成制造、精益制造、并行工程、成组制造等理论和方法，加上新的智能制造、柔性生产、无人工厂等技术的应用，大幅度提高了制造质量和效率。面向未来，建筑工业化将通过对标和吸收先进制造业的经验和技术，满足多样化、定制化、批量化生产需求，通过现场智慧施工，实现快速装配，真正做到"像造汽车一样造房子"，推动建筑行业向更加绿色、智能、高效的方向发展。

1. 模块化建造技术

装配式建筑作为建筑工业化的重要载体，成为我国建筑业转型升级的重要推动力量。历经几十年发展，装配式建筑由 1.0 时代向 4.0 时代迈进，模块化建造方式作为当前工业化程度最高的新型建造方式，具有工业化、数字化和绿色化的特点，成为未来实现绿色低碳建造的有效方式。

模块化建造技术是装配式 4.0 建造模式，与常规装配式结构有所不同，模块化建造拼装的模块单元一般是三维空间结构，将建筑物的结构、内装与外饰、机电、给水排水与暖通等要素在工厂自动化制造和系统化集成，现场只需吊装、处理模块拼接处的管线接驳及装饰等少量工作，具有高度集成特征（图 5-2、图 5-3）。

模块化单元由主受力结构及其维护体系组成，根据模块主受力结构采用的建筑材料，模块化单元主要可以分为钢结构模块（Steel Module Construction，SMC）、混凝土模块（Modular Integrated Construction，MiC）、木结构模块以及组合结构模块（Composite Module Construction，CMC）。但由于运输和吊装能力的限制，单个模块应具有合适的尺寸，模块的长度一般

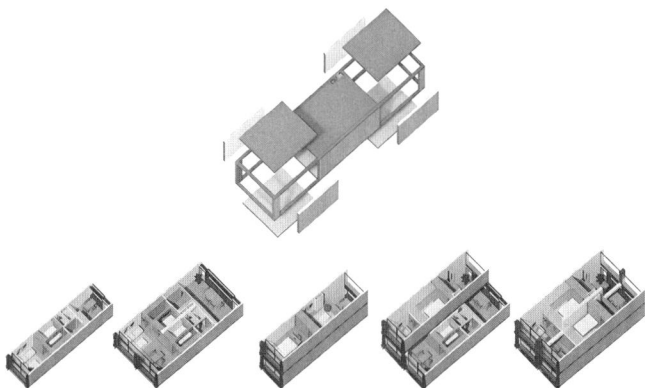

图 5-2 模块单元组合示意图
（图片来源：模块建筑网）

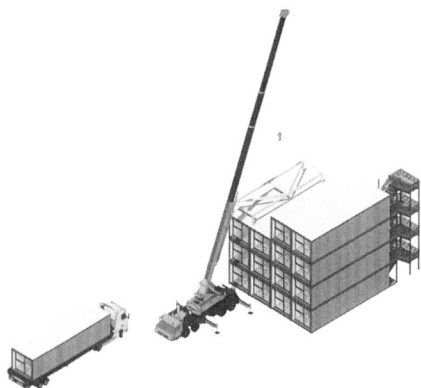

图 5-3 模块单元现场拼装示意图
（图片来源：模块建筑网）

在 6~12m，宽度一般不超过 3.5m，因此模块化建造适用于酒店、公寓、住宅、宿舍、医院、学校、办公室等建筑。

模块化建造技术成为目前建造速度最快、工业化程度最高、集成化程度最高、数字化技术应用最全面、废弃物排放最低的建造技术。据实际项目验证，目前模块化建造的最快施工速度是 3 天一层，已有研究表明模块化建造方式施工速度可以提高 70% 以上，模块化建造还具有很好的环境效益，无粉尘、无污染、低噪声、不扰民，施工现场固废减少 75% 以上。由于大部分的制作工序均在工厂完成，模块化建造的现场工人少，具有危险性的高处作业任务量少于传统建造方式，可以有效提升施工安全性，据分析可以减少 80% 以上的工程事故。

目前，比较成熟的技术体系包括混凝土模块——中建海龙 MiC 体系、组合结构模块——中建科技 CMC 体系。中建科技深圳科创中心项目位于广东省深圳市坪山区，采用中建科技自主研发的 CMC 组合模块建筑产品建造（图 5-4、图 5-5）。项目应用数字化智能设计方法，以系统思维、产品思维，将建筑结构、机电、围护、精装、幕墙等实现高度集成。CMC 智能工厂将工业化、数字化、柔性化"人机协同"的理念贯穿始终，通过自主设计工艺流程，自主研发前端工具、智能算法和后台软件，智能驱动产线高效运行，实现自动化率 75%（图 5-6）。依据每座建筑的定制化需求，像造汽车一样完成模块单元自动化生产，运输到现场精益装配成"模组"（图 5-7），一体化浇筑成形，真正实现"像造汽车一样造房子"。此外，项目还采

图 5-4　中建科技深圳科创中心项目效果图

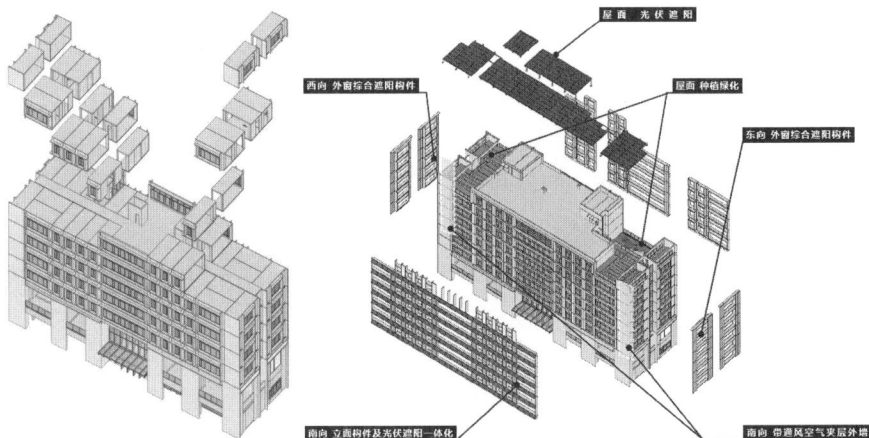

图 5-5　模块单元组合
（图片来源：中建科技集团有限公司）

图 5-6　CMC 智能工厂
（图片来源：中建科技集团有限公司）

用适宜热湿气候区的设计理论及方法，通过全遮阳、空气间层隔热等被动技术最大限度降低空调负荷，同时应用"光储直柔"等节能减碳技术，建成后将成为一座"绿色发电厂"。

2. 3D 打印技术

3D 打印技术（3D Printing）作为快速成型技术的一种，其以数字模型文件为基础，运用粉末状等可黏合材料，通过逐层打印的方式来构造物体。3D 打印技术能够实现复杂的几何形状，使得设计师可以创造出独特的产品和部件，实现更高的创意自由度。3D 打印制造工艺流程短、全自动、可实现现场制造。其制造更快速更高效，而且任何高性能难成型的部件均可通过"打印"方式一次性制造出来，不需要通过组装拼接等复杂过程来实现。此外，3D 打印技术适用于小批量生产，可以灵活满足客户个性化需求。长期以来，3D 打印技术在航空航天和军事用途等领域应用广泛，在大尺寸、高精度、高质量方面取得技术突破，如美国缅因大学的先进结构和复合材料中心推出了世界上最大的聚合物 3D 打印机（图 5-8）。

面向未来，以 3D 打印技术等为代表的颠覆性技术将在工程建造领域大规模应用，并对传统的工艺流程、生产线、工厂模式和产业链产生重大的影响。随着科技的不断进步，3D 打印技术将在建筑领域的应用越来越广泛。利用 3D 打印技术，建筑师和工程师们可以更快地完成建筑模型的制作，同

图 5-7　模块单元现场施工
（图片来源：中建科技集团有限公司）

图 5-8　世界上最大的聚合物 3D 打印机
（图片来源：美国缅因大学先进结构和
复合材料中心）

时还可以通过 3D 打印制作出更加复杂和精致的建筑结构。此外，3D 打印还可以帮助建筑师更好地理解建筑的结构和设计，从而提高建筑的施工效率和安全性。

在现有 3D 打印技术的基础上，还需要解决应用体系、打印材料、打印设备的限制等。例如，目前市场上可以买到的 3D 打印设备大多数是实验室用的，一般可打印的体积在 $1m^3$ 以内，而在建筑工程中需要更大尺度的 3D 打印设备，因为建筑工程的部品或部件的尺寸都比较大，需要研制专门的打印设备。未来，需要突破大尺度的 3D 打印关键技术，以上海某公司研制的 3D 打印设备为例，设备尺寸为 $25m \times 4m \times 2.5m$，在研制过程中解决的主要问题包括：如何对材料进行改性使之满足结构部件需求，保证打印的材料层间的黏结力，保证打印精度，优化打印头运动路径以及提高打印速度等一系列问题。

国际和国内都对建筑 3D 打印技术进行了深入研究，取得了很多具有开创性的研究成果。如比利时公司 Kamp C 最近完成了其首个 3D 打印双层房屋的建设，该打印工作是由 COBOD 公司制造的名为 BOD2 的大型建筑 3D 打印机完成的（图 5-9）。阿联酋迪拜市建造了世界上最大的 3D 打印建筑之一，该建筑高 9.5m，面积为 $640m^2$（图 5-10）。欧洲建筑师正在瑞士阿尔卑斯山建造一座高达 30m 的塔楼，该塔楼名为 Tor Alva（白塔），采用混凝土 3D 打印技术建造而成，将成为世界上最高的 3D 打印塔楼（图 5-11）。在国内，一些科技公司已利用 3D 打印技术完成了部分建筑部件及整体建筑，加速 3D 打印技术推广应用。

3. 定制化装配式装修技术

装配式装修是具有工业化思维的新装修方式，故又称为工业化装修。装配式装修具有标准化设计、工业化生产、装配化施工、信息化协同的工业化

图 5-9　BOD2 打印的大型建筑
（图片来源：比利时可持续建筑公司 Kamp C）

图 5-10　世界上最大的 3D 打印建筑之一
（图片来源：美国建筑技术公司 Apis Cor）

图 5-11　世界上最高的 3D 打印塔楼 Tor Alva
（图片来源：苏黎世联邦理工学院）

思维。装配式装修是一种高效、快捷、绿色的装修方式，随着技术的不断进步和人们生活品质的不断提高，未来装配式装修将会出现新的"热潮"。新时代消费语境，传统的单一场景呈现、单一产品购买模式已无法满足用户"一站配齐"的家装定制需求。

从装配式装修现状来看，由于当前中国新型建筑工业化的建造方式主要是现浇与预制相结合，干式与湿式作业相结合，装配式装修推广受限。而未来应该是通过预制构件部品的全装配式干式作业进行施工，应该是单一结构和组合结构相结合的综合干式作业。应该是施工机电装修一体化设计、施工，同时进行工业化干式内装（SI 技术体系）和预制化装修部品（图 5-12）。

未来装配式装修将更加多样化和定制化，可以根据客户的需求和个性化要求进行定制，菜单式选择装修部品（图 5-13）。装配式建材生产厂家可以通过互联网实施个性化设计、个性化下单、个性化生产、个性化安装，如同汽车个性化订单一样，把用户选择的各种材料上传至后端工厂，完成定制化生产，实现家装个性化需求。此外，随着人工智能、物联网等技术的发展，

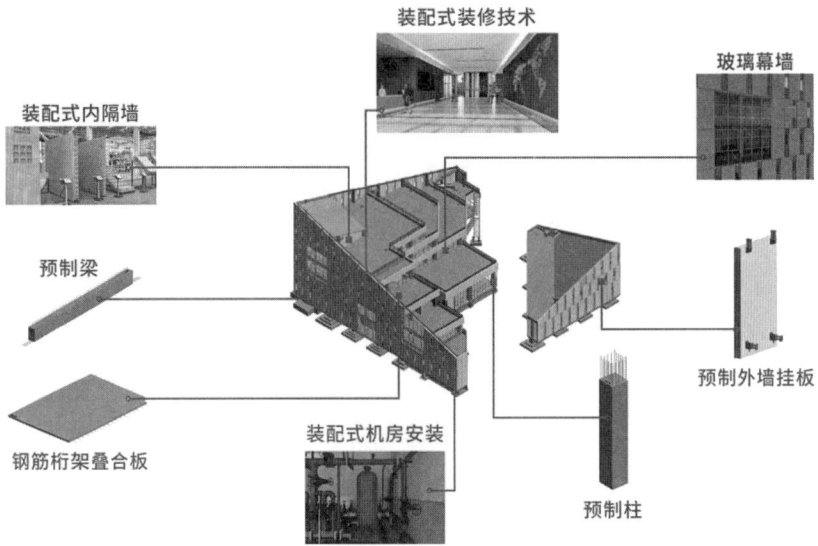

图 5-12 装配式装修技术体系
（图片来源：网络）

图 5-13 定制化装配式装修流程
（图片来源：网络）

未来装配式装修将更加智能化，可以通过手机 APP 等方式进行远程控制和监控，提高装修效率和管理水平。

5.1.2 AI 建造

数字化、智能化是推动建筑行业变革的重要力量，也是实现绿色低碳建造的重要支撑手段。随着科技的飞速进步和信息化的深入发展，建筑业面临着一场深刻变革，未来建造方式将向更加智能化发展。未来智能化建造方式将更加注重多领域的融合，除了传统的建筑设计、机械工程和电气工程等专业，还将系统融合大数据分析、人机交互、人工智能（Artificial Intelligence，AI）等技术，与先进工业化建造技术相结合形成的工程建造创新模式，实现更高水平的智能化。

1. AI 辅助建筑设计

AI 的辅助让设计师的工作变得更加高效。在以往的设计过程中，设计师可能需要花费大量的时间和精力去绘制草图和进行修改。未来，通过 AI 生成符合规格要求的设计方案，大幅缩短了设计的时间和成本。在建筑设计的过程中，AI 也可以帮助建筑师确定最佳的建筑形态、优化结构、提高建筑的能源效率等。AI 还可以用于建筑材料和构件的选取、预测建筑能耗等方面。例如，基于神经网络的模型可以预测建筑中不同系统的能源需求，以便压缩能源使用，减少环境负担。此外，把 AI 植入设计深化环节，可以减少设计师 80% 的重复琐碎的工作，恢复创意设计应有的地位。除了处理烦琐的基础工作，生成对抗网络（GAN）等人工智能技术还可以提供具有创新性和实用性的设计方案，驱动创意灵感在设计师脑海中迸发（图 5-14）。

图 5-14　由 Green Clay 建筑公司基于人工智能设计的体育场
（图片来源：Green Clay 建筑公司）

2. AI 赋能柔性生产

未来工厂生产将借鉴先进制造业技术和经验，提高生产效率、降低成本并满足个性化定制的需求。融合运用工业互联网、大数据等新技术，引入柔性制造单元和智能机器人等设备，打造人机交互生产方式、智能生产设备和生产线，提高生产线的柔性生产能力，使其能够适应不同品种、不同批量的生产需求。按照系统指令自行完成，从原材料到最终成品，实现智能下料、自动加工、自动铣磨、自动组焊矫、全自动锯钻锁、机器人装配、自动喷涂等，所有生产、存储、搬运环节无需人工操作。此外，利用大数据、云计算等技术，对生产过程进行实时监控和数据分析，提高生产线的透明度和可控性，真正实现无人化的"黑灯工厂"（图 5-15）。

图 5-15 "黑灯工厂"想象图
（图片来源：网络）

3. AI 赋能智慧工地

在工程施工领域，AI 可以实现对施工现场的实时监测和精准控制。如通过安装传感器和摄像头等设备，AI 能够实时收集施工现场的数据，并进行分析和处理。这不仅可以及时发现潜在的安全隐患，预防事故的发生，还可以对施工进度和质量进行精确控制，确保工程按时按质完成。其次，AI 可以辅助深化优化设计和优化施工方案。传统的工程施工设计往往依赖于工程经验和试错，而 AI 可以通过学习历史数据和专家经验，自动生成符合规范且高效的施工方案。同时，它还可以对施工方案进行仿真模拟和优化，提高施工方案的可行性和经济性。最后，AI 还可以实现施工资源的智能调度和管理。如通过对施工过程中的物料、设备和人力等资源进行实时监控和预测，AI 可以自动调整资源配置，优化施工流程，降低施工成本，可以提高施工效率，减少资源浪费和环境污染。

4. 高度智能建筑机器人

随着信息化、自动化技术的成熟，未来建筑机器人将引入更多的智能感知、决策和控制技术，更精准地识别和处理复杂的施工环境，可以提供建筑机器人最高层的推理决策能力，根据自然语言或多模态输入自动生成控制指令，从无标注数据中学习观测和动作的特征，提高建筑机器人的控制性能，打造"人机协同"高度智能化建筑机器人。

在未来的建造领域，"人机协同"将会是一个重要的发展方向。通过先进的传感器和算法，建筑机器人可以更精准地感知人类施工人员的意图，从而更好地配合人类完成各种任务（图 5-16）。随着人工智能技术的不断发展，未来的建筑机器人将具有更高的智能化决策能力。例如，通过深度学习和强化学习算法，建筑机器人可以自主识别施工中的问题，并自动调整施工计划，从而提高施工的质量和效率。随着微电子技术和计算机视觉技术的发展，未来的建筑机器人也将能够实现更精细化的作业。例如，利用微型机器

图 5-16　未来建筑机器人想象图
（图片来源：网络）

人进行混凝土浇筑、瓷砖铺设等任务，可以提高施工的精度和质量。未来的建筑机器人将能够实现在线学习和自我优化。通过大量的施工数据和经验，机器人可以不断学习和改进自己的能力，从而提高施工的效率和精度。通过自我优化，机器人还可以有效降低能耗，实现绿色施工的目标。

5. 虚拟现实和增强现实技术应用

虚拟现实（VR）和增强现实（AR）技术在智能建造行业的应用正迅速普及，为建筑设计和施工带来显著变革。VR 技术允许建筑专业人士在三维模拟环境中立体展示和视觉化建筑，通过 VR 头盔，设计师能够沉浸式体验建筑的每一个细节，从而深入评估和优化设计方案。这种技术能在设计阶段预见并解决潜在问题，模拟建筑性能和用户体验，降低后期修改成本。

AR 技术在施工阶段发挥重要作用，通过智能眼镜或平板电脑，施工人员能够在现实环境中获取实时的施工指导和信息，如施工图和安全提示。AR 技术将数字模型与现实世界结合，提高施工的准确性和效率，同时用于施工监控和质量控制，快速识别和纠正施工误差。

6. 极端环境智能建造

与常规环境建造要求不同，极端环境如高温、严寒、高海拔、高盐等对建筑建造提出更高要求。面向未来，为满足极端环境下快速建造、定制化建造等需求，跨领域、多学科融合更加紧密，探索应用跨领域的颠覆性技术和前沿技术，追求极致工业化、智能化，将加速推动低碳建造新技术发展，将催生更加先进的智能建造技术体系，提升建造效率和工程品质。

月球基地是各国探索月球空间环境、开发利用月球资源的必要设施，也是我国开始全面启动探月工程四期任务中的重要内容之一。国家数字建造技术创新中心正在研发极端环境智能建造技术，主要研究高温、严寒、高海拔、高盐等极端环境下的建筑建造，探索以智能机械替代人工，月球建

房技术是其中之一。在
月球上建造房屋面临着极
端环境的考验，包括低重
力、强辐射、温差大、真
空和月震等，月面原位建
造成为极端复杂且涉及
多学科交叉的超级工程
（图5-17）。该中心针对
建筑结构、材料获取与处

图5-17 "月壶尊"月球基地建造方案
（图片来源：国家数字建造技术创新中心）

理以及自动化建造等方面进行了创新，包括类似鸡蛋壳的结构、月壤砖的
制造和3D打印技术等。研究人员通过实验室模拟，利用电磁感应烧结炉和
真空烧结技术，成功研发了"月壤砖"，为月球建筑提供了可靠的材料基础
（图5-18、图5-19）。

图5-18 太空3D打印机雏形
（图片来源：国家数字建造技术创新中心）

图5-19 "月球蜘蛛机器人"制砖作业
（图片来源：国家数字建造技术创新中心）

5.2 新能源应用

绿色是新质生产力的底色和源泉，"双碳"引领加速能源转型，催生以绿
色低碳新质生产力为特征的新一轮产业革命，为实现"双碳"目标，在保障安
全、经济的前提下，构建未来的新能源应用系统至关重要。国家发展和改革委
员会、住房和城乡建设部发布的《加快推动建筑领域节能降碳工作方案》指
出，推动建筑用能低碳转型，因地制宜推进热电联产集中供暖，支持建筑领域
地热能、生物质能、太阳能供热应用，开展火电、工业、核电等余热利用。

新能源在未来建筑中的应用，不仅有助于建筑业绿色低碳发展，更是
推动社会可持续发展的关键。通过充分利用可再生能源、降低环境影响、最
大化能源效益，推动建筑绿色化、智能化，以及履行社会责任，共同创造一
个更加节能、环保、智慧的建筑环境，为未来的可持续绿色城市发展奠定基
础。根据建筑绿色低碳建造过程能源分析，主要从新型电力系统、新型燃料

系统、以储能为核心的多能互补能源体系等方面阐述新能源的应用并展望新能源未来的发展趋势。

5.2.1 新型电力系统

新型电力系统是以确保能源电力安全为基本前提，以满足经济社会高质量发展的电力需求为首要目标，以高比例新能源供给消纳体系建设为主线任务，以源网荷储多向协同、灵活互动为坚强支撑，以坚强、智能、柔性电网为枢纽平台，以技术创新和体制机制创新为基础保障的新时代电力系统。新型电力系统具备安全高效、清洁低碳、柔性灵活、智慧融合四大重要特征，构建以新能源为主体的新型电力系统，既是我国电力系统转型升级的重要方向，也是实现"双碳"目标的关键。建筑在消耗能源的同时，体量巨大的建筑外表面和各类园区是发展分布式能源的极好空间资源。

随着我国对能源环境问题的重视以及各项政策的支持，太阳能光伏产业迅速增长扩大。中国光伏产业协会预测，我国光伏发电量预计在 2025 年达到 110 GW，可满足 3.3 亿户家庭的用电需求。为实现"双碳"目标，我国已经在能源结构供给上做出巨大努力。不过，由于光伏发电的平均容量系数相对较低，平均为 17%，故对我国的电力总产量的贡献相对较小。我国光伏发电仍有较大的进步空间，应进一步研究如何提高光伏发电效能，扩大光伏发电在实际商业和居民用户应用的场景，以加快我国能源结构的转型，尽快实现碳中和。

1. "光储直柔"系统

"光储直柔"技术作为建筑新型电力系统在建筑领域的新形态，既可以增加分布式可再生能源发电的装机容量，还可以实现波动的可再生能源发电量的消纳，有效解决电力系统的低碳转型。其中"光"和"储"分别指分布式电源和分布式储能会越来越多地应用于建筑场景，作为建筑配用电系统重要组成部分；"直"指建筑配用电网的形式发生改变，从传统的中低压交流配电网改为采用中低压直流配电网；"柔"则是指建筑用电设备应具备可中断、可调节的能力，使建筑用电需求从刚性转变为柔性（图 5-20）。国务院印发的《2030 年前碳达峰行动方案》明确指出"提高建筑终端电气化水平，建设集光伏发电、储能、直流配电、柔性用电于一体的'光储直柔'建筑"。"光储直柔"将成为建筑及相关部门实现"双碳"目标的重要支撑。

"光"是在建筑区域内建设分布式太阳能光伏发电系统，在 BIPV（建筑光伏一体化）领域中，相关的光伏产品可直接作为建筑材料，成为建筑物的组成部分，如上海璀璨城市零碳建筑展示中心应用了 BIPV 组件仿铝板光伏

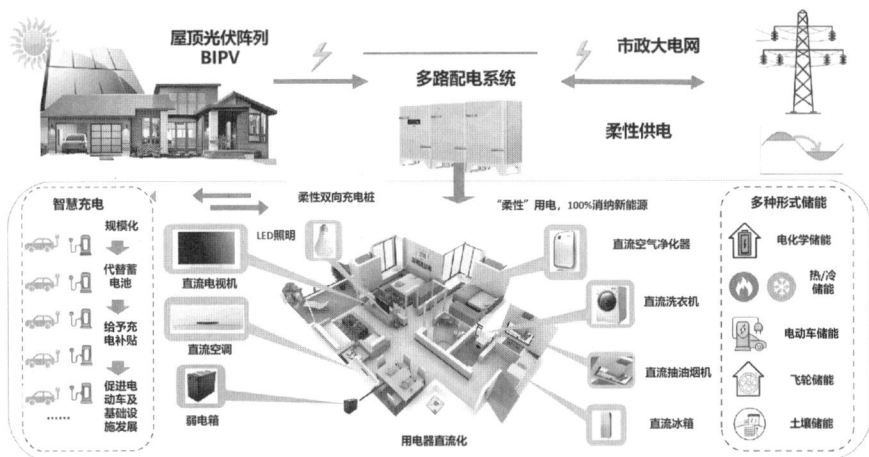

图 5-20 "光储直柔"系统原理图
（图片来源：中建科技集团有限公司）

幕墙系统（图 5-21）。近年来，太阳能光伏产业潜力巨大，光伏技术在快速地迭代进步，成本也在逐渐降低，具有广泛推广的条件。

"储"是指建筑中的储能设备，用电低谷时将富余电量储存、用电高峰时释放电量，包括电化学储能、生活热水储能、建筑围护结构热惰性蓄能等多种形式，近年来，电化学储能技术发展迅速，其具有响应速度快、效率高及安装维护要求低等优势（图 5-22）。与终端需求结合的分布式储能资源以暖通空调系统、电动汽车、电气设备等为主。安全、有效又经济的储能方式对于可再生能源的高效利用至关重要。

"直"是指采用形式简单、易于控制、传输效率高的直流供电系统。直流设备连接至建筑的直流母线，直流母线通过 AC/DC 变换器与外电网连接。随着建筑中电源、负载等各类设备的直流化程度越来越高，建筑直流配电系统对于提高能源利用效率、实现能源系统的智能控制、提高供电可靠性、增加与电力系统的交互、提升用户使用安全性和便捷性等方面均具有较大优势（图 5-23）。在建筑区域采用直流供配电技术，适用于离网系统、提高终端使用安全性等，是未来的发展趋势。

图 5-21 上海璀璨城市零碳建筑展示中心
（图片来源：中建科技集团有限公司）

图 5-22 储能系统——高性能环保锂电池
（图片来源：中建科技集团有限公司）

"柔"是指柔性用电，是指建筑具备能够主动调节从市政电网获取电功率的能力。在满足正常使用的条件下，通过各类技术使建筑对外界能源的需求量具有弹性，以应对大量可再生能源供给带来的不确定性，是"光储直柔"系统的主要目标，也是四项技术中发展最快的一项，通过直流电压变化传递对负荷用电的需求，实现各电器用电功率"自律性"调节，结合储能，赋予建筑大范围调节获取电功率的能力（图 5-24）。

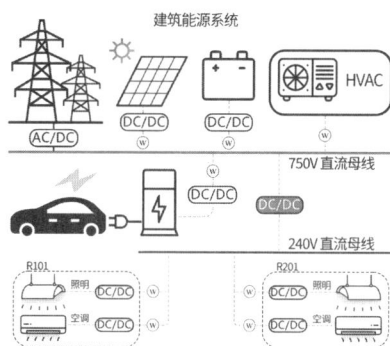

图 5-23 建筑直流供配电系统
（图片来源：中建科技集团有限公司）

随着建筑光伏、储能系统、智能电器等融入建筑直流配电系统，建筑将不再是传统意义上的用电负载，而是兼具发电、储能、调节、用电等功能。

例如，国内首个全装配式"摩天工厂"深圳坪山新能源汽车产业园项目，总占地面积 10.78 万 m^2（图 5-25）。项目施工临时生活办公区建筑面积 7308m^2，屋顶满铺太阳能光伏发电装置，满足项目临电需求。同时依托储能系统，还可将多余电量储备起来。停车场配备了双向充电桩，既可通过储能系统为新能源车辆充电，又可从车里取电。整个办公区采用低压直流配电系统，电压控制在 48V 以下，非常安全；打印机、空调、水壶等，均为柔性直流输电设备，与普通设备相比，极大降低能耗，减少碳排放。该项目实现每年节约电费 20%，减少碳排放超 20%，相当于植树 12 万 m^2。

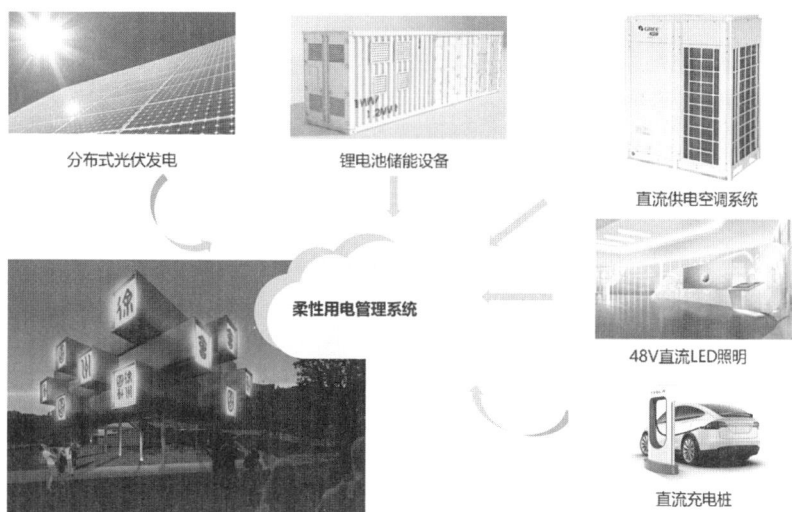

分布式光伏发电　　　锂电池储能设备

柔性用电管理系统

直流供电空调系统

48V直流LED照明

直流充电桩

图 5-24 柔性用电管理系统
（图片来源：中建科技集团有限公司）

图 5-25　深圳坪山新能源汽车产业园项目施工临时生活
办公区采用"光储直柔"技术
（图片来源：中建科技集团有限公司）

2. 风能发电系统

风能发电系统是一种将风能转换为电能的装置系统。风能在建筑建造过程中的应用主要是为工地照明系统提供动力，为一些小型的电动工具充电；与太阳能结合形成风光互补系统，为工地供电；在一些风能资源较好的偏远地区，可以作为主要的能源使用。

随着环保意识的不断增强和对可持续能源的需求日益增加，风光互补系统以其高效、稳定和环保的特点，受到越来越多的关注。在该系统中，风力发电机和太阳能电池板协同工作：当风能充足时，利用风力发电；当太阳能充足时，利用太阳能发电；当两者都不理想时，两者相互补充，确保建筑工地的能源持续稳定供应（图 5-26）。风光互补系统能够提高能源利用效率，降低对单一能源的依赖，同时也体现了绿色环保和可持续发展的理念，应用前景广阔。

例如，苏州虞城（姑苏）±800kV 换流站项目风光互补智慧路灯实现了完全由太阳能及风能供电，全程无需外接电源，实现电能自给自足（图 5-27）。

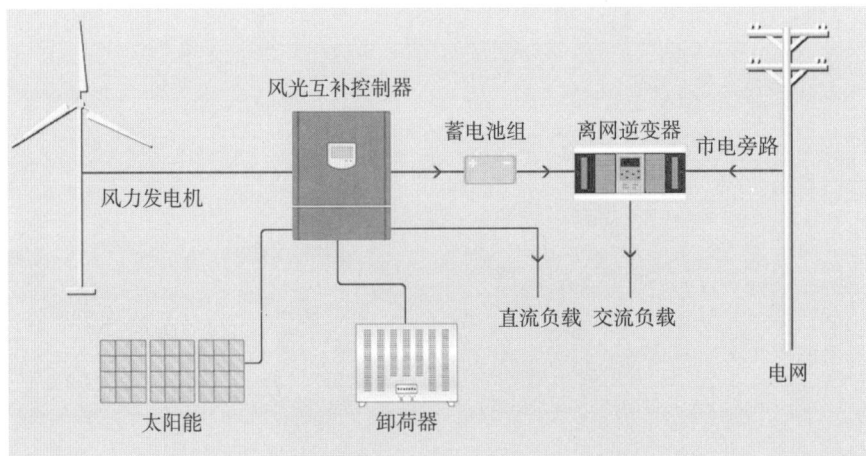

图 5-26　风光互补系统原理图
（图片来源：德明电源设备）

风光互补智慧路灯将风光互补系统技术融入智慧路灯中，采用风光互补系统不需要输电电缆和埋线工程，施工和安装方便，无污染、零耗电，实现零碳。

5.2.2 新型燃料系统

新型燃料系统是利用新技术、新方法生产、储存和使用清洁燃料的系统。为实现"双碳"目标，传统的煤炭、石油以及天然气等化石燃料将逐步退出，氢能、生物质能等新型燃料将成为未来新能源应用的方向。2021年中共中央、国务院印发《关于完整准确全面贯彻

图 5-27　风光互补智慧路灯

新发展理念做好碳达峰碳中和工作的意见》，指出统筹推进氢能"制储输用"全链条发展，推动加氢站建设，推进可再生能源制氢等低碳前沿技术攻关，加强氢能生产、储存、应用关键技术研发、示范和规模化应用。

在建筑领域，新型燃料可以为挖掘机、起重机等工程机械提供动力，相较于传统燃油，其燃烧效率更高，同时降低环境污染；也可以为建筑工地提供电力，保障施工的正常运行，避免因电力不足影响进度。

1. 氢燃料电池

氢燃料电池等氢能解决方案，具有电网灵活性、独立性、多功能性等多方面的优势。首先，氢气可以在供应过剩时生产，在高需求或低可再生能源发电时消耗氢气，实现电网平衡，确保稳定运营；其次，由氢燃料电池供电的建筑物可以在电网外独立运行，保证在停电的情况下提供可靠的电力供应；最后，在建筑建造过程中，重型机械和运输设备通常采用燃油等一次燃料，产生大量的碳排放，而氢燃料电池可以为重型机械设备提供替代动力，减少碳排放和环境影响。

绿氢与绿色建筑的融合是绿色建筑的一种新理念，绿氢可用于供暖和热水系统，取代传统的天然气、锅炉，也可用于燃料电池发电系统，为建筑物提供电力和热能，还可用作燃料电池的备用电源，为建筑建造提供应急电力，将氢基能源作为未来建筑用能的主要载体可以有效促进建筑领域绿色低碳发展。佛山南海丹青苑是全国氢能进万家智慧能源示范社区（图 5-28）。数据显示，预计 2050 年全球 10% 的建筑供热和 8% 的建筑供能将由氢气提供，每年可减排 7 亿 t 二氧化碳。

氢燃料电池热电联供。在建筑领域的发电效率相对较低，但是通过热电

联产方式，其综合效率可高达85%。燃料电池热电联供系统是一种将制氢、供热及发电过程有机结合在一起的能源利用系统，将制氢与发电余热充分利用，大大提高了能源利用率，具有很好的经济效益。研究表明，在小规模应用中使用微型热电联供装置有助于节能减排，家用热电联供系统是一种创新的解决方案，只使用一种主要能源即可同时提供电力与热量，比传统发电厂能效高、环境效益高。

建筑工地利用氢燃料电池供能。氢燃料电池可以为建筑工地临时办公区和生活区供热和发电，在离网情况下实现正常施工，同时不再使用柴油发电机，消除柴油发电机带来的风险，实现零碳排放、零污染。随着建筑业脱碳要求和技术发展，未来建筑工地将使用清洁能源的设备逐步替代传统的燃油设备，以氢燃料电池提供动力的设备将成为主要选择，例如氢燃料电池中型液压挖掘机（图5-29）。

氢能燃料电池动力系统具有能量转化效率高、功率输出稳定、系统稳定、零排放、绿色环保、低噪声及可在低温环境下工作等优点。加拿大、美国、日本、德国、澳大利亚、瑞典、英国等国家已经优先将氢能燃料电池动力系统应用在挖掘机、叉车上并进行了大量推广。

2. 生物质燃料

生物质燃料是通过农作物废弃物、生活垃圾、微生物等生物资源生产的燃料乙醇和生物柴油，可替代石油制取的汽油和柴油，是可再生能源开发利用的重要方向。2023年，国家发展和改革委员会印发的《国家碳达峰试点建设方案》（发改环资〔2023〕1409号）将能源绿色低碳转型指标、非化石能源消费占比、可再生资源循环利用率纳入建设参考指标，而生物质燃料是国际公认的绿色清洁燃料，目前全球超过80%的生物质燃料生产集中在美国、巴西、欧洲和印度尼西亚，我国目前使用的生物柴油是主要以废弃油脂等生物质为原料生产的可再生能源，广泛应用于交通运输和工业领域（图5-30）。生物质燃料在建筑建造过程中的应用主要体现在三个方面：一是作为动力源，为一些建

图 5-28　佛山南海丹青苑，氢能进万家智慧能源示范社区
（图片来源：友绿智库）

图 5-29　氢燃料电池中型液压挖掘机概念车
（图片来源：国际氢能网）

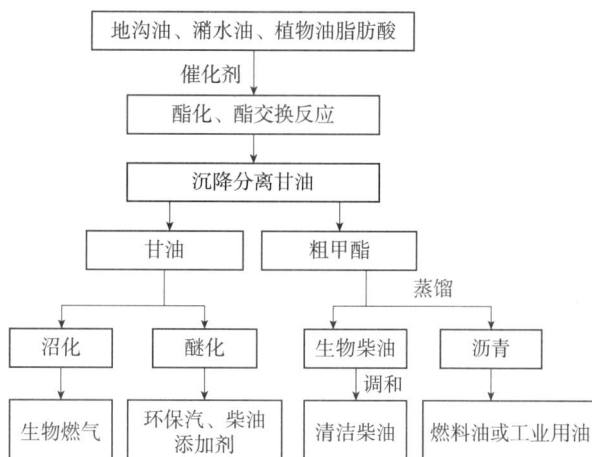

图 5-30　生物柴油的利用过程图

筑机械提供动力；二是用于驱动建筑工地上的发电机，保障现场电力供应；三是作为燃料，用于工地食堂使用。

乙醇作为能源具有优良的特性，与其他燃料混合使用，可以改善燃烧性能，减少"三废"的产生，也可用于临时设施房屋的供暖、照明等；生物柴油是用植物油和甲醇制造的一种洁净的生物燃料，具有环保、再生能力强、含氧量较高、燃烧充分等优良性能，可以为建筑工地上的挖掘机、起重机等机械设备提供动力，代替传统的柴油、汽油等化石燃料，甲醇可用于施工现场食堂灶具的燃料等；根据美国一项检测结果，在石化柴油中添加 20% 的生物柴油，可减少排放 50% 的二氧化碳、70% 的二氧化硫，空气毒性可降低 90%。大大减少了施工过程的碳排放，在低碳建造过程中的应用前景广泛。

5.2.3　以储能为核心的多能互补能源体系

在"双碳"背景下，中国能源结构改革和转型过程中，新能源的发展将进入高质量发展阶段，单一的能源品种已受到诸多因素的限制，建立高效、灵活的综合能源管理系统将成为未来能源发展的方向，储能将成为现代能源网络中不可或缺的一部分，通过不同能源的储能技术的调节，提高新能源应用的比重，有效缓解传统能源的高污染、高排放等问题，有助于优化能源结构、节能减排和环境保护。

所谓储能是指将能量储存起来，在需要的时候使用，为需求侧和供给侧灵活地提供缓冲和平衡的功能。储能技术指的是将较难储存的能源形式，转换成技术上较容易实现且成本低的形式储存起来。主要有物理储能和电化学储能，其中物理储能包括抽水蓄能、压缩空气蓄能和飞轮储能等，其建设需要一定的自然条件，受地理条件的制约，建设周期较长，主要用于电网侧；电化学储能技术主要包括锂电池储能、铅蓄电池储能和液流电池储能等，具有效率高、响应速度快、安装维护要求低等优点，主要用于用户侧。

储能系统有其适用范围，与低碳建筑有关的储能技术主要有电储能、电化学储能、机械储能、化学储能、热储能等（图5-31）。其中，低碳建筑适宜的储能技术主要是电化学储能，可方便用于建造过程中的短期使用，例如磷酸铁锂电池储能，其具有工作电压高、能量密度大、循环寿命长、安全性能好、自放电率小、无记忆效应等优点（图5-32）。储能技术最大的功效是实现负荷平准化、提高可变可再生能源的渗透率、平衡和匹配供需负荷。所以，储能技术在实现碳中和的技术路径中占有越来越重要的地位。

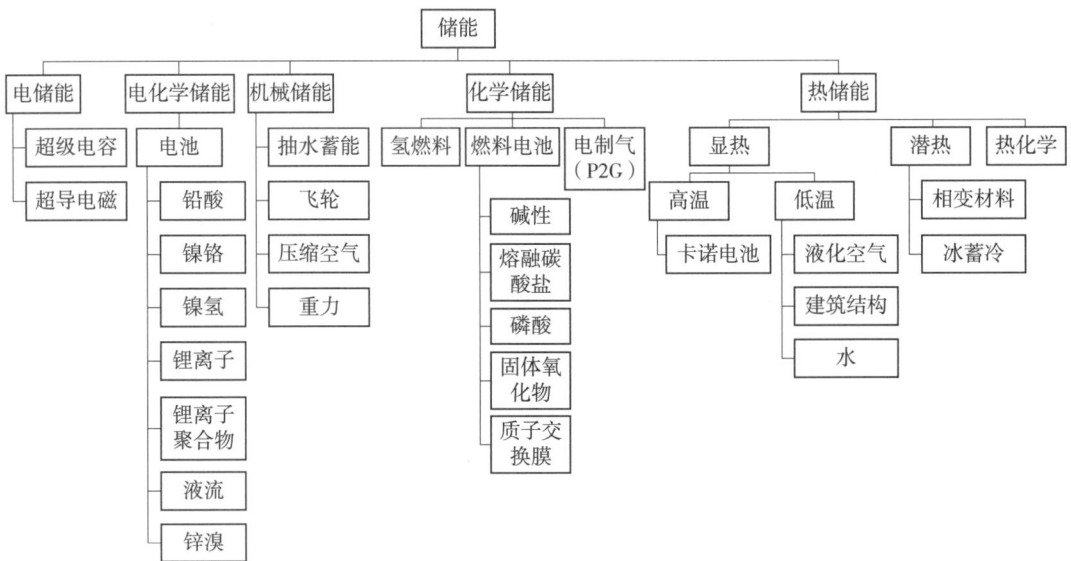

图 5-31　储能技术分类

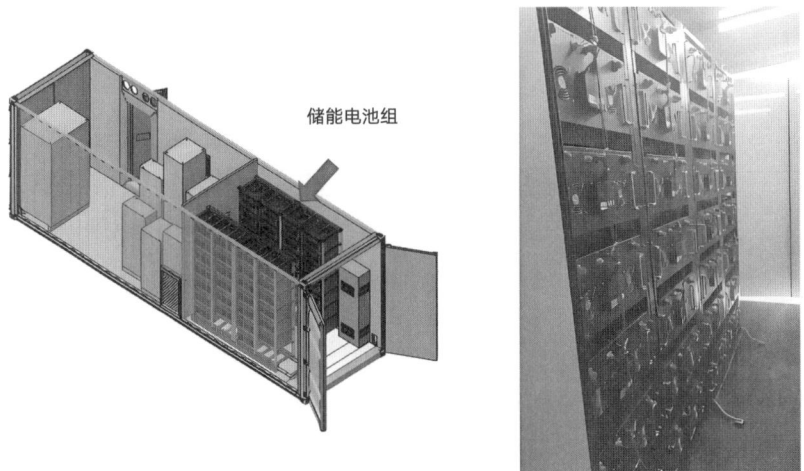

储能电池组

图 5-32　某项目储能磷酸铁锂电池组布置

5.3

新材料应用

随着科技的进步和环保意识的提高，新型建筑材料不断涌现，为建筑行业的发展带来了新的可能性。各国政府也出台了一系列产业政策和环保政策，鼓励新型建筑材料的发展，推动产业绿色升级。在国际上，特别是发达国家和地区，建筑材料政策同样聚焦于能效提升和环保技术的推广。一些国家还通过严格的建筑法规和标准，要求建筑物在设计、施工和使用过程中必须使用节能建筑材料，确保达到一定的能效标准。在技术上，国际建筑材料行业也在不断探索新的领域，如智能建筑材料、生物基建筑材料等，以实现社会对美好生活环境的需求。

近年来我国对于绿色建筑、节能减排的政策支持，以及对于环保产业的扶持，都促进了建筑材料行业向绿色、环保方向发展。我国的《建筑节能与可再生能源利用通用规范》GB 55015—2021 明确要求建筑物采用节能建筑材料，提高整体能效。住房和城乡建设部发布的《"十四五"建筑业发展规划》也明确提出了要大力发展装配式建筑，推动智能建造与新型建筑工业化协同发展。此外，中国作为全球最大的建材生产和消费国，在推动绿色低碳发展方面承担着重要责任，发展低碳建材成为建材行业转型升级的主要方向和供给侧结构性改革的必然选择。

总的来说，随着各国对环保和能耗的日益重视，绿色建筑、节能建筑等概念逐渐深入人心，这使得高性能、环保型建筑材料的需求日益旺盛。水泥、混凝土、玻璃、陶瓷、其他墙体材料为主体的建筑材料是建筑业发展不可替代的非金属基础材料，低碳混凝土、高性能混凝土、自保温墙体材料、绿色装饰材料等环保型建材受到市场的青睐。同时，随着技术的不断进步，智能化建筑材料也开始崭露头角，为建筑行业带来了更多的可能性。未来建筑材料的发展方向将是多元化且富有挑战性的，将更加注重绿色低碳、功能集成、数字智能、循环经济等，以实现更为可持续的建筑行业发展。

5.3.1 低碳／负碳材料应用

全球气候变化问题日益严重，各国纷纷提出减少碳排放的目标。建筑行业作为碳排放的主要来源之一，面临着巨大的减排压力。低碳／负碳建筑材料以其环保、节能、可再生的特性，受到越来越多人的青睐。因此，开发和应用低碳／负碳建筑材料成为降低建筑行业碳排放、应对气候变化的重要手段。现代建筑基本是由水泥和钢筋构成，未来将采用新型绿色低碳零碳建筑形式，一方面采用低碳零碳水泥、混凝土，另一方面要使用高性能混凝土、固碳混凝土。

低碳水泥以低钙硅比的二硅酸三钙、硅酸二钙、硅酸钙等为主要矿相的新型熟料体系，在生产过程中煅烧温度会降低，CO_2 排放也更低，将是水泥行业的重要发展方向。从材料构成学上通过纳微结构来调整水泥元素的选择或组合，如钙、硅、氧、铁、镁、铝等元素种类和比例的调整可以获得低碳或负碳水泥。此外，科罗拉多大学博尔德分校（University of Colorado Boulder）的一个研究小组创造了生物附着生长的石灰石硅酸盐水泥（图 5-33），可能使水泥生产实现碳中和（甚至是负碳）。这种微生物水泥就是通过微生物诱导碳酸钙沉淀的过程刺激原生土壤细菌附着土壤颗粒的产品。这些钙质微生物通过光合作用完成的自然生长过程，就像珊瑚礁生长一样，创造出一种制造碳中和水泥的新方式。对于建筑行业，如果全世界所有以普通水泥为基础的建筑都被替换成生物石灰石硅酸盐水泥，每年将有高达 20 亿 t 的二氧化碳不再被排入大气中，还有超过 2.5 亿 t 的二氧化碳将储存在这些生物材料中，使建筑变为"碳汇"。因此，由这种生物水泥制成的混凝土可以开启全球可持续建筑的新时代。

低碳混凝土的发展方向主要围绕减少碳排放、提高混凝土质量以及推进技术变革等方面展开。减少碳排放是低碳混凝土发展的核心目标，混凝土中的高隐含碳主要来自硅酸盐水泥，因此，用粉煤灰和矿渣等辅助胶凝材料（SCM）替代一部分水泥，或使用无熟料水泥替代硅酸盐水泥，将是未来降低混凝土碳排放的重要发展方向。夏威夷大学马诺阿分校的沈林教授利用工业废渣，如粉煤灰、矿渣、赤泥等，优化配合比和性能，制成一种新型聚合物混凝土（图 5-34）。通过用废渣材料替代水泥，可以帮助减少水泥生产造成的二氧化碳排放，可以减少原材料的开采，还可以减少粉煤灰、矿渣和赤泥的填埋。

英国的 Cemfree 推出的英国首个无水泥超低碳致密混凝土砌块 Greenbloc，完全不含水泥，而且低碳，是传统混凝土的替代品（图 5-35）。Cemfree 混凝土使用来自钢厂的磨碎粒状高炉矿渣（GGBS）或来自发电站

图 5-33 藻类生长的石灰石硅酸盐水泥
（图片来源：Archdaily 网站）

图 5-34 新型聚合物混凝土
（图片来源：夏威夷大学马诺阿分校）

的粉煤灰（PFA）来制造不含水泥的黏合剂，从而生产出与混凝土性能相似的产品，以减少二氧化碳排放量。GGBS和PFA黏合剂之间的反应可形成用以替代普通硅酸盐水泥（OPC）的固体材料，产生隐含碳比OPC低80%，与目前可用的其他混凝土相比，具有更高的环境效益。

图5-35　Cemfree无水泥混凝土
（图片来源：英国Cemfree公司）

固碳混凝土是将工业排放的二氧化碳注入混凝土中，使其与早期水化成型后的混凝土中胶凝成分和其他碱性钙、镁组分之间形成矿化反应，在混凝土内部孔隙和界面结构处形成碳酸盐产物，从而将二氧化碳永久固结在混凝土中，在实现二氧化碳封存利用的同时，提高混凝土的强度和耐久性。加拿大CarbonCure公司研究得出，将CO_2精确注入混凝土中，28天后平均抗压强度提高10%。将混凝土中的水泥含量减少7%后，强度要求没有得到满足，但将二氧化碳添加到混凝土中，强度能够满足要求，证明掺入适量二氧化碳可替代部分水泥用量，从而起到固碳和减碳的效果。

5.3.2　新型功能性和复合型材料应用

在未来的发展中，随着市场需求的不断变化和个性化趋势的不断增强，新型建筑材料行业也在不断研发具有高耐久性、高性能、高附加值等特点的新型功能性和复合型建筑材料。如轻质高强材料，这些材料可以在保持建筑稳定性和耐久性的同时，大大减少建筑自身的重量，进而减少建筑的地基负担和能源消耗。同时，高性能建筑材料将不再局限于单一的功能，而是朝着多功能化的方向发展。这些材料可能兼具保温、隔声、防火、防水等多种性能，以满足现代建筑对多功能性的需求。而高性能复合材料则通过复合不同性能的材料，获得具有优异综合性能的新型建筑材料。例如，将高强度纤维与树脂基体复合，可以得到轻质高强的复合材料，用于替代传统的钢筋混凝土；将导电材料与绝缘材料复合，可以得到兼具有导电性和绝缘性的新型材料，可用于智能建筑的电气系统。目前应用较多的材料有碳纤维材料、石墨烯材料、纳米材料等。

单位体积的碳纤维是钢材重量的1/4，强度高6倍，且不会受到腐蚀。普通混凝土添加少量一定形状碳纤维和超细添加剂（分散剂、消泡剂、早强剂等）制成碳纤维混凝土。用碳纤维取代钢筋，可消除钢筋混凝土的盐水降解和劣化作用，使建筑构件重量减轻，安装施工方便，缩短建设工期。这也意味着在部件和结构上可以设计得更轻薄，从而节省50%或更多的材料。碳纤维混凝土的全球变暖潜能值（GWP）比传统建筑少30%左右。虽然碳纤维本身具有很高的碳足迹，它的碳密度是钢的8倍，由于其强度高，需要加固材料也更少。碳纤维的防锈性能也大幅提升了混凝土的寿命，随着时间的推移进一步降低碳成本。这种材料对建筑设计来说，或许会带来革命性的影响。碳纤维混凝土复合材料无论是坚固性还是耐用性，远超钢筋混凝土，而

且它能做得相当轻薄，像纸板一样。德累斯顿工业大学内的碳纤维混凝土示范项目"Cube"（图5-36）为建筑设计创新树立了典范。因为轻盈，很多种类的建筑都会出现与现在全然不同的设计，比如悬索屋面、超高层、大跨度的连桥等。

图 5-36 "Cube"——碳纤维混凝土建筑
（图片来源：https://www.dezeen.com）

石墨烯是人类已知的最薄的材料，但拥有令人难以置信的耐用特性：它的强度是钢的200倍。石墨烯不仅耐用，而且具有高导电性、吸光性和抗菌性。浙江大学研究的石墨烯气凝胶是目前已知的地球上最低密度的物质之一，它是一种泡沫状固体材料，尽管几乎轻如空气却保有固定形状。气凝胶几乎没有重量，但是可以拉长成薄片气凝胶织物。在建设项目中，气凝胶织物具有"超强隔热"的特性，其多孔结构使热量很难通过。测试表明气凝胶织物的隔热能力是传统玻璃纤维或泡沫绝缘材料的2~4倍。

纳米材料包括纳米涂料、纳米混凝土、纳米玻璃和纳米保温材料。纳米涂料具有良好的伸缩性、防水性和保温性，在房屋装饰中能够遮盖墙体细小裂缝。纳米混凝土与普通混凝土相比，其强度、硬度、抗老化性等性能均有显著提高，同时还有防水、吸声、吸收电磁波等性能。纳米玻璃可分解甲醛、氨气等有害气体，其具有良好的透光性以及结构强度，纳米玻璃做成的大厦玻璃、住宅玻璃可免去人工清洗过程。纳米涂料是一种具有超强抗污性和自洁功能的建筑涂料，通过纳米技术制备，可以形成微观的防污层，阻止污垢和细菌的附着。纳米涂料不仅可以保持建筑外墙清洁，还可以减少清洁和维护成本，提高建筑的外观质量和使用寿命。

5.3.3 智能化材料应用

进入21世纪，人类智能化不断发展，随着物联网、大数据、人工智能等技术的快速发展，智能化建筑材料将逐渐成为未来建筑的重要组成部分。

智能化建筑材料是结合了传统建筑材料与先进技术的创新产品，它们不仅具备传统建筑材料的基本功能，还融入了智能化元素，包括智能传感材料、智能驱动材料、智能修复材料和智能控制材料等，使建筑更加智能、高效和环保。例如建筑材料本身可以进行自我诊断和预警破坏，并具有自我调节和自我修复的能力。当这类智能化建筑材料内部发生任何异常变化时，可以自动将材料的内部状况及时、完整地反映出来，也就能够在材料破坏前采取有效措施加以阻止。智能温控材料可以根据室内外温度自动调节，实现节能；智能光控材料可以自动调节室内光线，提高居住舒适度。

智能混凝土是在混凝土原有的组分基础上复合智能型组分，让其具备自感知、自适应、自修复和记忆等多功能。而此种特性不仅能够对混凝土材料内部损伤进行有效预警，更能根据检测结果自动地进行修复，大大提高了混凝土结构的安全性和耐久性。如美国罗德岛大学的研究者在混凝土混合物中嵌入了微型水玻璃胶囊，可以"智能"修复自身的裂缝。当裂纹产生时，胶囊破裂并释放一种凝胶状愈合剂，愈合剂填补空隙后变硬，实现自我修复（图 5-37）。荷兰的一个团队向混凝土注入细菌孢子和乳酸钙，当细菌一旦"复活"就会食用乳酸钙，然后通过代谢把钙和碳酸离子结合成石灰石来修补裂缝。这种特殊的混凝土三周内就可以修复 0.5mm 宽的裂缝，大大延长了建筑的使用寿命。

智能玻璃也称为可调光玻璃，它可以根据环境光线的变化自动调节透明度。这种玻璃可以通过电流、压力或光线激活，实现自动变色，从而控制室内光线的透过程度。SageGlass 是一款来自圣戈班的可调光玻璃，通过改变在玻璃片上施加的应力控制其颜色，改变室内光线强度和材料透射的紫外线和红外线强度，提高室内舒适度，并显著降低能耗（图 5-38）。

新型控温保暖节能建材。该材料包含一层可以呈现两种构象的材料，一是保留大部分红外热量使温度升高的固体铜，二是发射红外线使温度降低的电解质水溶液。在任何选定的触发温度下，该设备都可以通过将铜沉积到薄膜中或将铜剥离；当外界温度升高时，建筑材料可以释放红外线热量使建筑

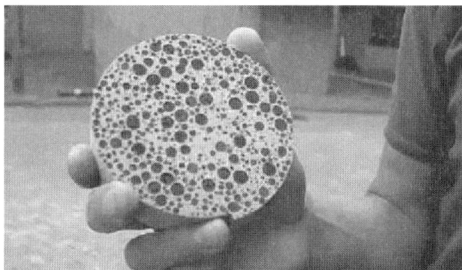

图 5-37　自修复混凝土
（图片来源：微信公众号"砼学研究所"）

图 5-38　SageGlass 可调光玻璃
（图片来源：https://www.sageglass.com/de）

物内部温度降低；当温度降低时，该材料便会自发维持建筑物内部的温度，整个过程需要的电能极低，可以极大地节省取暖的能耗。

智能化材料在建筑领域应用所形成的智能建筑具有节约性、自动化和智能化等特点，大大提高了使用者的建筑舒适感，保证使用者能够享受到更加高效和方便的生活体验感。除了上述几种常见的智能化建筑材料外，还有许多其他类型的智能化材料正在不断研发和应用中，如自清洁建筑围护结构、智能化涂料等。这些材料的应用将进一步提升建筑的智能化水平，满足人们对高品质生活的追求。

5.3.4　可持续与环保材料应用

随着全球对环境保护意识的增强，市场对可持续与环保材料的需求也在不断增长，人们更加关注产品的环保性能和可持续性，愿意选择环保材料来构建自己的生活和工作环境。因此，未来建筑新材料将更加注重可持续发展和环保性能。这类可持续与环保材料主要采用清洁生产技术，少用天然资源和能源，并大量使用工业或城市固体废弃物生产，确保无毒害、无污染、无放射性，从而有利于环境保护和人体健康。

具体来说，可持续与环保材料在生产和使用过程中，能够尽量节约自然资源，避免污染，并且不会释放有毒有害物质，避免对环境造成破坏。此外，这些材料还需符合建筑设计对力学和性能的要求，既保证使用寿命，又能在使用寿命结束后进行循环利用，是未来建筑材料发展的重要方向。例如，生物基材料、可降解材料以及利用可再生资源制造的其他建筑材料将得到广泛应用，以下是几种具有代表性的可持续与环保材料：

竹制材料。竹子的强度与韧性较好且易于获得，逐渐成为一种常见的建筑材料（图 5-39）。"竹钢"是一款新兴的建筑材料，将竹材重新组织并加以强化成型的竹制新材料，也是一款中国自主研发的、依托中国林科院专利技术制造的高性能竹基纤维复合材料。"竹钢"的拉伸强度，是同等重量的钢材的 3 倍，而其批量生产的成本则与钢材基本相当，寿命可长达 50 年。

麻制混凝土是生物纤维和矿物黏合剂（石灰）的复合材料，与混凝土的耐用性和绝缘性相同，但单位体积的重量只有混凝土的一半，并且能源消耗较低。作为建材的创新之处在于其多性能表现，其中最为显著的特点是良好的碳储存性能，使用同等数量的混凝土，麻制混凝土的碳排放可比传统混凝土降低约 80%（图 5-40）。其次，它还是优秀的隔热隔声材料，还能调节湿度。此外，它还有良好的防火性能、无毒且天然防霉防虫。

未来绿色建筑材料的发展将更加注重循环经济的理念，通过提倡可循环利用、可再生利用的建筑材料，降低建筑废弃物的产生，推动建筑行业

图 5-39　竹制材料建筑
（图片来源：中国建筑与室内设计师网）

图 5-40　2022 年北京冬奥会麻制混凝土雪车雪橇赛道
（图片来源：Archdaily 网站）

向着循环经济的方向发展。如利用建筑垃圾、塑料、工业淤泥、废弃陶瓷到废旧织物等各种废弃原材料制成的再生低碳砖。根特设计博物馆（Design Museum Gent）外墙使用的砖块主要由拆除建筑的碎混凝土、砖石和玻璃制成（图 5-41），所用材料主要来自博物馆方圆 8km 的范围内。新创公司 Gjenge Makers 将废弃塑料转化为生态砖（图 5-42），这种砖具有很高的耐磨性、成本效益和积极的环境影响。它将粉碎的塑料与沙子结合在一起，形成一种可模塑的混合物，经过加热后就变成了坚固的轻质砌块，强度比混凝土高 7 倍，重量更轻。此外，由于塑料的纤维性质，在生产过程中可消除气孔，从而提升抗压强度和耐久性。

图 5-41　建筑垃圾砖
（图片来源：微信公众号"材见 MSEEN"）

图 5-42　再生塑料砖
（图片来源：微信公众号"材见 MSEEN"）

5.4 新装备应用

　　随着人工智能、物联网、大数据等技术的快速发展，工程建设装备将实现更高程度的智能化。这不仅可以提高装备的工作效率和精度，减少人工操作，降低人力成本，还可以提高工程建设的安全性和可靠性。低碳化也是工程建设装备的重要发展方向。随着环保意识的日益增强，工程建设装备需要更加注重环保和节能。例如，采用更加环保的材料和工艺，优化装备的结构设计，降低能耗和排放，以实现可持续发展。工程建设装备的无人化也将是未来发展的重要趋势。随着自动化技术的不断进步，工程建设装备将实现更高程度的智能化和无人化操作，进一步提高工作效率和安全性。工程建设装备未来的发展方向将是智能化、低碳化、多功能化以及无人化等方向的综合体现。这将为工程建设行业的发展带来更加广阔的前景和机遇。

5.4.1 新能源装备

氢能源工程机械

氢能源工程机械是采用氢燃料电池作为动力源的工程机械，在氢燃料电池中，氢燃料与大气中的氧气发生氧化还原化学反应，产生电能来带动机械工作（图 5-43）。

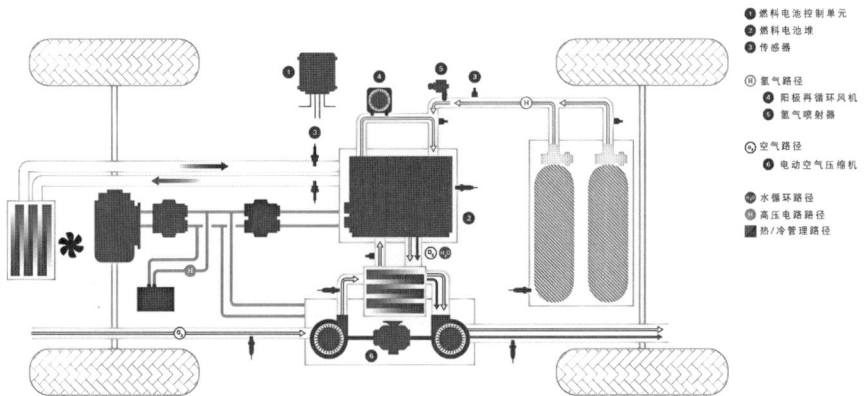

图 5-43 氢燃料电池车辆工作原理图
（图片来源：https://www.bjcv.com）

氢燃料电池车主要由以下部分组成（图 5-44）。

1）燃料电池：这是氢燃料电池车的核心部分，负责将氢气和氧气的化学能转换为电能。

2）动力电池：用于储存由燃料电池产生的电能，并在需要时给电动机提供电力。

3）高压储气罐：用于储存氢气，为燃料电池提供氢气。

4）燃料电池升压器：用于提升燃料电池产生的电压，以满足车辆行驶的需求。

5）电机：将电能转换为机械能，驱动车辆行驶。

6）动力控制装置：包括 DC/AC 转换器等，用于控制和管理整个动力系统，确保车辆安全、高效地运行。

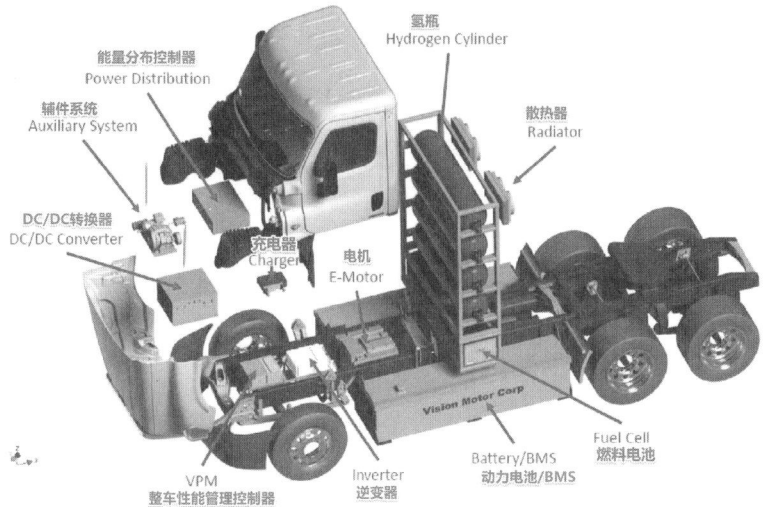

图 5-44　氢燃料电池车系统示意图
（图片来源：https://zhuanlan.zhihu.com）

　　燃料电池是氢燃料电池车的核心部分，燃料电池的种类繁多，通常可以依据其工作温度、燃料来源、电解质类型进行分类。

　　1）按工作温度，燃料电池可分为低、中、高温型三类。工作温度从常温至 100℃为低温燃料电池；工作温度 100~300℃为中温燃料电池；工作温度在 500℃以上为高温燃料电池。

　　2）按燃料来源，燃料电池可分为两类，第一类是直接式燃料电池，即燃料直接使用氢气；第二类是间接式燃料电池，其燃料是通过某种方法把氢气（H_2）、甲烷（CH_4）、甲醇（CH_3OH）或其他烃类化合物转变成氢或富含氢的混合气供给燃料电池。

　　3）按电解质划分，燃料电池大致上可分为五类：碱性燃料电池（AFC）、磷酸型燃料电池（PAFC）、固体氧化物燃料电池（SOFC）、熔融碳酸盐燃料电池（MCFC）、质子交换膜燃料电池（PEMFC）。

　　氢能源工程机械具有零排放、高效率、寿命长等优点。

　　1）排放几乎为零：燃料电池采用的燃料是氢和氧，生成物是清洁的水。它本身工作不产生 CO 和 CO_2，也没有硫化物和微粒排出，没有高温反应，也不产生 NO_x。如果使用车载的甲醇重整催化器供给氢气，仅会产生微量的 CO 和较少的 CO_2。

　　2）能量转化效率高：燃料电池的能量转换效率可高达 60%~80%，为内燃机的 2~3 倍。

　　3）寿命长：燃料电池本身工作没有噪声，没有运动性，没有振动，其电极仅作为化学反应的场所和导电的通道，本身不参与化学反应，没有损耗，寿命长。

目前，氢燃料电池技术还不够成熟，氢能源工程机械相对燃油和纯电工程机械成本较高，且缺乏加氢的基础设施，会增加工程机械运行成本。

目前工程机械领域在氢燃料电池车辆处于探索和尝试阶段，整体上氢能源工程机械种类较少，如：徐工集团推出了一款中型氢燃料电池装载机，三一重工研发了氢燃料电池混凝土搅拌运输车，中联重科研发了氢燃料电池重卡，太联集团推出了氢燃料电池挖掘机（图5-45、表5-1）。

2023年，康明斯联合陕汽德创未来共同开发了31t氢燃料电池渣土车产品，作为上海首个批量化运营燃料电池渣土车项目，康明斯通过产业链协

（a）

（b）

（c）

（d）

图5-45　氢能源工程机械
（a）氢燃料电池装载机（图片来源：https://www.xcmg.com）；
（b）氢燃料电池混凝土搅拌运输车（图片来源：https://www.sanygroup.com）；
（c）氢燃料电池重卡（图片来源：https://www.yutong.com.cn）；
（d）氢燃料电池挖掘机（图片来源：http://www.jker.cn）

部分氢燃料电池工程机械情况　　　　　　　　　　　　　　表5-1

品牌	产品类别	吨位	电池配套
徐工集团	XC968-FCEV 氢燃料电池装载机	6t	125kW 氢燃料电池
三一重工	SYM5311GJB1 FCEV 氢燃料电池混凝土搅拌运输车	31t	110kW 氢燃料电池
中联重科	ZT125 FCEV 氢燃料电池重卡	80t（载重）	两组 120kW 氢燃料电池
太重集团	TZ240 EH 氢燃料电池挖掘机	22t	80kW 氢燃料电池
同力重工	TLH105 非公路宽体自卸车	100t	98kW 氢燃料电池
博雷顿	BRT956 HEV 氢电混合装载机	5t	51kW 氢燃料电池

同，积极探索"氢气供应—氢站—氢车—绿色运力平台—城市渣土车清运"零碳商业闭环运营模式，打通上下游产业，形成整车和核心零部件的规模化应用。整批渣土车示范项目5年运营期间预计可以实现20000t二氧化碳减排，有效助力"双碳"目标实现。

氢能源工程机械在工程建设中还处于不断发展和完善的阶段，应用场景逐渐增多。虽然氢能源工程机械在技术和市场上还不够完善，但随着氢能技术的不断进步和政策的支持，氢燃料电池车在工程建设中的应用前景仍然十分广阔，未来以氢能源为动力的产品也将相继问世。

5.4.2 无人建造装备

控制、信息、人工智能等科学技术的快速发展，积极影响建筑施工行业面向"智能建造"方式产业升级。当下，人口红利消失，人工成本上涨，工程机械的智能化、无人化成为行业发展新趋势。工程机械的智能化，要引领设备向机器人化、无人化方向发展。无人化设备（机械）使得机器脱离人后，可以高效稳定作业，有利于长期工程，并且适应高温、粉尘、抢险、救灾等多种场景应用。

1. 无人机

工程建设领域应用的无人机，主要有多旋翼无人机、固定翼无人机和垂直起降无人机；通常配备高清摄像头、红外热像仪、激光雷达等传感器，能够获取高精度的工程数据；主要用于现场信息收集、地形测绘、环境监测、施工监管、三维建模和虚拟现实展示等任务。

工程建设领域应用的无人机，主要有以下特点：

1）高效灵活：工程建设无人机能够快速响应需求，进行实时的数据采集和监测，提高工程建设的效率。同时，无人机具备高度的灵活性，可以适应各种复杂环境和地形条件。

2）成本低廉：相比传统的人工或机械作业方式，无人机能够显著降低工程建设成本。它无需复杂的设备和人力投入，只需通过简单的操作即可完成任务。

3）安全性高：工程建设无人机能够替代人工进行高空、危险区域的作业，减少人员伤亡和财产损失的风险。

4）技术门槛高：工程建设无人机需要具备先进的飞行控制、导航和数据处理等技术，对操作人员的技术水平和经验要求较高。

5）适用范围有限：虽然工程建设无人机具备高度的灵活性和适应性，但在某些特定环境下（如极端天气、复杂地形等），其作业效果可能受到影响。

（a）　　　　　　　　　　　　　　　（b）

图 5-46　工程建设无人机
（a）测绘无人机（图片来源：https：//baijiahao.baidu.com）；
（b）施工监测无人机（图片来源：https：//it.sohu.com/a/669407401_120992631）

工程建设无人机在工程建设领域的应用广泛（图 5-46），包括但不限于以下几个方面：

1）地形测绘：无人机可以携带高精度相机和传感器，对工程建设区域进行地形测绘和三维建模，为工程设计和规划提供准确的数据支持。

2）施工现场监控：无人机可以实时传输施工现场的图像和视频数据，帮助管理人员了解施工进展和现场情况，及时发现问题并采取措施。

3）物资运输：无人机可以搭载一定重量的物资和设备，在施工现场进行物资运输和补给，提高施工效率。

4）安全检查：无人机可以通过红外热像仪等设备对建筑物进行安全检查，及时发现潜在的安全隐患并进行处理。

测绘无人机在土石方工程测量和施工现场管理中的应用。深圳市大鹏新区人民医院建设项目采用了深圳市大疆科技公司的无人机一站式航测解决方案，通过在工地区域部署无人机值守机场，自动控制无人机在工地现场执行航线任务并采集数据，上传至深圳市相关成果信息管理平台后自动开启模型重建任务，构建了高精度二维正射影像与三维实景模型。项目通过在线化的工程数据依托实景模型，实现了土方量快速计算与分析、工程进度动态查看与对比，提升了项目进度精细化管理水平，提高了多方沟通效率，降低了项目建造成本。

2. 无人驾驶工程机械

无人驾驶工程机械利用人工智能、自动化控制、传感器技术等多个领域的先进技术，能够感知、识别、分析、决策、控制机械设备方向、速度、操作等，通过远程操作开展施工作业。其核心为无人驾驶系统，一个涉及感知、决策、执行以及高度依赖硬件和技术平台的复杂系统，主要包括环境感知、控制决策和执行系统三个核心模块。

1）环境感知：输入设备包括摄像头、激光雷达、毫米波雷达、超声波、导航系统等。这些传感器收集周围信息，为感知系统提供全面的环境数据。

2）控制决策：负责路线规划和实时导航。主要涉及高精度地图，以及"车联网 V2X""智能交通系统"的支持，决策系统应用人工智能算法评估各种驾驶行为。

3）执行系统：主要涉及线控底盘，包括线控转向、线控刹车、线控油门、线控换挡等。用线控系统来取代司机的手和脚，并配置多个处理器组成的子系统，以此来稳定、准确地控制机械。

除了核心模块外，无人驾驶系统还依赖于以下硬件和技术平台。

1）传感器平台：包括长距雷达、激光雷达、短距雷达、车载摄像头、超声波、GPS、陀螺仪等，负责收集环境数据。

2）计算平台：负责实时处理大量传感器数据，进行驾驶预警与决策。计算平台的选择对无人驾驶的安全性、可靠性、持续性至关重要。

3）控制平台：通过电子控制单元和通信总线，控制各个机械部件，完成操作的执行与转换。

此外，无人驾驶系统的研发和应用还涉及算法端、客户端和云端的技术支持和协同作用。

无人驾驶工程机械具有高度自动化、智能化程度高、安全性高、灵活性和适应性强节能减排效果好、减少人力成本等特点。

1）高度自动化：无人驾驶工程机械采用先进的自动驾驶技术，能够自主导航、感知周围环境、识别障碍物，并实现自主作业。这种高度自动化的特点使得机械无需人工干预即可完成复杂的工程任务，大大提高了工作效率。

2）智能化程度高：无人驾驶工程机械具备高精度感知、自主决策和智能规划等能力。它们能够实时获取周围环境信息，并通过智能算法进行数据处理和分析，从而做出最优的决策和规划。这种智能化特点使得机械能够适应各种复杂的工程环境和任务需求。

3）安全性高：无人驾驶工程机械通过智能避障、超载保护等安全机制，能够有效避免事故发生。它们能够实时感知周围环境中的障碍物和危险情况，并采取相应的措施进行避让或停止作业，确保人员和机械的安全。

4）灵活性和适应性强：无人驾驶工程机械具备高度的灵活性和适应性。它们可以适应各种复杂的工程环境和地形条件。同时，还可以根据工程任务的需求进行快速部署和调整，满足各种紧急情况下的工程需求。

5）节能减排效果好：无人驾驶工程机械采用先进的动力系统和节能技术，能够实现高效、低耗的作业。相比传统的人工或机械作业方式，能够显著降低能源消耗和排放，符合环保和可持续发展的要求。

6）减少人力成本：无人驾驶工程机械能够替代人工进行作业，降低人力成本。它们可以连续工作，不受人力疲劳和天气等因素的影响，从而提高工程建设的效率和进度。

无人驾驶工程机械在工程建设中具有广泛的应用前景和潜力。随着技术的不断进步和应用场景的不断拓展，相信未来无人驾驶工程机械将在更多领域发挥重要作用。目前，无人驾驶时代已然来临，无论是从成本、效率还是安全角度出发，无人驾驶都是工程机械行业提升竞争力的重要发展方向。无人驾驶工程机械在工程建设领域应用，主要有无人驾驶运输车、无人驾驶牵引车、无人驾驶平板车、无人驾驶挖掘机、无人驾驶起重机、无人驾驶压路机和无人驾驶搅拌车等（图5-47）。

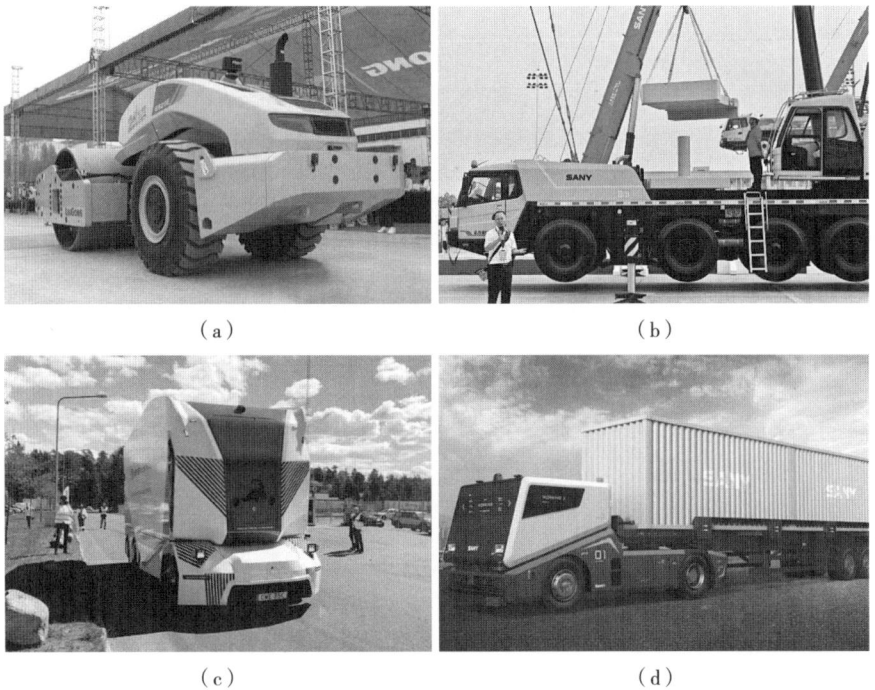

（a）　　　　　　　　　　　（b）

（c）　　　　　　　　　　　（d）

图5-47　无人驾驶工程机械
（a）无人驾驶压路机（图片来源：http：//news.hntjx.com）；
（b）无人驾驶起重机（图片来源：https：//www.seetao.com）；
（c）无人驾驶运输车（图片来源：https：//chejiahao.autohome.com.cn）；
（d）无人驾驶牵引车（图片来源：https：//news.hexun.com）

在人工智能迅速发展、5G技术广泛应用、基础设施建设全面提速的大环境支持下，无人驾驶工程机械也吸引着企业争先入局。例如，三一重工正在逐步实现工程机械无人化的多场景应用，从远程遥控到无人驾驶，持续深耕、全面布局，相继推出无人驾驶纯电动牵引车、无人驾驶压路机、纯电动无人驾驶宽体车等产品，广泛涉及港口、路面、矿区等多种场景应用。

随着工程建设机械智能化、无人化技术的成熟，越来越多的基建项目都引入了无人驾驶机械参与实际施工作业。其中，无人驾驶压路机、摊铺机在高速公路施工现场集群作业的项目占比极高，且逐步从示范演练进入常态应用阶段（表5-2）。

部分无人驾驶机械应用情况 表5-2

序号	时间	项目	应用情况
1	2019年	上海朱建路道路改建工程项目	1台无人驾驶摊铺机与2台无人驾驶压路机组成集群搭配施工，是国内首套无人驾驶智能沥青道路摊铺压实设备"首秀"
2	2020年	广西新柳南高速公路项目	投用1台远程遥控摊铺机、4台无人驾驶压路机，是全国首条应用无人驾驶集群进行水稳施工的高速
3	2020年	江苏溧高高速公路项目	包括2台12m大宽度摊铺机、2台30t 8轮胎压路机、5台13t双钢轮压路机组成的无人驾驶集群
4	2020年	京雄高速公路项目	3台摊铺机、6台压路机在京雄高速公路SG2标段，通过北斗导航5G网络，实现无人驾驶施工作业
5	2020年	黄衢南高速衢州段项目	由2台摊铺机、5台双钢轮压路机和轮胎压路机组成集群联合进行无人驾驶摊压作业，是全球首次在"已营运"的高速公路上进行的无人驾驶智能化集群施工
6	2021年	哈尔滨至肇源高速公路项目	第9标段沥青面层施工现场，1台摊铺机、5台压路集无人驾驶作业，是黑龙江省公路建设首次应用无人驾驶技术，也是我国高寒地区首次无人化数字施工
7	2022年	上海宜家购物中心临空项目	引入了无人驾驶挖掘机作业，4个月就完成了深达20m的基坑开挖，该基坑占地面积1.3万 m²，挖出来的土方量20多万 m³
8	2022年	西南某高原铁路项目	1台挖掘机器人在中建某局土木公司西南某高原铁路项目上成功完成了第一阶段测试过程，是全球首台登陆高原作业的无人挖掘机
9	2022年	福建省翔安大桥项目	主航道桥上面层沥青铺装依靠北斗卫星定位无人驾驶压路设备进行作业，是国内钢桥面沥青铺装首次应用无人化集群施工技术
10	2023年	104国道睢宁段项目	2标段养护工程施工现场，投用了无人驾驶摊铺机、无人驾驶压路机共6台设备集群作业
11	2023年	德铜采矿场项目	推土机成功完成远程控制实际排土场现场情景模拟测试，标志着德铜推土机无人驾驶项目又迈出了关键的一步
12	2023年	阜宁至溧阳高速公路项目	建湖至兴化段镇江路桥JHX-21标段沥青中面层施工现场，投用了1台无人驾驶大型摊铺机，5台无人驾驶压路机
13	2023年	合肥园博园机场跑道项目	无人摊压集群由1台高等级摊铺机、1台双钢轮压路机、1台胶轮压路机组成，主要对骆岗机场主跑道和副跑道进行修缮
14	2023年	骆岗中央公园青海路项目	在项目西宁路沥青面层施工现场，投用了2台大型智能摊铺机与4台压路机开展无人驾驶施工作业
15	2023年	杭甬高速复线宁波段	在宁波慈溪市周巷段施工现场，由1台摊铺机、6台压路机组成的"无人驾驶施工集群"作业
16	2023年	临夏东乡县境内安临公路	沥青路面智能化无人驾驶集群由1台智能摊铺机、3台无人驾驶胶轮压路机、3台无人驾驶双钢轮压路机和1台指挥车组成

5.4.3 拆楼机

1.高空液压拆楼机

高空液压拆楼机是由液压挖掘机演变而成的高空拆除机，其主要作用是进行楼房等建筑物的拆除作业（图5-48）。拆楼机与普通挖掘机的最大区别在于前端工作属具的不同，也就是工作用途不同：普通挖掘机的大小臂一般为两段式，前端是挖斗，其主要作用是进行挖掘、装载作业；拆楼机的大小臂一般为三段式（俗称拆楼加长臂），前端是液压剪或液压破碎锤，液压剪力度较强，能够剪碎钢筋水泥，液压破碎锤的冲击力较大，能够将高层建筑的墙体、梁、柱等结构件破碎，然后通过履带式行走机构将破碎后的物料运走。

图 5-48　高空液压拆楼机
（图片来源：http://www.gongyechaichu.com）

高空液压拆楼机，具有高效拆楼、安全可靠、环保节能等特点：

1）高效拆楼：使用液压破碎锤、液压剪可快速将建筑结构破碎，提高拆楼效率。

2）安全可靠：具有履带式行走器具，可以灵活移动，同时配备多种安全保护装置，确保拆楼作业的安全性。

3）环保节能：可将破碎后的物料进行回收利用，减少建筑垃圾的产生，具有环保节能的特点。

高空液压拆楼机主要用于拆除高层建筑、桥梁、隧道等大型工程项目的结构件，也适用于城市更新、旧城改造等工程。高空液压拆楼机一般作业范围能够覆盖到5~10层楼高，目前最高作业范围可达20层楼高，适合高层建筑拆除作业。例如，日本神户制钢就打造出了一款犹如机械战甲般的拆楼机（型号SK3500D），不同于常规三段式的构造，其采用通用型底臂设计，每个悬臂都有一个块体结构，而拆除臂的模块化设计，折叠成一个紧凑的尺寸，机械臂长65m，工作重量达327t，整车动力系统达到338kW，可轻松拆掉20层的高楼。

2. 巨型拆楼机

相较于传统的建筑拆除方式，由日本首创的高层建筑巨型拆楼机，正逐渐应用于建筑行业，这种新型拆除方式更能减少建筑废弃物的产生（图 5-49）。具体做法是封闭楼顶后，用顶棚起重机逐段分解楼板，在顶层的四周搭满脚手架，再将加装了千斤顶的立柱平均地分布在脚手架的内侧，在当前位置拆除完毕后就用计算机控制脚手架下移，接着将墙体拆除。拆除完一层后，再继续拆除下一层直至拆完整栋高楼，产生的建筑垃圾全部用塔式起重机运至地面装车运走。将楼层顶部进行封闭处理，以保障拆除过程中产生的噪声不会影响周围居民，且粉尘不会肆意扩散。

这些"文明"的拆除法除了比较安全美观以外，还可以显著降低噪声和粉尘。建设公司的发言人表示，这种方法产生的噪声比传统方法低 20dB，粉尘减少 90%。此外，这种精细作业还有利于回收建筑材料，而且还能降低拆除作业的耗能。

东京赤坂王子大饭店位于日本东京都千代田区纪尾井町，是一座高138.9m 的建筑，曾是日本泡沫经济时代的辉煌象征。然而，随着时间的推移，该酒店因设备老化陷入经营低迷，并于 2013 年决定拆除。对于赤坂王子酒店来说，周边高楼耸立，采用爆破形式拆除势必会影响周边的建筑物。加上高楼上层风力大，常规屋面开敞式的拆除方法又会造成巨大的噪声污染和粉尘污染。

为了避免传统爆破方式带来的噪声污染和粉尘污染，拆除团队采用了逐层分解的拆除方案，让楼房慢慢变矮直至消失（图 5-50）。具体实施过程如下：

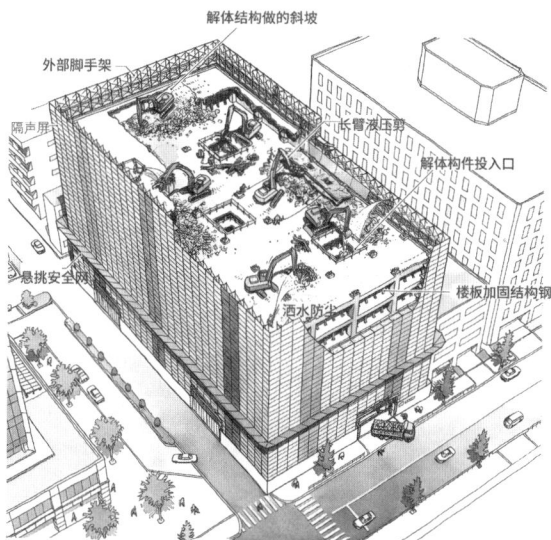

图 5-49　巨型拆楼机示意图
（图片来源：https://www.sohu.com/a/624043891_121349956）

图 5-50　东京赤坂王子大饭店拆除过程变化图
（图片来源：https://www.fwxgx.com/articles/3482）

1）封闭楼顶：在拆除前，先将楼层顶部进行封闭处理，以保障拆除过程中产生的噪声不会影响周围居民，且粉尘不会肆意扩散。

2）建造脚手架层：在楼顶上建造了一个 3 层楼高的脚手架层，外部用和大楼设计风格类似的面板包裹，以遮蔽和隔声。

3）逐层拆除：在脚手架层内，使用顶棚起重机逐段分解楼板，并拆除墙体。每拆除一层，脚手架层就下降一层，直至拆完整栋建筑。

项目巨型液压脚手架起到一个支撑的作用（图 5-51），将屋顶托起，同时托起各种重型机器，在高达几十、几百米的位置作业。在这个脚手架空间里，以 10 天拆 2 层楼的速度，用液压剪等重型设备逐渐拆除脚手架层遮住的楼层。所有的拆除工作都在包裹层里进行，所以不管大厦内部的拆迁工作进行得多么热火朝天，外面的路人几乎看不出来。这种新型拆楼方案不仅安全有效且无污染，还具有环保的特点。现场的起重机采用了类似汽车再生制动的过程，将被拆除的材料运送到地面的同时，就会产生电能供照明和其他设备使用。

图 5-51　东京赤坂王子大饭店项目巨型液压脚手架
（图片来源：https://www.sohu.com/a/624043891_121349956）

东京赤坂王子大饭店的拆除技术展示了日本在建筑工程领域的先进技术和环保意识。采用高层巨型拆楼设备通过逐层分解的拆除方案和多项环保措施的实施，实现了高效、环保的拆除目标。

本章思考题

1. 除了本章绿色低碳建造新技术、新能源、新材料、新装备应用，还能列举哪些绿色低碳建造新应用？

2. 举例说明工程建设中有哪些类型新能源装备，这些新能源装备有什么特点？

3. 模块化建造方式有何优点？主要适用于哪些建筑类型？

4. 3D 打印技术有哪些优势？

5. 简要描述"光储直柔"系统基本原理包含哪些内容？

6. 建造过程中，氢燃料电池的应用场景主要在哪些方面？

7. 未来建筑材料的发展方向主要有哪几方面？

8. 简要论述未来混凝土建材减碳的主要路径有哪些？

第6章

绿色低碳建造案例

学习目标：通过本章绿色低碳建造工程案例的学习，旨在让学生了解工程项目绿色低碳建造的实施过程、施工方法和经验教训，增加学生对施工关键技术、工艺的认识和理解，理解和掌握绿色策划、绿色设计、低碳材料的选择、绿色施工技术的应用以及可再生能源的集成利用等关键知识在实际工作中的应用场景，增强学生对绿色低碳建造技术的兴趣，培养学生的问题分析能力、创新思维和实践技能。

随着国家层面对"双碳"目标的重视，绿色低碳建造的发展正受到越来越多的关注，已成为建筑产业转型升级的重要方向。本章介绍了绍兴市龙山书院、世界气象中心（北京）粤港澳大湾区分中心、珠海规划科创中心、中建壹品学府公馆、北京亦庄蓝领公寓、香港有机资源回收中心第二期六个绿色低碳建造案例，涵盖了住宅、教育、文化、办公、市政等不同类型的建筑，系统性地展示了不同绿色低碳建造实施方式和所采取的技术措施。

6.1
绍兴市龙山书院项目

绍兴市龙山书院项目地处绍兴镜湖未来社区中央，工程总用地面积约 69689.2m²，总建筑面积约 147743.5m²。其中，培训中心（4 号楼）作为住房和城乡建设部首批 3 个中瑞零碳建筑合作项目示范工程之一，承担夏热冬冷地区试点工作，具有重大示范意义与参考意义。项目以重现江南现代人文书院为目标，主体规划为全寄宿制中学，以"人文＋庭院＋连廊＋绿植"为景观轴线打造，建成后将成为一座融合传统与现代、展现科技与人文的江南书院（图 6-1）。

图 6-1　项目效果图
（图片来源：中建三局集团有限公司①）

6.1.1　绿色低碳减碳目标

龙山书院项目以超低能耗建筑、零碳运营为目标，聚焦主动式、被动式关键节能减碳技术，从高性能围护结构、高能效设备系统、高品质内外环境三个方面，构建项目零碳建筑技术体系，推进适应本土的气候适宜性零碳建筑建设。

① 中建三局集团有限公司，简称中建三局。

6.1.2 绿色低碳减碳路径

龙山书院项目围绕"全生命周期绿色建造与碳足迹管理"两条主线，致力打造成为全国绿色建造典范工程（图6-2）。从建材选用、施工技术及运营管理三个环节开展研究实践与示范工作。

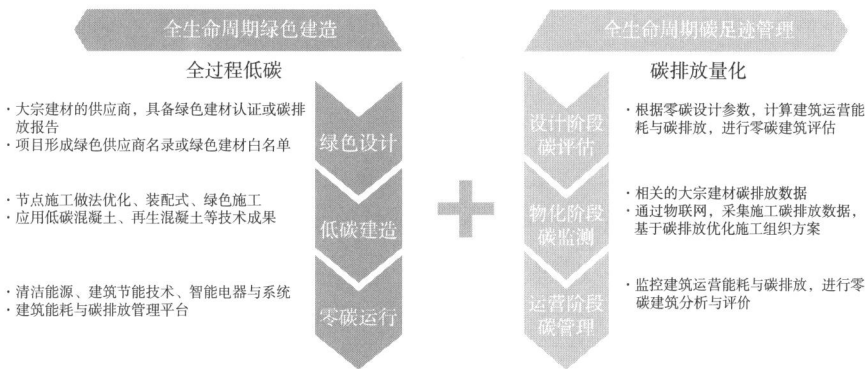

图 6-2 项目绿色低碳减碳路径图
（图片来源：中建三局）

6.1.3 绿色低碳建造技术应用

以聚焦绿色低碳建造关键减碳技术为目标，从绿色建材、装配式技术、再生资源利用、BIPV建造技术、高性能围护体系、碳排放监测与核算、智能建造、精益建造八大方面，探索总结出一套符合"零碳建筑"要求且具有普适性的绿色低碳建造技术体系。

1. 绿色低碳建材选用

（1）绿色供应链

龙山书院项目以住房和城乡建设部《绿色建材评价标识管理办法》（建科〔2014〕75号）开展的绿色建材评价标识为依据，根据不同功能使用要求选用绿色建材。项目目标绿色建材使用量达到70%，45%大宗建材具备碳足迹证书，100%建材属于"云采"供应链白名单，通过建材选用预计减少项目碳排放近20%（图6-3）。

（2）烧结保温砌块

烧结保温砌块是以建筑废弃土、河道淤泥、废弃瓷渣土等为原料，经混合搅拌、匀化、真空挤出后余热干燥和高温烧结而成的新型保温墙体材料。原料中的各种矿物组分发生分解、化合、再结晶、扩散、熔融等一系列作用，最后形成具有大量封闭微小孔、致密、坚硬、机械强度高的棕红色制品，具有轻质、抗压强度高、结构稳定、施工简单、综合建筑成本低廉的特点（图6-4）。

图 6-3 绿色供应链产品认证
（图片来源：中建三局）

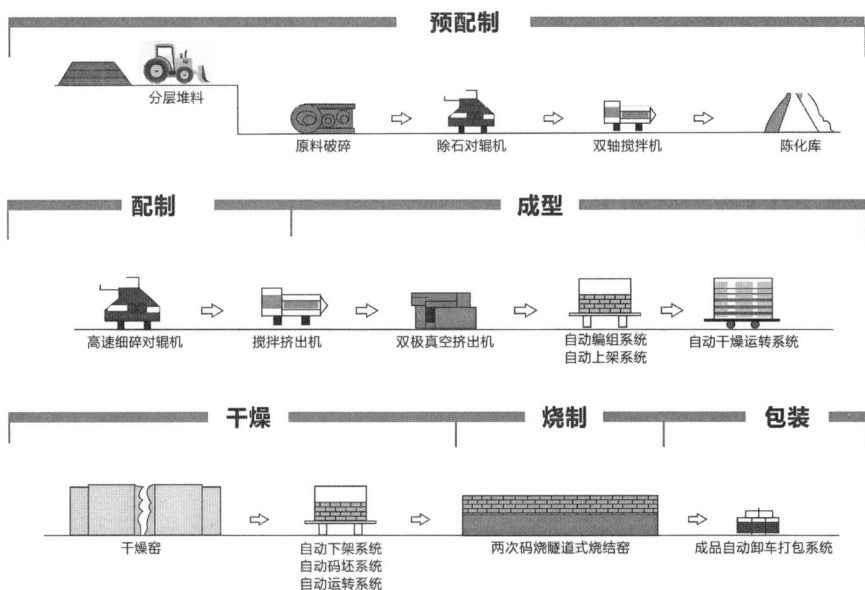

图 6-4 烧结保温砌块生产示意图
（图片来源：烧结保温砌块生产厂家）

龙山书院项目使用的烧结保温砌块（图 6-5）消纳了 2500m³ 绍兴市本地废弃土、淤泥等，墙面相对于传统工艺每平方米减少 80% 的水泥砂浆使用量，提升 20% 施工效率，与传统材料相比预计减少碳排放量 60%。

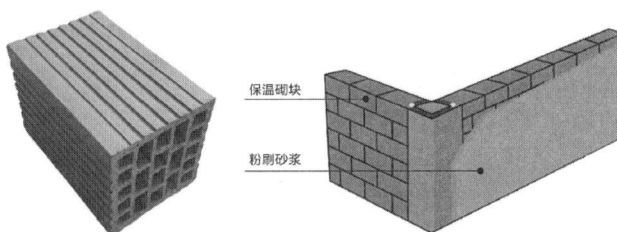

保温砌块

粉刷砂浆

图 6-5 烧结保温砌块
（图片来源：烧结保温砌块生产厂家）

（3）再生混凝土

龙山书院项目使用的"再生混凝土"，是废弃混凝土块经过处理后，取出再生骨料，再加入水泥、水等配制成的新混凝土。再生骨料来自局内周边项目临时基坑废料，通过与当地处理厂、搅拌站以及多领域专家合作，适配出符合项目需求的再生混凝土。

龙山书院项目 C30 全再生骨料混凝土用于项目南大门门楼及其附属结构浇筑，部位包括柱、梁、板、屋面及女儿墙等，混凝土用量约 $2000m^3$。C25 全再生骨料混凝土用于项目地下室地坪浇筑。该建筑地坪面积 $260000m^2$，混凝土用量约 $26000m^3$。再生骨料 100% 替代天然骨料使用，与传统混凝土相比预计减少碳排放量 13%（图 6-6）。

图 6-6　再生混凝土现场施工图
（图片来源：中建三局）

废弃混凝土用作制造水泥的原料时，除节省 62% 的石灰石资源外，还可节约 40% 的黏土和 35% 的铁粉资源，同时可减少 20% 的 CO_2 排放量。再生混凝土，可以解决废弃混凝土消纳难题，同时缓解天然砂石资源短缺现状，为混凝土原料获取的便捷性、经济性和低碳性提供新的依托（图 6-7）。

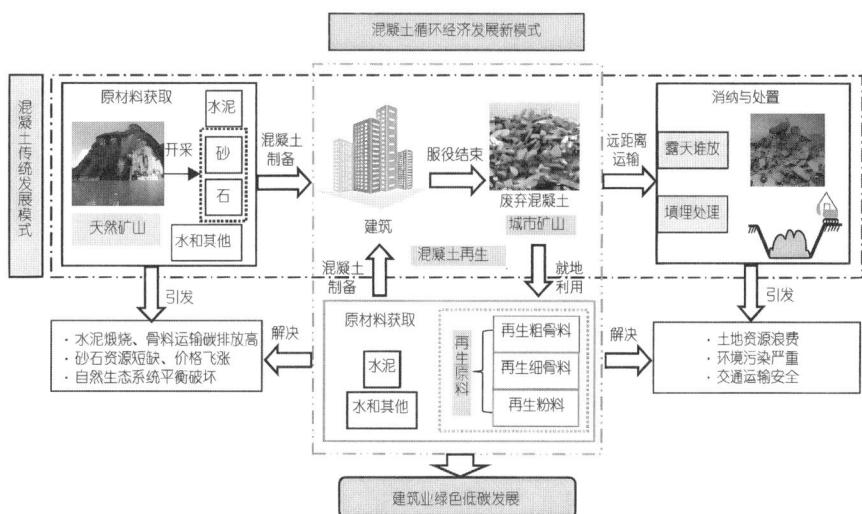

图 6-7　再生混凝土循环模式图
（图片来源：中建三局）

2. 免拆底模钢筋桁架楼承板装配式技术

龙山书院项目采用 CTD3-100 型免拆底模钢筋桁架楼承板，其施工阶段最大无支撑跨度为 1.95m，铺设阶段最大无支撑跨度为 3.6m。该 CTD 楼承板的应用减少了 33% 钢支撑使用及人工，减少了 100% 底部模板使用量，减少了 50% 粉刷工艺（图 6-8）。

图 6-8　CTD 楼承板工程现场图
（图片来源：中建三局）

3. 蒸压加气混凝土板装配式技术

龙山书院项目内墙与外墙均采用蒸压加气混凝土（AAC）板，为最大限度地满足高性能围护结构体系，所有外墙为外挂结构，使用智能安装机器人施工。AAC 隔墙板以质轻、经济、施工简单、防火、防水、隔声、隔热、保温等特点，一跃成为现代新建筑的新宠。而且 AAC 隔墙板材料环保，可回收再利用，从本质上削减了碳排放量。AAC 隔墙板覆盖项目 100% 内外墙，缩短 50% 施工工期，提高 10% 保温性能（图 6-9）。

图 6-9　蒸压加气混凝土板
（图片来源：中建三局）

4. 外围护体系高质量建造

外围护结构直接影响建筑在运营期间的能耗，因此外围护结构的高质量建造是龙山书院项目施工的重心之一。在施工过程中围绕"专业培训、技术提升、绿色建造、确保安全"四大核心进行了专项施工方案编制、样板房施工培训、重要节点构造梳理及质量监督。

5. 智能建造

龙山书院项目以 BIM 数据为核心，以信息化平台为纽带，贯穿整个建设周期，实现智能建造目标。其中，通过云原生设计协同平台将智慧工地管理系统、智能机器人平台及数字建造管理系统打通互联，服务于项目整个建设周期（图 6-10）。

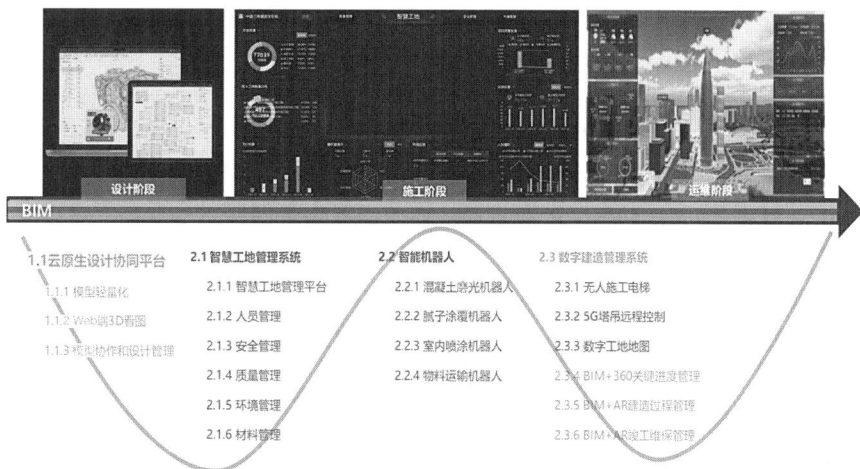

图 6-10　智能建造体系图
（图片来源：中建三局）

6. 碳足迹管理

从建材碳排放、施工碳排放及运营碳平台三个环节开展碳足迹核算与管理（图 6-11）。

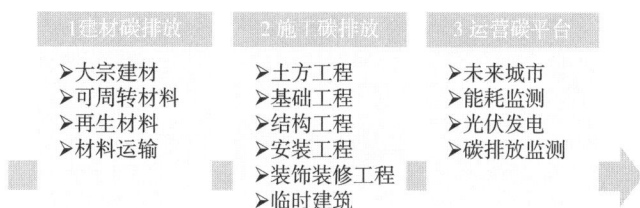

图 6-11　碳足迹管理目标图
（图片来源：中建三局）

根据以上碳管理目标制定碳排放计量与监测总路线（图 6-12）。

对项目物化阶段（材料生产、运输和现场施工）碳排放，开发碳排放监测系统，建立物化阶段碳排放因子基础数据库，采用基于过程的碳排放核算方法，核算物化阶段碳排放量，并以可视化动态数据呈现，实时反馈（图 6-13）。

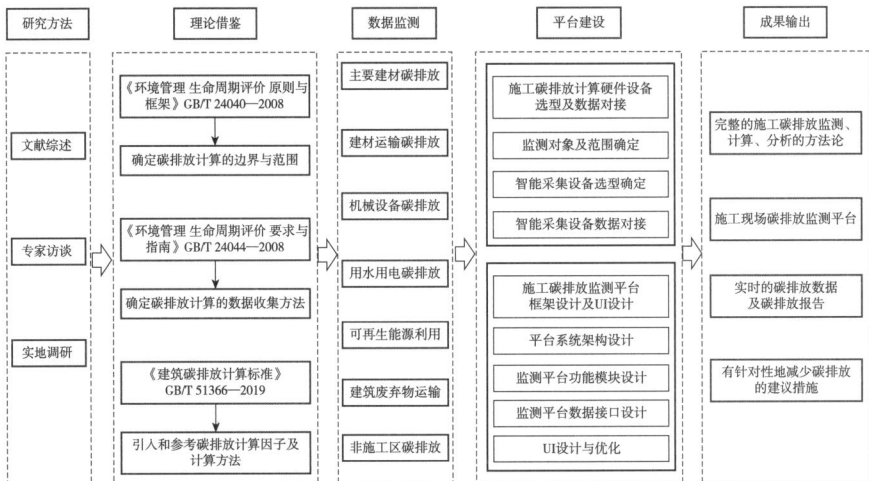

图 6-12　碳排放计量与监测总路线图
（图片来源：中建三局）

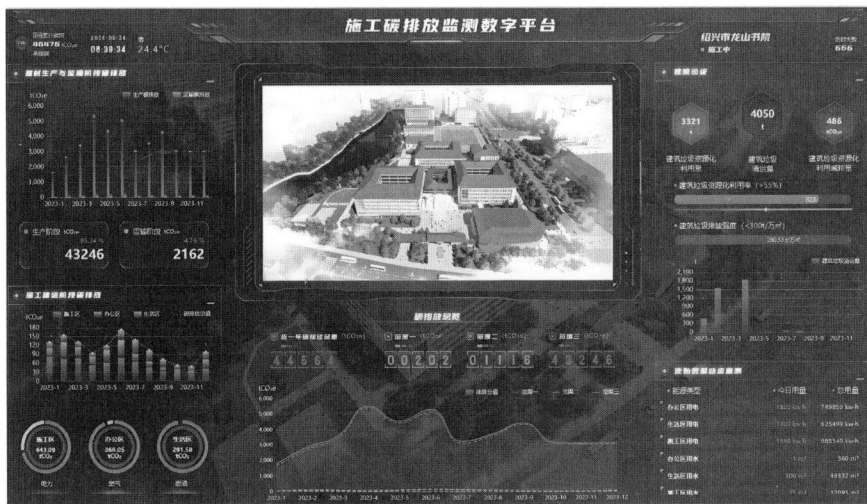

图 6-13　施工碳排放管理平台图
（图片来源：中建三局）

6.1.4　实施经验总结

绍兴市龙山书院项目践行"节能减排、健康舒适、感知参与"的设计理念，降低能源消耗，并同时提供舒适的室内环境。以超低能耗建筑、零碳运营为目标，聚焦主动式、被动式关键节能减碳技术，从节能减排、健康舒适、感知参与三个方面，构建项目零碳建筑技术体系，推进适应本土的气候适宜性零碳建筑建设（图 6-14）。

绍兴市龙山书院项目是低碳示范工程中第一批完成的项目，它在两条主线的实践与探索，很好地体现了如何做好建筑业核心支点，推动上下游协同减碳（图 6-15）。

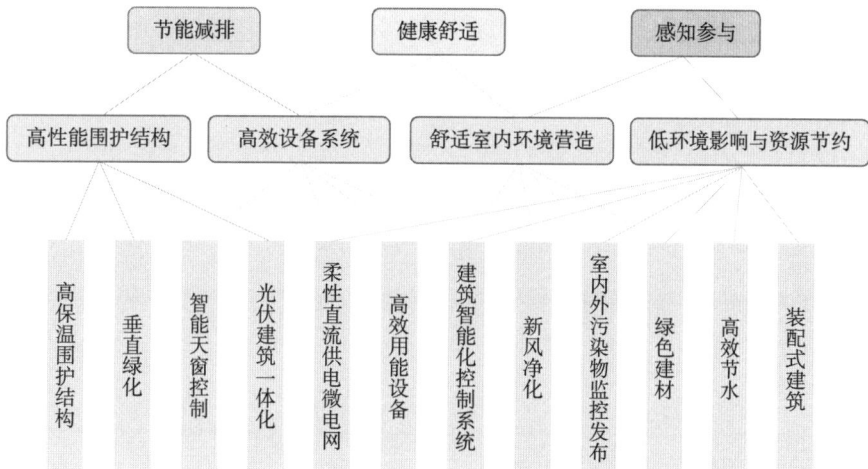

图 6-14 绍兴市龙山书院项目"低碳网络图"
（图片来源：中建三局）

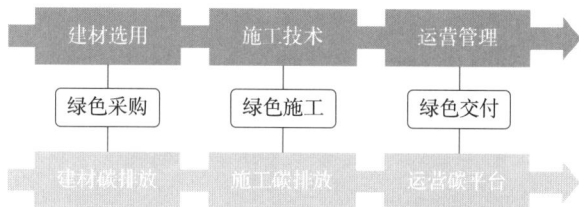

图 6-15 绍兴市龙山书院项目"两条主线"
（图片来源：中建三局）

6.2 世界气象中心（北京）粤港澳大湾区分中心项目

世界气象中心（北京）粤港澳大湾区分中心项目位于广州中新知识城科教创新区，总建筑面积 41603.6m²，其中地上建筑面积 28933.56m²，地下建筑面积 12670.04m²。主要建设内容包括科研楼和公用设施配套楼、连廊、室外气象智能装备综合试验观测场地。其中科研楼建筑高度 68.3m，地上 13 层、地下 2 层；公用设施配套楼建筑高度 37.7m，地上 9 层；连廊建筑高度 6.6m，地上 1 层（图 6-16）。

6.2.1 绿色低碳减碳目标

世界气象中心（北京）粤港澳大湾区分中心项目以"立体园林"为理念，将步移景异的园林空间植入高层办公楼内，围绕着"低消耗、低排放、高性能、高舒适性"目标，将项目打造成中国气象研究最新成果的展示窗口、气象研究的国际交流平台，并为气象工作者营造一处宜人绿色的工作生活空间。项目按我国绿色建筑评价标准三星级与美国 LEED 双标准认证

图 6-16　项目效果图
（图片来源：中建三局）

设计。通过提升建筑围护结构性能、设备合理选型与运行策略优化、可再生能源利用及增加生态碳汇等措施，实现了建筑碳排放强度降低的效果。

6.2.2　绿色低碳减碳路径

世界气象中心（北京）粤港澳大湾区分中心项目围绕"节约能源、智慧运营"两条主线，致力打造成中国气象研究最新成果的展示窗口、气象研究的国际交流平台。从低碳建造管理体系、低碳建造技术体系及碳排放计量体系三个环节开展研究实践与示范工作（图 6-17）。

图 6-17　项目绿色低碳减碳路径图
（图片来源：中建三局）

通过建设碳排放监测分析管理平台和安装物联网设备，对项目的碳排放进行监测和分析，打造"低碳化智慧建造项目"。通过展示大屏幕将不同时间、不同项目的碳排放情况进行展示，明确碳排放内容清单（图6-18）。通过设置可显示建筑材料生产和运输碳排放量的建筑施工材料筛选功能，可选择低碳的建筑材料，结合绿色施工技术实现项目建造阶段碳排放量降低20%。

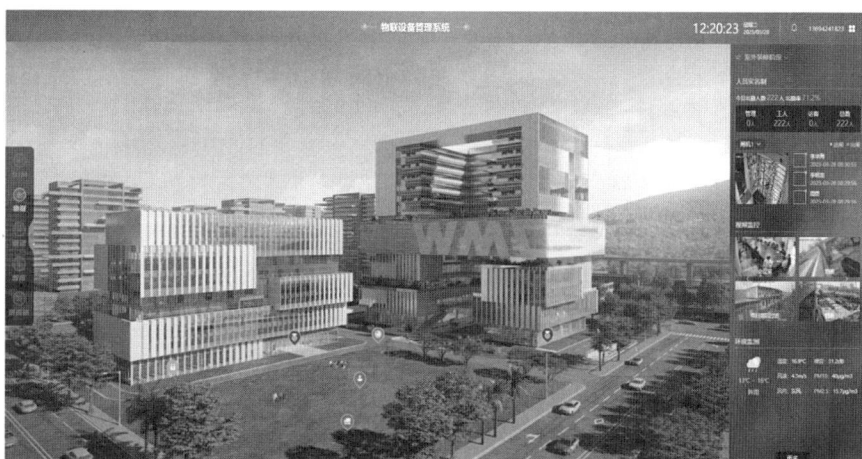

图6-18　碳排放管理平台图
（图片来源：中建三局）

6.2.3　绿色低碳建造技术应用

以聚焦低碳建造关键减碳技术为目标。从低碳设计、绿色建材、绿色供应链、BIM技术、"永临"结合、互联网多协同技术、大数据分析与控制技术七大方面，探索总结出一套符合"立体园林"理念且具有普适性的低碳建造技术体系。

1. 绿色低碳建材选用

（1）绿色再生混凝土

绿色再生混凝土是将废弃混凝土块经过破碎、清洗、分级等工艺制备得到全再生粗细骨料（图6-19），全部或部分替代混凝土中的天然砂石集料，再加入胶凝材料和专用外加剂组分，制备而成的新型混凝土。

世界气象中心（北京）粤港澳大湾区分中心项目针对项目中产生的大量废弃混凝土（仅支撑拆除就约24690m³）等建筑垃圾，以全再生骨料（粉料）替代天然砂石（水泥）进行全再生骨料混凝土（强度C25~C40）制备，将全再生骨料混凝土就地回用于本项目部分结构梁板和临建设施应用（图6-20）。项目已使用400m³新型再生骨料混凝土用于地下室梁板浇筑，在办公楼使用200m³再生骨料混凝土浇筑梁板。

图 6-19 全再生粗细骨料
（图片来源：中建三局）

图 6-20 全再生骨料混凝土现场施工图
（图片来源：中建三局）

世界气象中心（北京）粤港澳大湾区分中心项目 600m³ 再生混凝土减碳量 177000kg CO_2e。

（2）装配式绿色建材

世界气象中心（北京）粤港澳大湾区分中心项目大量应用预制凸窗、外墙板及预制楼承板（图 6-21）。其中 B 座标准层预制凸窗共 14 件合计重量 47.67t，A 座标准层预制凸窗共 20 件合计重量 72.36t，B 座标准层预制下挂板共 38 件合计重量 39.8t。项目大量采用装配式建材，提高工业化施工程度，极大减少湿作业，降低施工过程中的碳排放量。

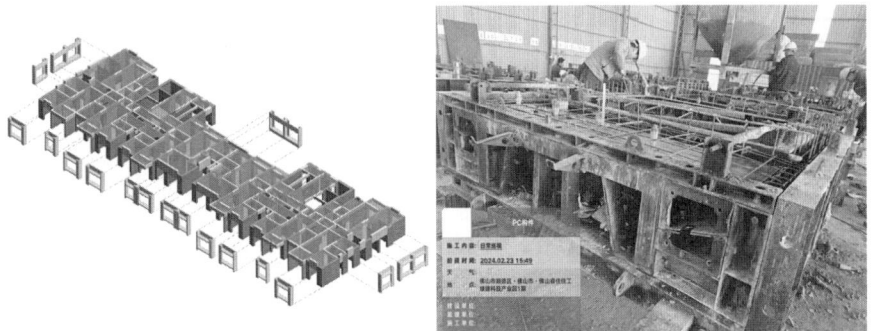

图 6-21 预制凸窗
（图片来源：中建三局）

同时，项目所有内隔墙均采用 ALC 墙板，ALC 墙板是以粉煤灰、水泥、石粉等为主要原料，经蒸压加气养护而成的多气孔混凝土成型板材（图 6-22）。它具有高强轻质、保温隔热、阻燃耐火、吸声隔声、抗震环保的特点，而且施工工程中采用管卡进行连接固定，无需进行湿作业，可以极大降低项目建造过程中的碳排放量。

图 6-22　预制成型板材
（图片来源：中建三局）

世界气象中心（北京）粤港澳大湾区分中心项目大量采用装配式施工，铝模使用面积约 25.56 万 m²，通过改造钢模二次利用可节约钢材 25t、凸窗 3600m³、ALC 墙板 15192m³。工业化、标准化和装配化生产和施工可节约材料 20% 左右，节约水资源 60% 左右，减少施工碳排放 20% 左右。预计碳减效益 4095641.2kg CO_2e。

（3）绿色供应链

世界气象中心（北京）粤港澳大湾区分中心项目以住房和城乡建设部《绿色建材评价标识管理办法》开展的绿色建材评价标识为依据，根据不同功能使用要求选用绿色材料。项目目标绿色建材使用量达到 60%，40% 大宗建材具备碳足迹证书，100% 建材属于"云采"供应链白名单，通过建材选用预计减少项目碳排放近 25%。

2. 低碳施工技术应用

（1）BIM 钢筋加工技术

世界气象中心（北京）粤港澳大湾区分中心项目采用自主开发的钢筋翻样智能辅助系统，构建 BIM 模型及信息输入，使得 BIM 模型具有准确的钢筋规格、形状及尺寸等信息内容。实现钢筋模型的快速构建、钢筋断料及标准化料单导出。采用钢筋 BIM 云管理平台对钢筋加工、配送及绑扎作业进行集中管控，提升管理水平，降低材料损耗（图 6-23）。

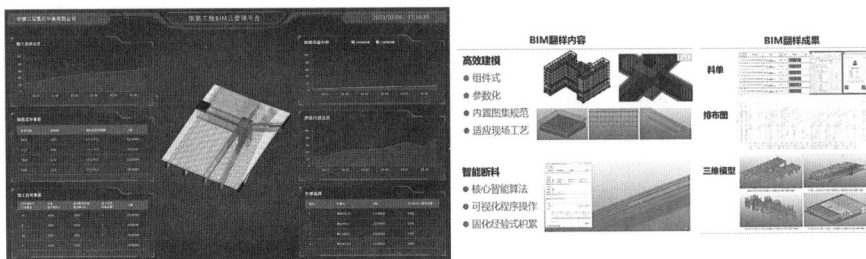

图 6-23　BIM 云管理平台
（图片来源：中建三局）

（2）基于大数据的项目成本分析与控制信息技术

世界气象中心（北京）粤港澳大湾区分中心项目利用"工程成本数据库信息系统"的海量业务数据，对"工、料、机"等核心成本要素进行分析，挖掘出关键成本管控指标并利用其进行收入管理、成本管理、施工过程管理，从而实现工程项目成本管理的过程管控和风险预警（图 6-24）。

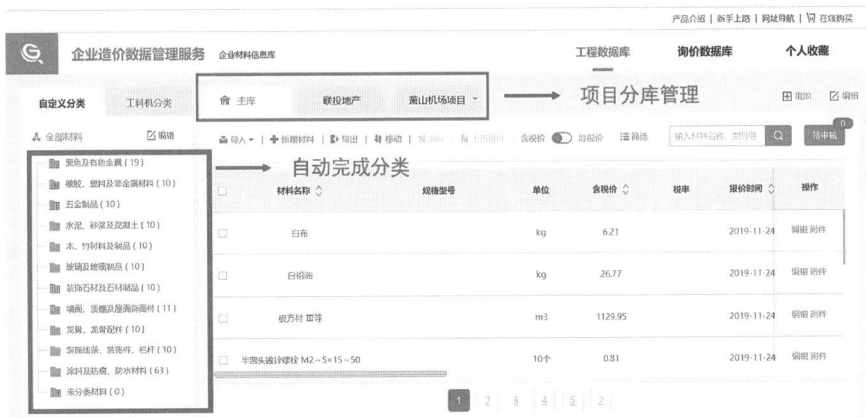

图 6-24　工程成本数据库信息系统
（图片来源：中建三局）

（3）"永临"结合施工技术

世界气象中心（北京）粤港澳大湾区分中心项目在满足设计文件、场地条件、周边环境和施工总体要求下，因地制宜地将建筑工程中的临时工程与永久工程（道路、室外设施、消防给水、楼层照明、市政给水排水）结合利用，减少材料、能源浪费，提高资源利用效率，有效降低碳排放（图 6-25）。

（4）基于智能化的装配式建筑产品生产与管理信息技术

世界气象中心（北京）粤港澳大湾区分中心项目依据设计图纸结合生产制造要求建立深化设计模型，并将模型交付给工厂制作，利用物联网条码对加工构件进行统一标识，通过对材料"收、发、存、领、用、退"全过程的

图 6-25 "永临"结合施工
（图片来源：中建三局）

管理，实现可视化的构件运输管理和多维度的质量追溯管理；对加工构件进行联网管理，按工艺参数执行制造工艺，并反馈生产状态，实现生产状态的可视化管理，利用 BIM 技术对产品进行预拼装模拟，减少并纠正拼装误差，提高装配效率（图 6-26）。

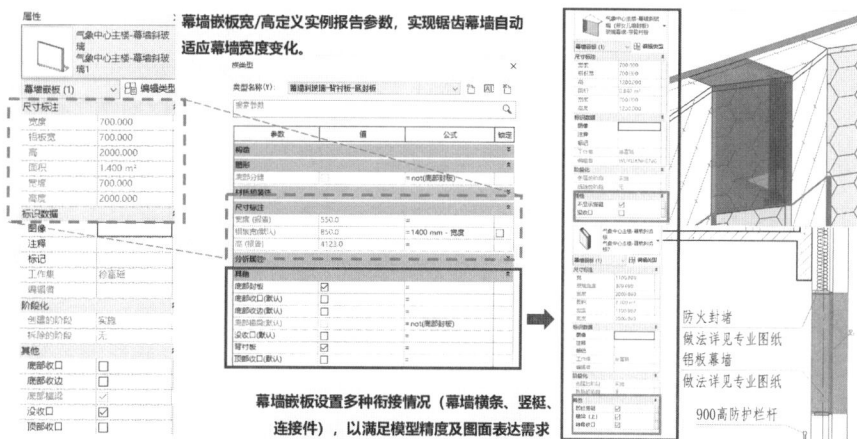

图 6-26 智能化的装配式建筑产品生产
（图片来源：中建三局）

（5）基于互联网的项目多方协同管理技术

世界气象中心（北京）粤港澳大湾区分中心项目利用珠江某设计院的 BIM 协同项目管理平台，以云计算、大数据、移动互联网和 BIM 等技术为支撑，满足多方参与的协同工作信息化管理平台（图 6-27）。

（6）钢结构虚拟预拼装技术

世界气象中心（北京）粤港澳大湾区分中心项目采用三维设计软件，得到钢结构分段构件控制点的实测三维坐标，在计算机中模拟拼装形成分段构件的轮廓模型，与深化设计的理论模型拟合比对，检查分析加工拼装精度，经过必要的校正、修改与模拟拼装，直至满足精度要求（图 6-28）。

可视化项目管理流程

移动办公，信息即时互通

图 6-27　BIM 协同项目管理平台
（图片来源：中建三局）

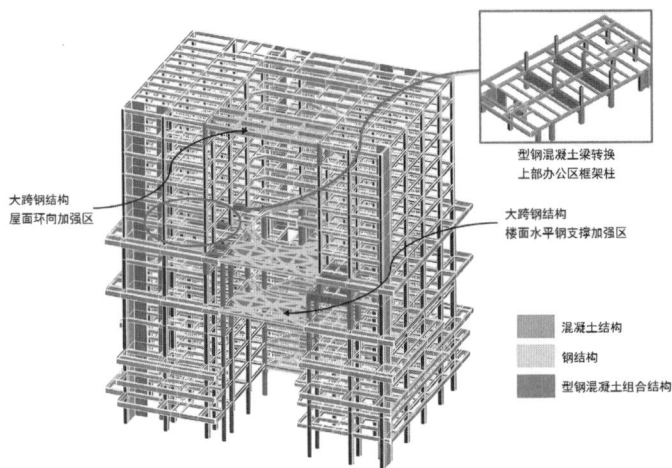

图 6-28　钢结构虚拟预拼装技术
（图片来源：中建三局）

6.2.4　实施经验总结

　　根据世界气象中心（北京）粤港澳大湾区分中心项目施工阶段的各种能源使用情况，可对施工阶段的减碳潜力进行挖掘，从而深入探讨进一步在各方面（电、水、气、油、建材）减碳的途径。

　　通过执行绿色低碳施工策略，并实时把控各施工阶段碳排放量，控制本工程项目的实际碳排放量（不计额外购买的国家核证自愿减排量 CCER），使整体建造阶段的碳排放量降低 20%。

　　通过对绿色低碳施工的成本统计（增量成本、节约成本），可量化绿色低碳施工所带来的效益；通过绿色低碳施工，可形成初步的绿色供应链，并且可随着项目积累逐步完善，有利于后续项目减碳目标的达成。

6.3

珠海规划科创中心项目

珠海规划科创中心项目位于珠海市香洲区，总建筑面积约为 81390.84m²，其中地上建筑面积为 67081.48m²，地下建筑面积为 14309.36m²。地下 2 层、地上 22 层，其中包含底部 5 层裙房。整个建筑体量由裙房和塔楼两部分组成，并将塔楼分成两个部分，形成立体花园的三个层次。其中首层为办公大堂及配套用房，首层夹层及 2~5 层为社会公共停车库，无偿返还给政府作为公共停车设施，6、7 层为配套餐饮用房，8 层为社会公共停车配套用房，9~22 层为综合办公用房；地下共 2 层，主要功能为人防及停车库。

珠海规划科创中心项目已获得"超低能耗建筑"设计标识，2024 年第一批广东省建筑业绿色施工示范工程，2023 年中国施工企业管理协会第四届工程建设行业 BIM 大赛三等成果（建筑工程综合应用类），2022 年中国建筑业协会第七届建设工程 BIM 大赛一类成果（图 6-29）。

图 6-29　项目鸟瞰图
（图片来源：中建三局）

6.3.1　绿色低碳减碳目标

珠海规划科创中心项目以超低能耗建筑、绿色建筑三星级、广东省绿色施工示范工程为目标，设计阶段聚焦主动式、被动式关键节能减碳技术，施工阶段聚焦绿色施工技术，构建珠海规划科创中心绿色低碳建造实施技术体系，推进适应本土的超低能耗建筑建设。

6.3.2　绿色低碳减碳路径

珠海规划科创中心围绕"绿色设计与绿色施工"两条主线，致力于打造全国绿色低碳建造典范工程。从施工策划、建材选用及施工技术三个环节开展研究实践与示范工作（图 6-30）。

6.3.3　绿色低碳建造技术应用

珠海规划科创中心从低碳设计、建材选用及低碳建造技术应用施工三个维度开展绿色低碳建造相关工作。在低碳设计方面，项目以"被动优先、主动优化、充分利用可再生能源"为原则，实现"超低能耗建筑"设计目标。在建材选用方面，项目通过高比例应用绿色建材、选用清水混凝土等措施，

193

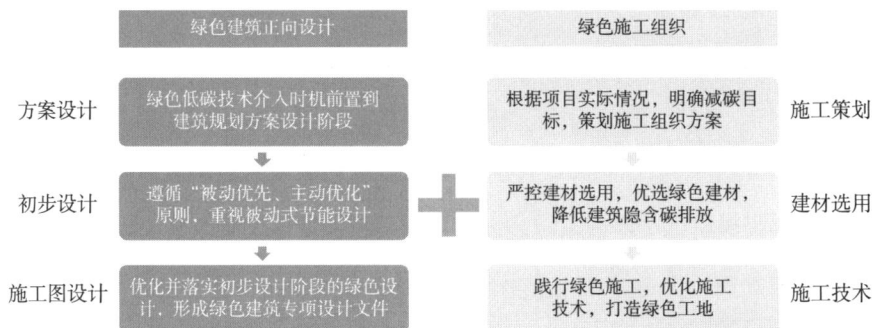

绿色建筑正向设计		绿色施工组织	
方案设计	绿色低碳技术介入时机前置到建筑规划方案设计阶段	根据项目实际情况，明确减碳目标，策划施工组织方案	施工策划
初步设计	遵循"被动优先、主动优化"原则，重视被动式节能设计	严控建材选用，优选绿色建材，降低建筑隐含碳排放	建材选用
施工图设计	优化并落实初步设计阶段的绿色设计，形成绿色建筑专项设计文件	践行绿色施工，优化施工技术，打造绿色工地	施工技术

图 6-30 项目绿色低碳减碳路径图
（图片来源：中建三局）

降低施工过程隐含碳排放。在低碳施工方面，项目采用节材与材料资源利用、装配式装修、建筑垃圾资源化利用等技术，满足绿色低碳施工要求。

1. 绿色（低碳）建材选用

本项目以住房和城乡建设部《绿色建材评价标识管理办法》开展的绿色建材评价标识为依据，根据不同功能使用要求选用绿色建材。项目绿色建材应用比例超过70%（图 6-31）。

清水混凝土系直接利用混凝土成型后的自然质感作为饰面效果的混凝土工程，一次性浇筑完成，并且不需要做其他的装

图 6-31 绿色建材认证标识
（图片来源：中建三局）

饰，很大程度上减少了其他建筑装饰材料的使用，属于一种环保型材料，符合绿色建筑的发展理念。

本项目外立面主要由竖向原色清水混凝土柱、横向白色清水混凝土遮阳板构成，建筑设计在保证建筑外观效果的前提下，满足建筑耐久性和节约资源。项目使用清水混凝土总量约 11373m³。包括浅色清水混凝土与深色清水混凝土。浅色清水混凝土：外立面双飘板、局部楼板，总量约 5460m³；深色清水混凝土：清水混凝土圆柱、8 层及以上核心筒外围剪力墙等，总量约 5913m³（图 6-32）。

2. 清水混凝土工程精细化施工

由于一次成型、不可更改的特性，清水混凝土对施工要求极高，原料配比、模板质量、"打灰"的手艺，甚至运输条件、天气变化、拆模时间……

图 6-32 清水混凝土成型效果展示
（图片来源：中建三局）

任何一点偏差，都会直接反映在混凝土表面。

参与施工的混凝土工、木工都是逐个面试挑选的"特种工"，提前两个月开始储备调配；平板选用芬兰进口高强度 WISA 模板，并采用雕刻机及精密锯加工，厚度差控制在 0.5mm 内；与搅拌站合作"囤货"，设置专门生产线确保最终成效。

除了施工细节的讲究，为了高效打造清水混凝土标杆，项目以"一次成型、一次成优"为目标，设定创优计划，落实样板引路制度，明确施工标准，运用全过程 BIM 技术，对所有在清水混凝土表面预留洞口、预埋套筒、预留接驳口等措施进行深化设计，确保"每一处都是用 BIM 建模"，以精准定位规避无序拼接，用动画演示进行直观交底（图 6-33）。

实践表明，珠海规划科创中心清水混凝土成型质量显著提高，施工效率较传统工法提高 20%~40%，经广东省建筑业协会鉴定，达到国内领先水平。

3. 装配式装修

项目实施装配式装修，利用工业化内部装修部品，如顶棚（含吊顶）、隔断、架空地板等，实现装修干法施工、主体结构和管线分离。

（a）

（b）

图 6-33 清水混凝土工程精细化施工
（a）清水混凝土模板；（b）BIM 建模技术
（图片来源：中建三局）

195

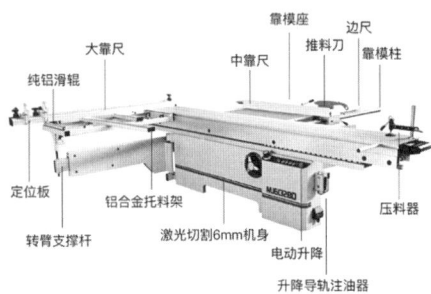

（c）   （d）

图 6-33　清水混凝土工程精细化施工（续）
（c）雕刻机；（d）精密锯
（图片来源：中建三局）

项目大部分办公区域采用管线明装方式和地面设置架空地板，架空地板采用金属地脚螺栓支撑，空腔内铺设管线，并设置地面检修口，以方便管道检查、修理。公共走道采用轻钢龙骨吊顶，吊顶内的架空空间用于铺设管线、安装灯具，以及安装其他设备。

工业化内部装修部品的主要特征为工厂生产、现场安装、以干法施工为主。项目采用的工业化内部装修部品主要有装配式玻璃隔断、钢板隔断、装配式吊顶、架空地板。干式工法装修部品的施工减少施工垃圾，减少资源浪费，提高部品部件的拆装便捷性，缩短工期，并减少维护成本（图 6-34）。

图 6-34　装配式装修完工效果展示
（图片来源：中建三局）

4. 节材与材料资源利用

本项目通过优选当地建筑材料、精确计算材料用量、准确控制材料进场计划、利用 BIM 技术优化施工方案等绿色施工措施提高钢筋、商品混凝土等建筑主材使用率（图 6-35），控制钢材损耗值仅为 2.3%，混凝土损耗率为 1.02%。对钢筋套筒进、出库及使用建立合理的管理机制，由专人负责领取套筒、签字登记，并由此进行专项管理，杜绝套筒的浪费。

(a)

珠海规划科创中心（主体）工程
限额领用制度及领用单

(b)

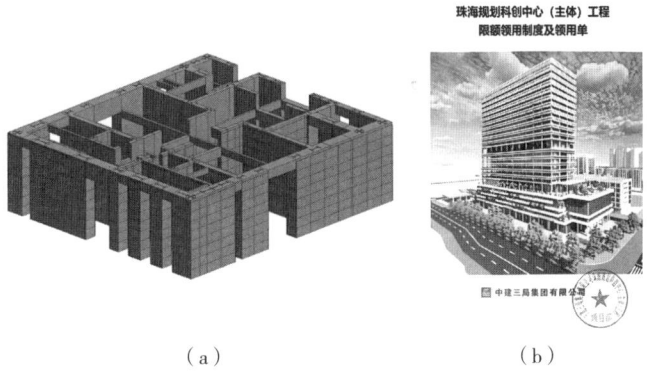

珠海规划科创中心项目（珠海公司）钢筋进出场台账（广珠物流）

日期	物资名称	规格型号	产地	单位	数量	网价	含税加价	不含税单价（含加价）	不含税金额	车号	供应商/调拨库	部位	钢筋车间	备注
2021/8/25	螺纹钢	HRB400EΦ12	韶钢	t	2.238	5720	24	5083.186	11376.17	粤C345××			钢筋车间	
2021/8/25	螺纹钢	HRB400EΦ14	韶钢	t	2.207	5660	24	5030.088	11101.41				钢筋车间	
2021/8/25	螺纹钢	HRB400EΦ16	韶钢	t	7.622	5610	24	4985.841	38002.08		广珠铁路	B1X、A3X基础及框架柱插筋	钢筋车间	
2021/8/25	螺纹钢	HRB400EΦ20	韶钢	t	16.005	5540	24	4923.894	78806.92				钢筋车间	
2021/8/25	螺纹钢	HRB400EΦ22	韶钢	t	10.012	5540	24	4923.894	49298.02	粤C908××			钢筋车间	
2021/8/25	螺纹钢	HRB400EΦ25	韶钢	t	27.951	5540	24	4923.894	137627.76				钢筋车间	
2021/8/29	螺纹钢	HRB400EΦ20	韶钢	t	34.679	5500	24	4888.496	169528.14	粤F332××	广珠铁路	B1X、A3X基础及框架柱插筋	钢筋车间	
2021/8/29	螺纹钢	HRB400EΦ25	韶钢	t	33.033	5500	24	4888.496	161481.67	粤C761××			钢筋车间	
2021/8/31	螺纹钢	HRB400EΦ16	韶钢	t	35.569	5610	24	4985.841	177341.37	粤F330××	广珠铁路	B1X、A3X基础及框架柱插筋	钢筋车间	
2021/8/31	螺纹钢	HRB400EΦ16	韶钢	t	20.325	5610	24	4985.841	101337.21	粤F996××			钢筋车间	
2021/8/31	螺纹钢	HRB400EΦ28	韶钢	t	13.041	5740	24	5100.885	66520.64				钢筋车间	
2021/9/3	螺纹钢	HRB400EΦ12	韶钢	t	8.951	5740	24	5100.885	45658.02				钢筋车间	
2021/9/3	螺纹钢	HRB400EΦ18	韶钢	t	7.920	5560	24	4941.593	39137.42	粤F080××	广珠铁路	B1X、A3X基础及框架柱插筋	钢筋车间	
2021/9/3	盘螺	HRB400EΦ8	韶钢	t	8.838	5710	83	5126.549	45410.97				钢筋车间	
2021/9/3	盘螺	HRB400EΦ10	韶钢	t	8.836	5710	83	5126.549	45298.18				钢筋车间	
2021/9/4	螺纹钢	HRB400EΦ16	珠海粤钢	t	33.370	5610	24	4985.841	166377.50	粤C991××	广珠铁路	B1X基础等	钢筋车间	
2021/9/9	螺纹钢	HRB400EΦ12	韶钢	t	13.427	5880	24	5224.779	70153.10			B1X基础、墙柱插筋及坑中坑梁板	钢筋车间	
2021/9/9	螺纹钢	HRB400EΦ14	韶钢	t	8.828	5620	24	5171.681	45655.60	粤BEV2××			钢筋车间	
2021/9/9	螺纹钢	HRB400EΦ20	韶钢	t	10.67	5700	24	5065.487	54048.74			B1X基础等	钢筋车间	
2021/9/12	螺纹钢	HRB400EΦ25	韶钢	t	33.033	5790	24	5145.133	169959.17	粤C719××	广珠铁路	B1X基础等	钢筋车间	
2021/9/14	螺纹钢	HRB400EΦ14	韶钢	t	13.449	5960	24	5295.575	81811.34	粤C908××		A3基础、墙柱插筋及坑中坑梁板、墙柱至-9.3米	钢筋车间	
2021/9/14	螺纹钢	HRB400EΦ22	韶钢	t	17.522	5840	24	5189.381	90928.33		广珠铁路		钢筋车间	
2021/9/14	螺纹钢	HRB400EΦ25	韶钢	t	33.033	5840	24	5189.381	171420.81	粤C595××			钢筋车间	

(c)

图6-35 节材与材料资源利用
（a）模板排板图；（b）限额领用单；（c）材料进出场台账
（图片来源：中建三局）

5.建筑垃圾资源化利用

本项目建筑垃圾产生总量2246.52t，产生垃圾量为272.86t/万 m^2（<300t/万 m^2）。通过用钢筋废料制作马镫、排水沟篦子、预埋件以及短洞口附加筋，剩余混凝土用于制作钢筋垫块，混凝土碎块用于作为回填材料，项目建筑垃圾回收利用量718.89t，再利用率和回收率达到32%（图6-36）。

6.3.4 实施经验总结

珠海规划科创中心项目为华南地区建筑高度最高、建筑体量最大的清水混凝土建筑，已获得"超低能耗建筑"设计标识。项目应用的深浅两色清水混凝土超过总方量的50%，如此大体量的高层清水建筑在国内屈指可数，在高温、高湿、高盐环境的南方地区更少，这成为项目最大的设计特色，也构成项目最大的技术难点。项目大量使用清水混凝土，在施工中将BIM建模技术及数控雕刻深度融合进行清水模板裁切，实现清水模板的高效周转。

（a）   （b）

图 6-36　建筑垃圾资源化利用
（a）废旧模板回收利用；（b）废旧钢筋回收处理；
（c）利用混凝土碎块进行临时施工道路基层施工
（图片来源：中建三局）

（c）

　　本项目从设计、施工、使用全过程按照绿色节能的要求进行，统筹绿色建筑正向设计及绿色施工组织，实现项目的绿色低碳建造。项目实施了原《建筑工程绿色施工评价标准》GB/T 50640—2010 中的六个要素，在开展绿色施工工作中，承建单位对绿色施工管理、"四节一环保"及新技术应用与创新方面采取了相应的措施，策划在先，过程受控，组织严密，责任落实，创建绿色施工实现的各类指标符合标准要求，绿色施工自评价工作规范、自评表类齐全、结论优良，有效地节约了资源、保护环境和减少污染。

6.4
中建壹品学府公馆项目

　　中建壹品学府公馆项目位于北京市海淀区，计容面积约 13 万 m^2，总建筑面积约 21 万 m^2，主要建筑包括住宅楼、公共服务用房、幼儿园（图 6-37）。其中 8 栋住宅楼为超低能耗建筑，幼儿园为近零能耗建筑，超低能耗建筑占地上建筑面积的 50% 以上。项目获评"超低能耗建筑"设计标识、北京市扬尘治理绿牌工地、北京市绿色安全样板工地、中建三局绿色施工示范工程。

6.4.1　绿色低碳减碳目标

　　中建壹品学府公馆项目以超低能耗建筑、绿色建筑三星级为目标，设计阶段聚焦主动式、被动式关键节能减碳技术，施工阶段聚焦绿色低碳施工技术，

图 6-37　项目效果图
（图片来源：中建三局）

构建中建壹品学府公馆绿色低碳建造实施技术体系，拟建超低能耗建筑面积占比超过 50%，致力打造北京市第二批高品质住宅示范项目。

6.4.2　绿色低碳减碳路径

中建壹品学府公馆项目围绕"绿色设计与绿色施工"两条主线，致力于打造全国绿色低碳建造典范工程。从绿色建筑、装配式建筑、超低能耗建筑、健康建筑、宜居技术、管理模式等环节开展研究与示范工作（图 6-38）。

绿色建筑
通过三星认证：施工建材采用通过三星级绿色建材认证的保温材料，且100%使用，全过程绿色建造

装配式建筑
装配率78%，全面采用水平竖向全装配式结构并实施装配式装修

超低能耗建筑
集成超厚外保温、高性能门窗、中央空调和热交换系统、气密性和无热桥设计，应用占比55%

健康建筑
围绕"空气、水、舒适、健身、人文、提高创新"六大方面进行细节把控

宜居技术
防水、外墙保温工程承诺质量保修期限不少于15年；外窗与入户门、屋面保温工程承诺质量保修期限不少于8年

管理模式
建筑师负责制
投保建筑性能责任保险
全生命周期应用BIM技术

图 6-38　项目绿色低碳减碳路径图
（图片来源：中建三局）

6.4.3　绿色低碳关键技术

中建壹品学府公馆项目从低碳设计、低碳施工及数字化交付三个维度开展绿色低碳建造相关工作。在低碳设计方面，项目以"被动优先、主动优化、充分利用可再生能源"为原则，实现"超低能耗建筑"设计目标。在低碳施工方面，项目采用节材与材料资源利用、节能与能源利用、建筑垃圾资

源化利用、装配式建造、智慧工地等技术，满足绿色低碳施工要求。在数字化交付方面，项目通过在交付阶段结合 BIM 技术应用在住宅项目中，为业主提供更为详尽的房屋使用说明，有利于房屋后期的运营维护。

1. 装配式建造技术

本项目采取高装配率施工，装配率达 78%，全面采用水平竖向全装配式结构并实施装配式装修。创新性应用装配式混凝土剪力墙结构技术、混凝土叠合楼板技术、钢筋套筒灌浆连接技术以及装配式混凝土结构建筑信息模型应用技术，缩短了施工工期，减少了底模板支模、钢筋绑扎、现浇混凝土的工作量，减少现场湿作业，改善了现场施工条件，大量减少建筑垃圾和废水排放，降低建筑噪声，降低有害气体和粉尘排放，有利于城市绿色发展。

本项目采用装配式装修技术，户内架空地板供暖模块、轻钢龙骨内隔墙、硅酸钙涂装墙板、集成厨房、集成卫生间等，采用装配式装修施工便捷，构件在工厂内生产，质量可以得到更好的控制（图 6-39）。

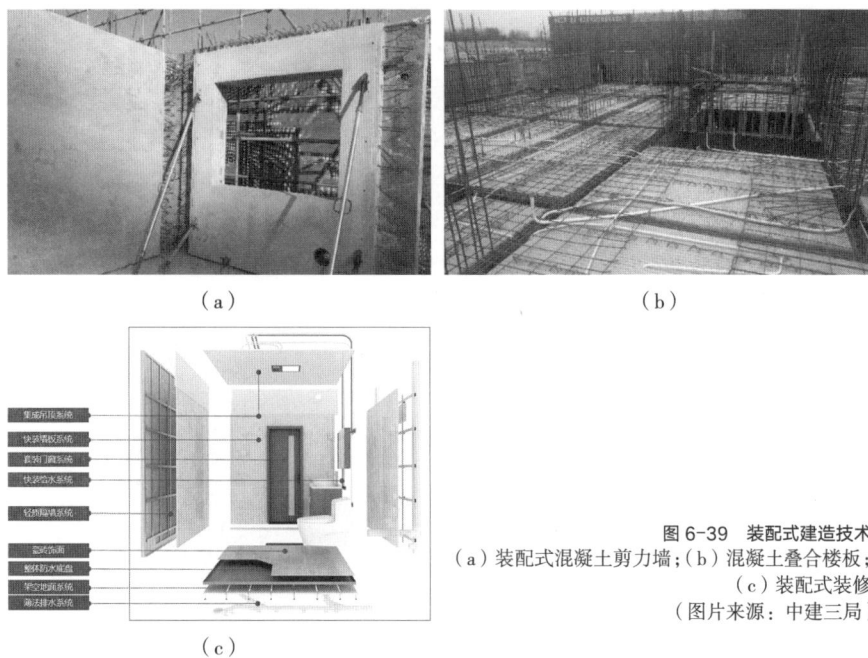

（a）

（b）

（c）

图 6-39　装配式建造技术
（a）装配式混凝土剪力墙；（b）混凝土叠合楼板；
（c）装配式装修
（图片来源：中建三局）

2. BIM 技术应用

本项目基于 BIM 技术在结构模型的基础上进行二次结构深化，建立砌筑墙体、构造柱、圈梁、过梁模型，并且添加相关尺寸、材料、编号信息，从而输出砌体排砖工程量统计清单、二次结构施工图等进行材料采购辅助、施工指导等。解决了传统砌体工程深化设计图纸描述不清晰、CAD 深化图局限性过大、洞口预留位置调整、碰撞检查难等问题（图 6-40）。

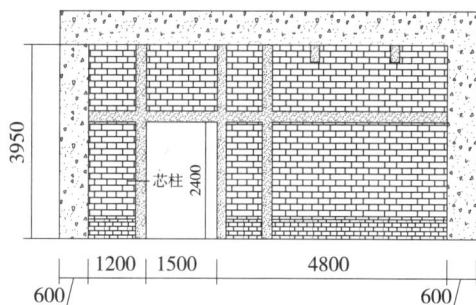

图 6-40　BIM 技术指导砌体排砖施工
（图片来源：中建三局）

3. 节材与材料资源利用

本项目从设计节材和施工节材两方面措施入手，开展相关工作。设计节材措施方面，现场钢筋短料进行再利用，制作马镫或直螺纹连接使用；地下室结构采用"免开孔"模板体系，降低整张模板切割率，使用废旧模板进行打孔处理，大大降低材料消耗。施工节材措施方面，采取"永临"结合消防施工，提前引入正式消防管线，代替临时消防，一次成型，减少浪费；采用压型钢跳板替代木脚手板，减少木材消耗；项目各类物资使用原则为标准化、定型化，坚持可调拨、不采购原则，始终坚持以"周转"为核心，大力推广使用可周转材料。主要包括箱式消防水泵房、箱式配电室等（图 6-41）。

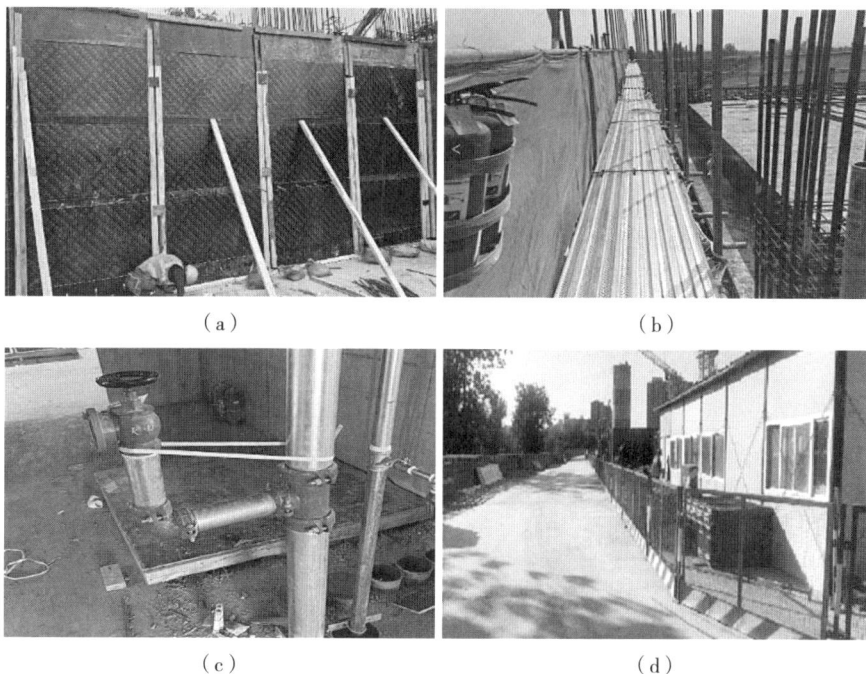

（a）

（b）

（c）

（d）

图 6-41　节材与材料资源利用
（a）"免开孔"模板体系；（b）压型钢跳板；（c）"永临"结合消防施工；（d）定型化可周转防护
（图片来源：中建三局）

4. 建筑垃圾资源化利用

本项目全面实施垃圾分类，累计设置分类垃圾池 19 个，建立项目分包单位垃圾分类管理细则，严抓材料内控与分类回收，定期通报各分包单位责任项目当前区内垃圾分类管理情况；积极对接北京建工再生资源回收公司与周边废品回收单位进行垃圾分类回收。建筑垃圾产生量不大于 $300t/万\ m^2$，建筑垃圾再利用率和回收率达到 50%，有毒、有害废弃物分类率达 100%（图 6-42）。

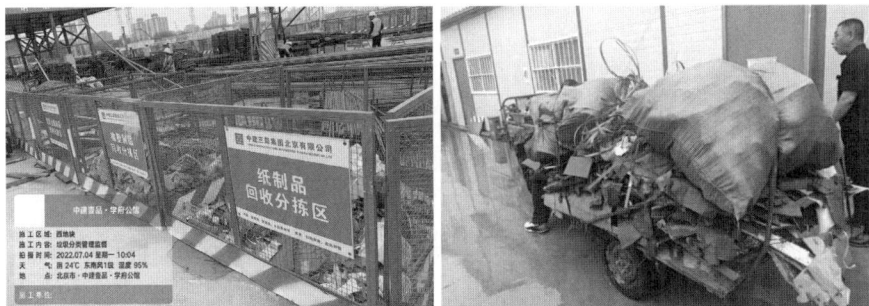

图 6-42　建筑垃圾分类与回收
（图片来源：中建三局）

5. 数字化交付

项目策划在交付阶段结合 BIM 技术应用在住宅项目中革新传统交房模式，利用模型信息化的方式，制作智慧交付手册。实体还原的虚拟 VR 场景，为业主带来从宏观到微观全方位的视觉体验，在场景中为业主提供详尽的房屋使用说明（图 6-43）。

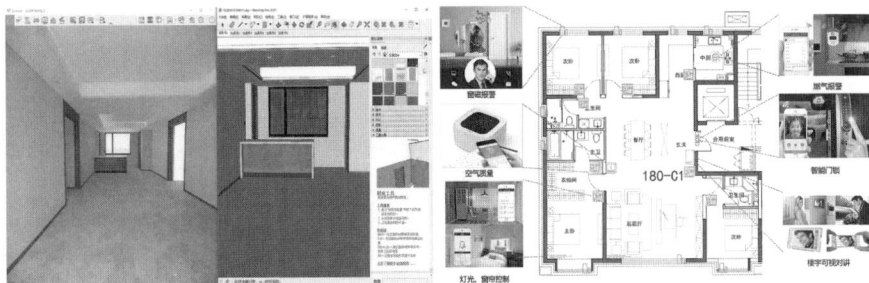

图 6-43　数字化交付
（图片来源：中建三局）

6.4.4　实施经验总结

中建壹品学府公馆项目为北京市高标准商品住宅，已获评"超低能耗建筑"设计标识、中建三局绿色施工示范工程等。项目从设计、施工、使用全过程按照绿色节能的要求进行，统筹绿色建筑设计及绿色施工组织，实现项目的绿色低碳建造。

项目通过超低能耗建筑的实施、项目建筑品质的提升、能源效率的提高、人员舒适度的增强，以及以人为本理念的贯彻，使住宅获得更高的舒适性体验以及节约使用成本，使得节能减排的理念深入人心，促进全社会树立节能环保风尚，减少资源消耗与环境污染。

项目建立健全绿色施工管理制度，编制绿色施工方案、扬尘治理专项方案等，将"五节一环保"落到实处。通过现场总平面规划、责任分区、绿色施工管理、日常绿色施工达标考核等管理手段，落实现场绿色施工，促进绿色建造。

6.5 北京亦庄蓝领公寓项目

北京亦庄蓝领公寓项目位于北京经济技术开发区，紧邻南六环路（图 6-44）。总用地面积为 3.35 万 m^2，总建筑面积 12 万 m^2，最大建筑高度 32.2m；项目共包含 4 栋公寓，1 栋综合楼。公寓均为 9 层，综合楼为 6 层，地下室 1 层。建筑耐火等级为地上二级、地下一级，达到绿色建筑二星级标准。

图 6-44 项目效果图
（图片来源：中建科技集团有限公司）

6.5.1 绿色低碳减碳目标

本项目定位为以绿色建造、智能建造为特色的模块化建筑，打造新型建造方式的标杆。项目采用模块化建造方式，结构设计采用 9 层（箱—钢框架—支撑）结构模块化结构，建筑设计采用装配式装修，箱体高度集成内外装饰装修工程、机电工程、给水排水工程、门窗工程。施工采用干式工法，实现工厂全装配预制，现场箱体整体快速吊装。项目建造对标国际一流，打造全国最高装配式模块化箱房建筑。建成后拟向经济技术开发区提供 1810 间精装修保障性住房，推动区域产业良性发展。

6.5.2　绿色低碳减碳路径

（1）绿色建筑设计

本项目践行绿色、节能理念，以创建环境友好、健康舒适、能源与资源消耗较低的公共建筑为基本理念。按照绿色建筑建设目标，全专业密切配合，对标北京市地方标准《绿色建筑评价标准》DB11/T 825—2021中的评价体系，从安全耐久、健康舒适、生活便利、资源节约、环境宜居等多方面采取绿色建筑技术措施，达到绿色建筑二星级标准（图6-45）。同时通过采用综合的、适宜的、低成本的绿色建筑技术措施，与传统建造模式相比，节约用工50%、节约工期60%、减少垃圾排放70%、资源回收利用率达到95%，充分体现模块化建筑产品低碳、绿色、环保的综合效益。

北京市《绿色建筑评价标准》DB11/T 825—2021							
指标体系	控制项	安全耐久	健康舒适	生活便利	资源节约	环境宜居	提高与创新加分项
满分分值	400	100	100	100	200	100	100
适用分值	400	100	100	70	200	100	100
自评得分	400	52	53	21	138	48	20
折算得分	400	52	53	30	138	48	20
总得分Q	74.10						
评价星级	（一星60、二星70、三星85）						
达标星级	二星级						

图6-45　项目绿色建筑得分情况
（图片来源：中建科技集团有限公司）

（2）模块化建造

本项目所采用的模块化建造是装配式建造2.0版本，即以每个房间作为一个模块单元，房间的机电、管线、家具、装饰、幕墙等90%在工厂完成预制生产，运到现场直接吊装，实现"像搭积木一样造房子"。

本项目各栋塔楼采用模块化+钢混合结构，主体结构全装配，钢框架部分采用类幕墙做法，模块化工厂预制，内隔墙采用轻钢龙骨隔墙、装配式装修。水平管线设置在吊顶、架空地面内，竖向管线设置在预制管道井内，实现管线分离比例100%。装配率达92%，打造北京市AAA级超高装配率模块化酒店示范工程。

（3）装配式装修

本项目采用装配式装修干法施工工艺，免去涂料、溶剂、胶黏剂在家装过程中的使用，也从源头上缓解了甲醛、苯、TVOC等有害化学物质的装修后遗症问题。同时，工厂产业化加工，极大减少现场粉尘、垃圾排放、噪声污染。箱体可拆卸、可更换、可周转，可重复使用。

6.5.3 绿色低碳建造技术应用

1. 工业化生产

模块化装配式箱房的结构、内外装饰装修、机电安装等工序在工厂与箱体同时完成，工厂标准化的生产质量可靠，工厂生产误差达毫米级，精度大幅提高。模块化装配式箱房在标准化工厂生产现场组装，减少现场施工流程，提高现场施工效率；工厂集中统一进行材料采购，不存在浪费现象，且边角余料还可再利用，降低生产成本，减少现场施工的建筑垃圾，干法施工现场装配、组装，节水、节电、节材、环保。其可拆卸、可更换、可回收的部件属性，后期可实现维修与升级，降低了内装的综合成本。同时，通过工厂大型机械智能化、标准化、规模化、精细化生产加工，成品标准、质量更好，材料、工艺品质有保障，加工精度高，整体设计、生产、施工流程体系化、专业化，品控更优、合格率高（图6-46）。

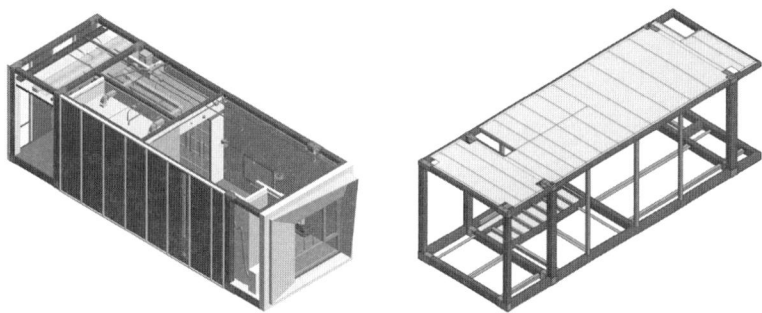

图 6-46 项目建筑模型
（图片来源：中建科技集团有限公司）

2. 绿色施工

本项目采用模块化快速安装技术，钢构件运至现场直接吊装，安装好一个钢构件只需20min，建造速度比传统建造速度快60%（图6-47）。项目从开工到施工结束，历时九个月时间，而传统钢筋混凝土结构的建筑一般要花费两年半的时间。此外，在施工过程中免搭建脚手架和模板，可减少80%的建筑垃圾；免焊接等工序，可节电70%。可循环材料利用率达到90%，实现"零材料损耗"。同时，其可拆卸、可更换、可回收的部件属性，有效降低入住后的维护成本。

图 6-47 项目施工现场
（图片来源：中建科技集团有限公司）

3. BIM 技术应用

在施工过程中，项目通过利用 BIM 技术，在虚拟的三维环境下及时地发现设计中的碰撞冲突，在施工前快速、全面、准确地检查出设计图纸中的错误、遗漏及各专业间的碰撞等问题，减少由此产生的设计变更和工程洽商，更大大提高了施工现场的生产效率，从而减少施工中的返工，提高建筑质量，节约成本，缩短工期，降低风险（图6-48）。

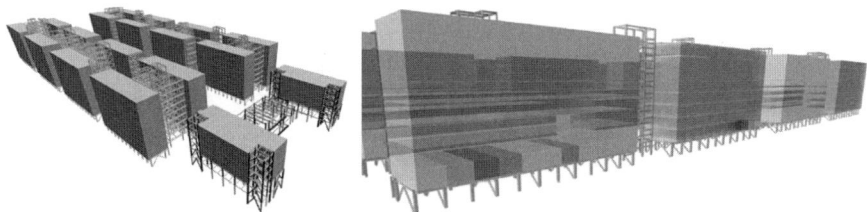

图 6-48 项目三维模型侧视图
（图片来源：中建科技集团有限公司）

本项目运用三维建模和建筑信息模型（BIM）技术，建立施工模型进行虚拟施工和施工过程控制、成本控制，结合虚拟现实技术，实现虚拟建造。用模型将工艺参数与影响施工的属性联系起来，以反映施工模型与设计模型之间的交互作用。基于 BIM 模型，对施工组织设计、施工方案进行方案体验、论证和优化，就施工中的重要环节进行可视化模拟分析（图6-49）。按时间进度进行施工方案的模拟和优化。对重要施工环节或采用新施工工艺的关键部位、施工现场平面布置等进行模拟和分析，不断优化方案，以提高其可行性。直观地了解整个施工环节的时间节点和工序，并清晰把握在施工过程中的难点和要点，从而优化方案，以提高施工效率和施工方案的安全性。

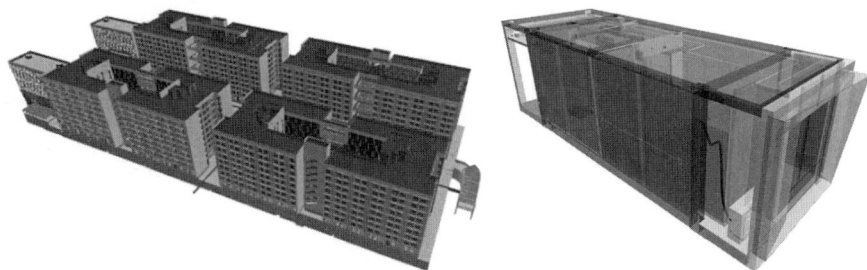

图 6-49 施工进程可视化模拟分析
（图片来源：中建科技集团有限公司）

4. 构件全生命期追溯

经由 BIM 模型上传形成二维码，到构件出厂、构件进场、构件抽检、构件安装、安装验收五个环节，通过构件追溯 APP 实现对构件的全生命周期追溯，为现场进度提供可视化管理（图 6-50）。

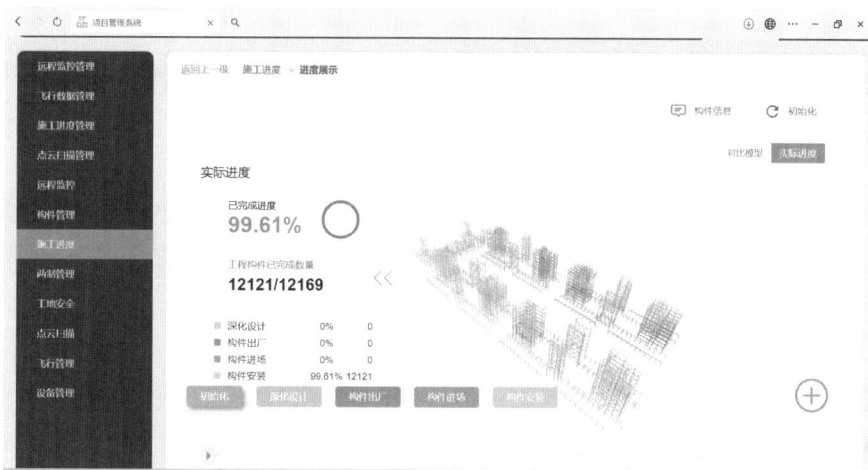

图 6-50　项目现场进度可视化管理
（图片来源：中建科技集团有限公司）

5. 智慧工地管理

项目依托中建科技的装配式建筑智慧建造平台，打通数字设计、智慧商务、智慧工厂、智能建造全产业链，实现各板块高效协同（图 6-51）。同时，应用 AI 视频监控、大型设备监控、智能环境监测、相关 APP、构件追溯管理、施工进度管理、点云扫描质量检测、工人实名制管理、无感式智能防疫门禁、VR 安全体验馆等智慧建造管理技术（图 6-52）。

图 6-51　项目智慧建造平台
（图片来源：中建科技集团有限公司）

図 6-52 施工现场智慧管理
（图片来源：中建科技集团有限公司）

此外，还专门研发了模块化健康检测小屋，定期为工人进行体检；研发移动式数据小屋，作为项目管理团队的战地数据指挥中心；自主研发"碳排放管理平台"，实现项目碳排放在线监测与管理。通过这些尖端科技和互联网技术，实现了建筑全生命周期智能建造，为项目施工质量、安全、环境、进度管理保驾护航。

6.5.4 实施经验总结

北京亦庄蓝领公寓项目作为北京市公共服务用房优质精品的标杆，以"科技引领，绿色建造"为指引，全面提升建造质量，以满足人民对美好生活的向往。项目集"住房和城乡建设部装配式建筑科技示范工程""中建集团科技示范工程""中建集团超英廉洁文化进项目示范点"等诸多荣誉于一身，将打造模块化建造领域的示范标准体系。

同时，该项目作为绿色建造、工业化建造、智能建造的典型项目，成为"全国最高、规模最大、产品集成度最高"的模块化箱房示范工程，借助中建科技智慧建造平台，打通了数字设计、智慧商务、智慧工厂、智能建造全产业链，实现各板块高效协同，赋能现场数字化、智能化高质量快速建造，实现工程建造全过程一体化实施。与传统建造模式相比，节约用工 50%、节约工期 60%、减少垃圾排放 70%、资源回收利用率达到 95%。实现了对安全、质量、效率、生态、人文等要素进行一体化统筹与平衡，充分体现模块化建筑产品低碳、绿色、环保的综合效益。

此外，该项目作为北京市政府重点应急"平急两用"项目，自开工以来累计接待国家部委、地方政府、协会组织及企业等相关领导参观、考察、视察、观摩等 50 余次，为北京市乃至全国"平急两用"类保障性租赁住房提供可复制的品质标准和建造模式，为推广绿色建造、工业化建造、智能建造等新型建造方式起到示范、引领和带动作用。

香港有机资源回收中心第二期项目（O·PARK2）是香港目前规模最大的厨余回收中心，日处理量300t，将利用厌氧消化技术将厨余转化为电能和肥料（图6-53）。项目是以"设计、建造、运营"一体化模式在港实施的代表性绿色工程，自2019年开始建设，于2024年投入使用。设计和建造期间，O·PARK2从设计方案、材料选择到施工建造全面落实低碳策划，并结合碳信用抵消剩余碳排放，以实现施工期碳中和。运营期间，O·PARK2将以生物气发电，为市民提供可再生能源，从而减少化石燃料发电，加上减少弃置于堆填区的有机废物，综合减少碳排放，助力运营期"负碳经济"。

图6-53　O·PARK2 BIM效果图
（图片来源：中国建筑国际集团有限公司）

6.6.1　绿色低碳减碳目标

施工方发布了《香港有机资源回收中心第二期施工期碳中和承诺书》，承诺将在施工期内实现该项目碳中和，将项目打造成为全国首个在施工期内实现碳中和的绿色工程，并可能在竣工后达到"负碳经济"的效果。

6.6.2 绿色低碳减碳路径

为实现全生命周期绿色发展的目标，项目以香港绿建环评认证的最高评级"BEAM Plus v1.2 铂金级"为设计标准，通过优化供应链管理，优先采用低碳建材，使用含 100% 循环成分的钢筋、工字钢等，较大限度减少传统材料隐含碳；通过积极创新"转废为能"方法，提高废弃物循环利用率，针对水源、能源、木材、废弃物等方面制定减碳措施，促使项目废弃物循环利用；通过持续研究发展 BIM7D、MiC、DfMA 等新型建造技术（图 6-54），提高生产、施工效率，减少建筑材料消耗量、建筑垃圾产生量及人工消耗量，同时也降低现场施工噪声等环境不利影响。

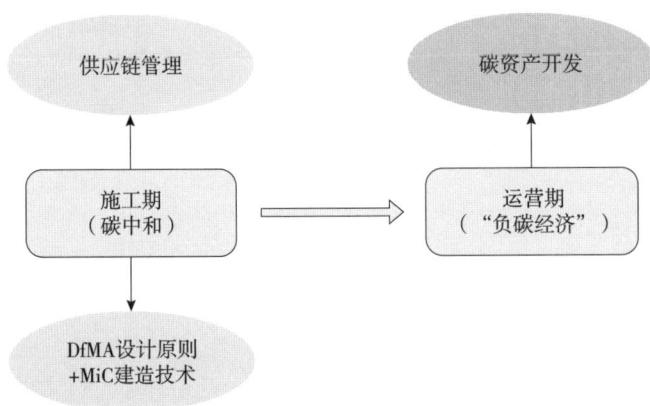

图 6-54　O·PARK2 项目低碳减碳路径图
（图片来源：中国建筑国际集团有限公司）

6.6.3 绿色低碳建造技术应用

主动采用低隐含碳的建材，建立可持续供应链，贯彻碳中和施工理念。在此期间，项目推行工地电气化并着力应用可再生能源，打造智慧化建造技术，综合减少施工期碳排放。

1. 绿色低碳建材应用

钢筋及混凝土等材料的隐含碳排放占项目施工期总碳排放量的九成以上。在施工过程中主动采用低隐含碳的建材，如含 60% 高炉矿渣粉（GGBS）混凝土和 100% 循环再生成分钢筋、二氧化碳矿化养护混凝土预制砖（CCUS 砖）等。

O·PARK2 的行政大楼的室内砖墙应用了 CCUS 砖（图 6-55），CCUS 砖是采用全球领先的二氧化碳捕集利用与封存（CCUS）的相关技术研制而成

图 6-55 CCUS 砖施工现场
（图片来源：中国建筑国际集团有限公司）

的。该产品在养护过程中利用高纯度二氧化碳与原料中的特定成分进行矿化反应，具有卓越的固碳效果。经内部核算，每立方米的 CCUS 砖可封存 61kg 二氧化碳，相当于 3 棵树一年的碳吸收量。矿化后的填充效应和凝胶效应让混凝土组织更致密，产品经久耐用，经国际检测机构认证，符合内地及香港各项规范标准。

2. 工地电气化和可再生能源利用

建筑施工现场的化石燃料燃烧是主要直接碳排放源，O·PARK2 针对性地开展工地电气化和应用可再生能源的重点减碳行动，包括：使用电动车作为工地主要交通工具、利用储能电池柜取代柴油发电机为塔式起重机提供电力需求、引入混合生物 B5 柴油作为固定机械备用燃料、采用太阳能为工地办公室提供电力，将部分透光墙面转换为 BIPV 光伏幕墙，以及智能化调运管理等一系列手段和措施（图 6-56）。

3. 智能建造技术应用

（1）MiC 及 DfMA

工地办公室以组装合成建筑法（MiC）方式建造，70% 工序于内地工厂生产，45 个组合单元及底层框架运至香港后于 20 天内完成安装。行人天桥则采用装配式设计法（DfMA）。由于现场空间的限制，项目特别设计了易于制造以及现场安装的 4 组装配组件，行人天桥钢结构组件由内地工厂运至香港后于 2 天内完成全部组装。组装工序亦借由 BIM 4D 模拟预演，成功实现了 MiC 和 DfMA 技术的精益设计和低碳建造效益。

（2）智慧化工地 C-Smart

O·PARK2 采用自主研发的 C-Smart 平台实现智慧工地管理，包括人员管理、安全管理、物资管理、施工环境和能耗管理、进度管理等，通过平台高效监督，有效减少地盘日常管理中的碳排放（图 6-57）。

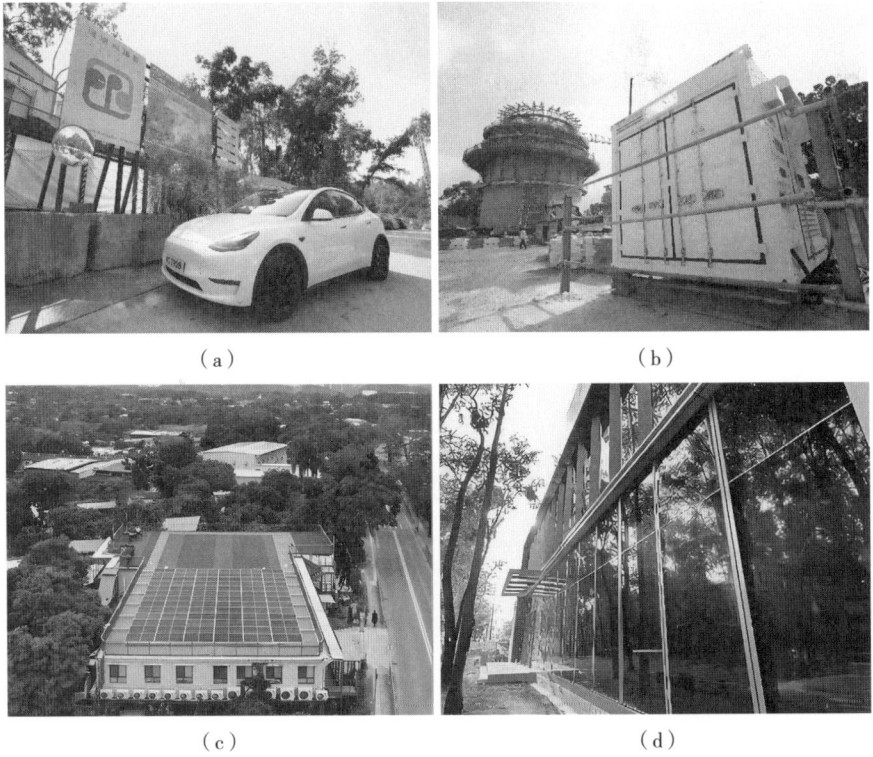

图 6-56　工地电气化和可再生能源
（a）电动车；（b）电池储能柜；（c）太阳能发电系统；（d）BIPV 光伏幕墙
（图片来源：中国建筑国际集团有限公司）

图 6-57　C-Smart 智慧工地管理平台
（图片来源：中国建筑国际集团有限公司）

4. 碳排放计量统计

项目成立碳中和工作小组，对项目施工期碳排放进行监督。小组依据 ISO 14064-1 进行碳核算工作（图 6-58），并定时编写月度、年度报告，持

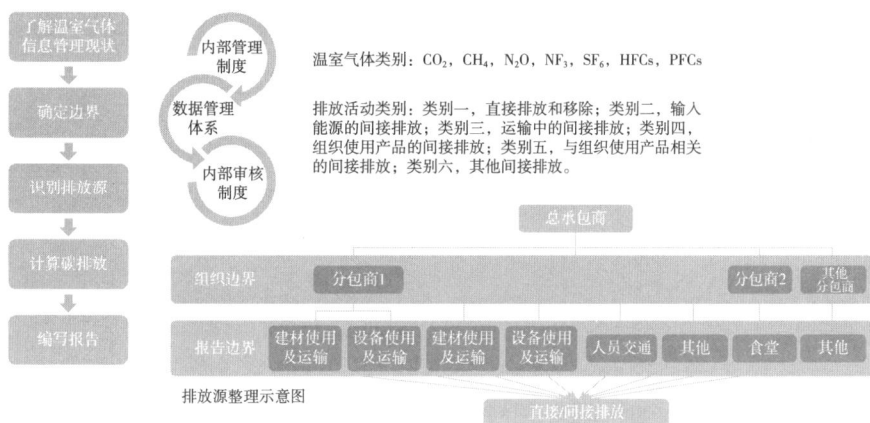

图 6-58　碳核算工作流程示意图
（图片来源：中国建筑国际集团有限公司）

续向外界披露项目减排情况及成效。此外，本项目邀请独立第三方核查机构根据 ISO 14064-3 标准对各阶段的碳排放结果进行了审定和核证，并公开排放数据，确保项目运行的透明度。

传统的碳核算流程因依赖人工操作而面临耗时长、效率低、错误率高、人力成本高等问题。针对此痛点，项目基于碳核算、审定和核证的稳定持续的需求，自主研发了"碳中和云平台"（图 6-59）。该平台是根据 ISO 14064-1 标准搭建的具有自动化碳核算及展示功能的云平台。云平台的碳核算流程主要由现代智能方式完成，包括内置碳排放因子数据库自主调取，活动数据自动化获取、票据智能识别和校验、碳排放数据每日实时计算和更新、大数据分析等功能，减少工地和办公室碳排放数据人力收集的难度，卓有成效地提高获取相关数据的准确度。

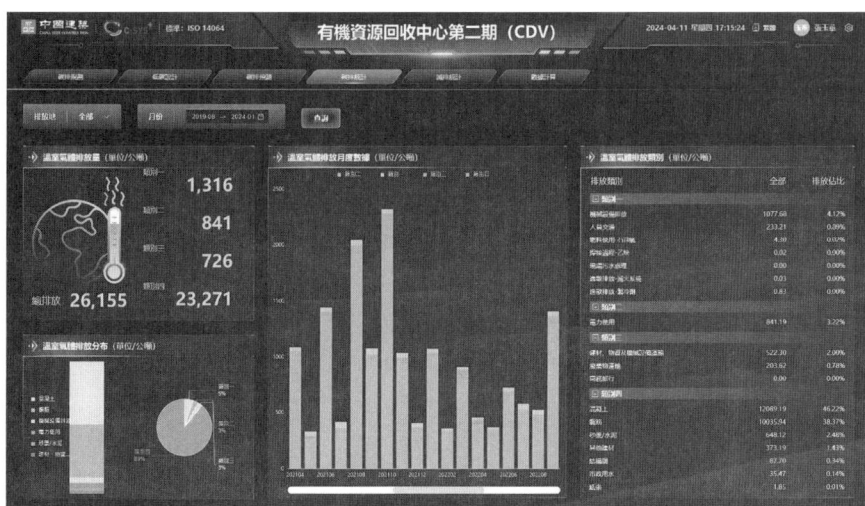

图 6-59　碳中和云平台碳排放统计界面
（图片来源：中国建筑国际集团有限公司）

碳中和云平台是一站式的数据管理及分析工具，包括碳排放规划、低碳设计、碳排放预测、碳排放统计、减排统计和数据计算六个模块。在设计阶段，针对不同设计方案进行碳排放预测和评估，进而优化和完善，最终确立最优的可持续设计方案。在建造阶段，针对实际建造方案进行碳排放核算和审计，基于设定的基准值，最终评估减碳方案的实际效益。在运营阶段，针对工艺设备能效等进行碳排放核算，可作为开发碳资产的基础。

6.6.4 实施经验总结

为响应绿色低碳的号召，项目从 2021 年 8 月开始自愿采用多项低碳措施，设定减排 3198t 二氧化碳当量的目标。至 2022 年 6 月阶段性施工节点完成的碳审计的结果显示，项目已实现减碳 4151t 二氧化碳当量，相当于 24 万棵树一年所吸收的二氧化碳总量。

经过不懈的努力，O·PARK2 共获得国际和国内奖项近 40 项，包括香港环境卓越大奖 2021 年年度金奖、联合国工发组织（UNIDO）2022 年年度全球方案征集全球冠军奖、英国工程师学会 2023 年年度布鲁内尔奖特别表彰项目等，以表彰项目在可持续发展以及低碳方面作出的贡献。

本章思考题

1. 请简要阐述工程项目绿色低碳建造的实施流程和内容。

2. 新型低碳建材从研发到应用过程涉及哪些相关方的参与？这些相关方扮演什么角色？

参考文献

[1] 毛志兵.建筑工程新型建造方式 [M].北京：中国建筑工业出版社，2018.

[2] 毛志兵.建筑企业"双碳"之路 [M].北京：中国建筑工业出版社，2023.

[3] 肖绪文，罗能镇，蒋立红，等.建筑工程绿色施工 [M].北京：中国建筑工业出版社，
2013.

[4] 全国市长研修学院系列培训教材编委会.致力于绿色发展的城乡建设：绿色建造与转型
发展 [M].北京：中国建筑工业出版社，2019.

[5] 杨凯.碳达峰、碳中和目标下新能源应用技术 [M].武汉：华中科技大学出版社，2022.

[6] 斯科特·格林内尔.新能源新趋势——可再生能源与绿色建筑设计 [M].姜燕冰，金步平，
译.北京：电子工业出版社，2020.

[7] 田刚，黄玉虎，樊守彬，等.扬尘污染控制 [M].北京：中国环境出版社，2013.

[8] 王玉.工业化预制装配建筑的全生命周期碳排放研究 [M].南京：东南大学出版社，
2016.

[9] 李秋义，全洪珠，秦原.混凝土再生骨料 [M].北京：中国建筑工业出版社，2011.

[10] 肖建庄.再生混凝土 [M].北京：中国建筑工业出版社，2008.

[11] 岳清瑞，吴朝昀，刘晓刚，等.多高层模块化结构及建造技术研究进展与未来趋势 [J].
建筑结构学报，2024，45（8）：1-19.

[12] 刘晓华，张涛，刘效辰，等."光储直柔"建筑新型能源系统发展现状与研究展望 [J].
暖通空调，2022，52（8）：1-9，82.

[13] 叶浩文.智能建造关键技术研究与实践 [J].施工企业管理，2024（5）：28-29.

[14] 彭波，王卫峰，胡继强，等.建筑产业互联网发展现状与对策 [J].建筑经济，2023，44
（2）：14-20.

[15] 樊则森，王金川，周立.智能建造关键技术与应用 [J].建设科技，2024（7）：21-24.

[16] 曾德伟.智能建造技术的应用与发展 [J].中国住宅设施，2024（4）：4-6.

[17] 蒋明镜，王思远，姜朋明，等.月球基地的建设远景与挑战 [J].山东大学学报，2024，
54（2）：114-125.

[18] 龙惟定.碳中和城市建筑能源系统（4）：储能篇 [J].暖通空调，2022，52（11）：1-12.

[19] 李锦华，郝鹏.建筑施工现场环境保护效果现状及建议 [J].建筑技术开发，2008，35
（8）：101-102.

[20] 张春霞，章蓓蓓，黄有亮，等.建筑物能源碳排放因子选择方法研究 [J].建筑经济，
2010（10）：106-109.

[21] 李哲兴，于大鹏.刍议如何加强工程项目施工中的环境管理 [J].建筑科学，2016（30）：
253-254.

[22] 王静.论施工现场环境保护 [J].科技创新导报，2015，12（4）：110.

[23] 王志伟，雷廷宙，陈高峰，等.瑞典生物质能发展状况及经验借鉴 [J].可再生能源，
2019，37（4）：488-494.

[24] 张世鑫，陈明光，吴陈亮，等.生物质利用技术进展 [J].中国资源综合利用，2019，37
（4）：79-85.

[25] 杜海凤，闫超.生物质转化利用技术的研究进展 [J].能源化工，2016，37（2）：41-46.

[26] 康怀强，彭正，侯幸福，等.基于离散仿真的吊装工程低碳施工方案优化研究 [J].工程
管理学报，2023，37（3）：136-141.

[27] 袁行飞，张玉.建筑环境中的风能利用研究进展 [J].自然资源学报，2011，26（5）：
891-898.

[28] 杨丽，刘晓东，孙碧蔓.建筑风环境研究进展 [J].建筑科学，2018，34（12）：147-156.

[29] 陈德明，徐刚.太阳能热利用技术概况 [J].物理，2007，36（11）：840-847.

[30] 薛祥山，章雨欣.从碳达峰到水达峰：观我国水战略及创新发展 [J].水利发展研究，
2024，24（5）：1-9.

[31] 吴玉昌，张熔.建筑垃圾资源化利用的研究与探讨 [J].四川建材，2024，50（5）：19-21.

［32］ 武涛，李松，廖聪，等．装配式建筑建造全过程碳排放分析与研究 [J]. 施工技术（中英文），2023，52（4）：81-86.

［33］ 刘美霞，武振，王洁凝，等．住宅产业化装配式建造方式节能效益与碳排放评价 [J]. 建筑结构，2015，45（12）：71-75.

［34］ 刘戈，张帆．装配式建筑环境效益分析与测算 [J]. 建筑技术，2024，55（1）：15-20.

［35］ 吕雨彤，祝连波．装配式建筑的减排分析与策略研究 [J]. 工程建设，2022，54（5）：73-78.

［36］ 佚名．建筑垃圾资源化大有可为 [J]. 中国资源综合利用，2011，29（9）：10-11.

［37］ 肖绪文，冯大阔，田伟．我国建筑垃圾回收利用现状及建议 [J]. 施工技术，2015，44（10）：6-8.

［38］ 张晓华，孟玄芳，任杰．浅析国内外再生骨料混凝土现状及发展趋势 [J]. 混凝土，2013（7）：80-83.

［39］ DOSHO Y. Development of a sustainable concrete waste recycling system-application of recycled aggregate concrete produced by aggregate replacing method[J]. Journal of Advanced Concrete Technology, 2007, 5（1）: 27-42.

［40］ 袁佳．装配式建筑 PC 构件生产及施工要点 [J]. 房地产世界，2024（3）：128-130.

［41］ 赵宝军，姚杰，王琼，等．MES 系统在装配式建筑智慧工厂中的应用和延伸 [J]. 智能建筑，2021（6）：57-60.

［42］ 王健，罗晓生，李静．基于绿色可持续发展的装配式节能减排效益分析 [J]. 安徽建筑，2023，30（10）：88-89，102.

［43］ 沈惠梁，尤文红，金健．装配式建筑工地和传统建筑工地扬尘监测与分析 [J]. 浙江建筑，2019，36（1）：52-55.

［44］ 江柯．装配式与传统现浇建筑的废弃物量化对比分析与仿真研究 [D]. 重庆：重庆交通大学，2023.

［45］ 李源芳．基于 AFD 的装配式建筑综合效益评价研究 [D]. 青岛：青岛理工大学，2018.

［46］ 张健．基于 MCS 方法的装配式建筑经济与环境效益研究 [D]. 大连：大连理工大学，2020.

［47］ 袁竞．装配式建筑综合效益分析 [D]. 唐山：华北理工大学，2019.

［48］ 杨路远．预制混凝土构件物化阶段碳足迹测算 [D]. 南京：东南大学，2017.

［49］ 李文贵．模型再生混凝土多尺度力学性能 [D]. 上海：同济大学，2013.

［50］ 江唐洋．中国产业和能源系统碳排放及减排研究：投入产出分析视角 [D]. 重庆：重庆大学，2020.

［51］ 魏婧雯．储能锂电池系统状态估计与热故障诊断研究 [D]. 合肥：中国科学技术大学，2019.

［52］ 马展．并网型模块化电池储能系统的管理与控制 [D]. 济南：山东大学，2021.

［53］ 全国环境管理标准化技术委员会．环境管理体系　要求及使用指南：GB/T 24001—2016[S]. 北京：中国标准出版社，2016.

［54］ 中华人民共和国住房和城乡建设部．绿色建筑评价标准（2024 年版）：GB/T 50378—2019[S]. 北京：中国建筑工业出版社，2024.

［55］ 中华人民共和国住房和城乡建设部．建筑与市政工程绿色施工评价标准：GB/T 50640—2023[S]. 北京：中国计划出版社，2023.

［56］ 中华人民共和国环境保护部．建筑施工场界环境噪声排放标准：GB 12523—2011[S]. 北京：中国环境科学出版社，2012.

［57］ USGBC. Leadership in energy and environmental design: LEED v4.1[S]. Washinton: [s.n.], 2024.

［58］ ATLANTA MAGAZINE. Everything you need to know about Atlanta's new Westside Park[EB/OL].（2021-10-27）. https://www.atlantamagazine.com/news-culturearticles/everything-you-need-to-know-about-atlantas-new-westside-park.

[59] NYC Department of Environmental Protection . Construction noise rules regulations & forms[Z]. 2024.

[60] ISO. Environmental management systems：ISO 14001：2015[S]. Geneva：[s.n.], 2015.

[61] ISO. Greenhouse gases：ISO 14064-1：2018[S]. Geneva：[s.n.], 2018.

[62] WRI. Greenhouse gas protocol：GHG Protocol[S]. Geneva：[s.n.], 2015.

[63] TAM V W Y, TAM C M. A review on the viable technology for construction waste recycling[J]. Resources, Conservation and Recycling, 2006（47）：209-221.

[64] 李沛 . 建筑企业 ISO14001 环境管理体系建立与审核研究 [D]. 重庆：重庆大学, 2007.

[65] 中国建筑节能协会建筑能耗与碳排放数据专委会 . 2022 中国建筑能耗与碳排放研究报告 [Z]. 2022.

[66] 中国建筑节能协会，重庆大学 . 中国建筑与城市基础设施碳排放研究报告 [Z]. 2023.

[67] 闫云飞，张智恩，张力，等 . 太阳能利用技术及其应用 [J]. 太阳能学报, 2012, 33（S1）：47-56.

[68] 王矗垚 . 新型光伏光热窗 / 墙综合性能及对室内环境影响研究 [D]. 合肥：中国科学技术大学, 2022.

[69] 周帆 . 平板太阳能集热系统在寒冷地区应用中的冻结机制与性能研究 [D]. 合肥：中国科学技术大学, 2019.

[70] 李寿图 . 城市环境中垂直轴风力机气动性能及气动噪声特性研究 [D]. 兰州：兰州理工大学, 2021.

[71] 杨鹏宇 . 北京市农村生物质能利用现状与发展预测研究 [D]. 北京：北京工业大学, 2015.

[72] 冯凯伦 . 深度不确定性背景下的施工过程环境影响仿真与优化研究 [D]. 哈尔滨：哈尔滨工业大学, 2019.

[73] 朱永惠 . 危大工程专项施工方案审查系统功能需求评价及系统设计研究 [D]. 徐州：中国矿业大学, 2023.

[74] 四川省住房和城乡建设厅 . 四川省建筑垃圾减量化和资源化利用指导手册（试行）[EB/OL].（2021-07-01）. https：//jst.sc.gov.cn/scjst/c/01428/2021/7/1/3063b416c8034523b5fc144d150da99d. shtml.

[75] 中华人民共和国住房和城乡建设部 . 施工现场建筑垃圾减量化指导手册（试行）[EB/OL].（2020-05-15）. http：//www.jmkcsj.com/upload/files/2020/06/03/199206221803458.pdf.

[76] 张仁瑜 . 中国建筑垃圾的再生利用 [R]. 中国建筑业可持续发展论坛, 2007.

[77] 陆凯安 . 我国建筑垃圾的现状与综合利用 [C]// 中国硅酸盐学会 . 新型建筑材料技术与发展——中国硅酸盐学会 2003 年学术年会新型建筑材料论文集 . 北京：中国建材工业出版社, 2003.